一种学问，总要和人之生命、生活发生关系。凡讲学的若成为一种口号或一集团，则即变为一种偶像，失去其原有之意义与生命。

顾随

一般学术著作大多是知识性的、理论性的、纯客观的记叙，而先生的作品则大多是源于知识却超越于知识以上的一种心灵与智慧和修养的升华。……我之所以在半生流离辗转的生活中，一直把我当年听先生讲课时的笔记始终随身携带，唯恐或失的缘故，就因为我深知先生所传述的精华妙义，是我在其他书本中所绝然无法获得的一种无价之宝。古人有言"经师易得，人师难求"，先生所予人的乃是心灵的启迪与人格的提升。

叶嘉莹

顾随

顾随先生身为中国韵文、散文领域的大作家、理论批评家、美学鉴赏家，讲授艺术家，禅学家，书法家，文化学术研究专家，贯通古今，融会中外。这些方面，他都是一位出色罕见的大师，超群绝伦的巨匠……顾随先生也是一位哲人。其识照、其思想、其学力、其性情、其胸襟，博大精深，弥纶万有。其治学精神，以诚示人，以真问道。忧国爱民，为人忘己。精进无有息时，树人唯恐或倦。反此诸端，皆我民族文化之精魂，于先生立身治学而体现分明。

中国经典原境界

YUANJINGJIE

顾 随 讲

刘在昭 笔记

顾之京 高献红 整理

北京大学出版社

PEKING UNIVERSITY PRESS

图书在版编目(CIP)数据

中国经典原境界/顾随讲;刘在昭笔记;顾之京,高献红整理.
—北京:北京大学出版社,2016.4

ISBN 978-7-301-26925-1

Ⅰ.①中… Ⅱ.①顾… ②刘… ③顾… ④高… Ⅲ.①人生哲学
Ⅳ.①B821

中国版本图书馆 CIP 数据核字(2016)第 030121 号

书　　名　中国经典原境界
Zhongguo Jingdian Yuanjingjie

著作责任者　顾　随　讲　刘在昭　笔记　顾之京　高献红　整理

策 划 编 辑　王炜烨

责 任 编 辑　王炜烨

标 准 书 号　ISBN 978-7-301-26925-1

出 版 发 行　北京大学出版社

地　　址　北京市海淀区成府路 205 号　100871

网　　址　http://www.pup.cn

电 子 信 箱　zpup@pup.pku.edu.cn

新 浪 微 博　@北京大学出版社

电　　话　邮购部 62752015　发行部 62750672　编辑部 62750673

印 刷 者　北京汇林印务有限公司

经 销 者　新华书店

965 毫米×1300 毫米　16 开本　24.25 印张　258 千字
2016 年 4 月第 1 版　2021 年 3 月第 5 次印刷

定　　价　56.00 元

顾随和他的学生们(右二为叶嘉莹,右八为刘在昭。)

目 录

卷二 《文选》

卷三 唐宋诗

开场白

教学者，如扶醉人，扶得东来又西倒。

> 孟子云："勿忘，勿助长。"（《孟子·公孙丑上》）

不认真即忘，太认真（助长）便活不了。

中国文学、艺术、道德、哲学——最高之境界皆是玉润珠圆。

珠之光，绝非钻石之光，钻石之光是暴发的光。玉之美，自古以来即为我国人所领略，《诗经》即以"玉人"言外表，以"温其如玉"（《秦风·小戎》）表性情。美玉无瑕，"玉"最蕴藉，一如君子——"不用当风立，有麝自然香"[1]；"人不知而不愠，不亦君子乎"（《论语·学而》）。

中国有世界各国所无之唯一美德，即玉润珠圆。此种美德唯在

---

[1] 杜文澜《古谚谣》卷五十："有麝自然香，何必当风立。"

中国之文艺上、道德上才有，故中国文艺同思想是单纯的。珠玉之美即是单纯的。（印度之佛，复杂；到中国来后变成禅，则单纯。中国人之衣服亦简单。）中国文艺思想是单纯的，是由复杂而成为单纯，是由含蓄而成为蕴藉。

卷　一

《诗经》

第一讲

概说《诗经》

情操(personality),名词(noun)。

情操("操",用为名词,旧有去声之读),此中含有理智在内。"操"之谓何?便是要能够提得起、放得下、弄得转、把得牢,圣人所说"发乎情止乎礼义"(《毛诗序》)。"操"又有一讲法,就是操练、体操之"操",乃是有范围、有规则的活动。情操虽然说不得"发乎情止乎礼义",也要"发而皆中节"(《中庸》一章)。情操完全不是纵情,"纵"是信马由缰,"操"是六辔在手。总之,人是要感情与理智调和。

向来哲学家忒偏理智,文学家忒重了感情,很难得到调和。感情与理智调和,说虽如此说,然而若是做来,恐怕古圣先贤也不易得。吾辈格物致知所为何来?原是为的求做人的学问。学问虽可由知识中得到,却万万并非学问就是知识。学问是自己真正的受用,无论举止进退、一言一笑,都是见真正学问的地方。做人处世的学问也就是感情与理智的调和。

>>>“诗三百篇”含义所在，也不外乎“情操”二字。图为南宋马和之为《诗经·豳风·七月》作的插画。

"诗三百篇"含义所在,也不外乎"情操"二字。

要了解《诗》,便不得不理会"情操"二字。《诗》者,就是最好的情操。也无怪吾国之诗教是温柔敦厚,无论在"情操"二字消极方面的意义(操守),或积极方面的意义(操练),皆与此相合。所谓学问,浅言之,不会则学,不知则问。有学问的人其最高的境界就是吾人理想的最高人物,有胸襟、有见解、有气度的人。梁任公[①]说英文gentleman不易译,若"士君子"则庶近之矣,便"君子"二字即可。孔子不轻易许人为君子:

> 君子哉若人!(《论语·宪问》)
>
> 君子哉!蘧伯玉。(《论语·卫灵公》)[②]

君子之材,实在难得。"士君子"乃是完美而无瑕疵的,吾人虽不能到此地步,而可悬此高高的标的,高山仰止,景行行止,虽不能至,然心向往之,此则人高于动物者也。人对于此"境界"有所谓不满,孔夫子尚且说:

> 五十以学《易》,可以无大过矣。(《论语·述而》)

此虽不是腾云驾雾的仙、了脱生死的禅,而远亲不如近邻,乃是真真正正的人,此正是平凡的伟大,然而正于吾人有益。五十学《易》,韦编三绝,至此正是细上加细,而止于"无大过"。

---

① 梁启超(1873—1929):字卓如、任甫,人称任公,号饮冰子,广东新会人,中国近代启蒙思想家、学者。一生著述颇丰,刊为《饮冰室合集》。

② 孔子称赞南宫适:"君子哉若人!尚德哉若人!"(《论语·宪问》)孔子称赞宓子贱:"君子哉若人!"(《论语·公冶长》)此二位皆为孔子的学生。此外,孔子又以"君子"称赞子产与蘧伯玉。孔子称赞子产:"有君子之道四焉:其行己也恭,其事上也敬,其养民也惠,其使民也义。"(《论语·公冶长》)孔子称赞蘧伯玉:"君子哉蘧伯玉。邦有道则仕,邦无道则可卷而怀之。"(《论语·卫灵公》)此二位为在位的官员。

如有周公之才之美，使骄且吝，其余不足观也已。（《论语·泰伯》）

读此真可知戒矣。然而，过分的谦虚与过分的骄傲同一的讨厌。而夫子三谦亦令人敬服，五十学《易》，可知夫子尚不满足其境界。所有古圣先贤未有不如此者。古亚历山大（Alexander）[①]征服世界，至一荒野，四无人烟，坐一高山上曰：噫吁！何世界之如是小，而不足以令我征服也！但此非贪，而是要好，人所以有进益在此，所以为万物之灵亦在此。

学问的最高标准是士君子。士君子就是温柔敦厚（诗教），是“发而皆中节”。释迦牟尼说现实、现世、现时是虚空的，但儒家则是求为现实、现世、现时的起码的人。表现这种温柔敦厚的、平凡的、伟大的诗，就是“三百篇”。而其后者，多才气发皇，而所作较过，若曹氏父子[②]、鲍明远[③]、李、杜、苏、黄[④]；其次，所作不及者，便是平庸的一派，若白乐天[⑤]之流。乐天虽欲求温柔敦厚而尚不及，但亦有其为人不及处。吾国诗人中之最伟大者唯一陶渊明，他真是“士君子”，真是“温柔敦厚”。这虽是老生常谈，但往往有至理存焉，不可轻蔑。犹如禅宗故事所云：诸弟子将行，请大师一言，师曰：“诸恶莫

---

① 亚历山大（前356—前323）：古代马其顿国王。即位后率军征讨四方，建立起地跨欧、非、亚三大洲的亚历山大帝国。

② 曹氏父子：曹操及其儿子曹丕、曹植。

③ 鲍照（414—466）：南朝刘宋诗人，字明远，东海（今江苏涟水北）人，与谢灵运、颜延之合称“元嘉三大家”。

④ 苏，苏东坡；黄，黄庭坚。黄庭坚（1045—1105）：宋朝文学家，字鲁直，自号山谷道人，晚号涪翁，又称豫章黄先生，洪州分宁（今江西修水）人。诗与苏轼并称“苏黄”，江西诗派领袖。

⑤ 白居易（772—846）：唐朝文学家，字乐天，号香山居士，原籍太原，生于新郑（今属河南），与元稹合称“元白”。

作，诸善奉行。”弟子大失所望，师曰：“三岁小儿道得，八十老翁行不得。”[①]吾人之好高骛远、喜新立奇，乃是引吾人向上的，要好好保持、维护，但不可不加操持；否则，小则可害身家，大足以害天下。如王安石之行新法，宋室遂亡也矣。

走“发皇”一路往往过火，但有天才只写出华丽的诗来是不难的，而走平凡之路写温柔敦厚的诗是难乎其难了，往往十九不能免俗。有才气、有功力，写华丽的诗不难，要写温柔敦厚的诗便难了。一个大材之人而嚅嚅不能出口，力举千钧的人蜕然若不胜衣，这是怎么？才气发皇是利用文字——书，但要使文字之美与性情之正打成一片。合乎这种条件的是诗，否则虽格律形式无差，但算不了诗。“三百篇”文字古，有障碍，而不能使吾人易于了解；唯陶诗较可。“月黑杀人地，风高放火天”[②]，美而不正；“君君，臣臣，父父，子子”（《论语·颜渊》），正而不美。宗教家与道家以为，吾人之感情如盗贼，如蛇虫；古圣先贤却不如此想，不过以为感情如野马，必须加以羁勒，不必排斥，感情也能助人为善。先哲有言：“饮食男女，人之大欲存焉；死亡贫苦，人之大恶存焉。”（《礼记·礼运》）情与欲固有关，人所不能否认。

以上所述是广义的诗。

---

① 此故事当为禅宗鸟窠禅师事。《稽古略》卷三载：“元和间，白侍郎居易由中书舍人出刺杭州，闻师之道。因见师栖止巢上，乃问曰：‘师住处甚险。’师曰：‘太守危险尤甚。’曰：‘弟子位镇山河，何险之有？’师曰：‘薪火相交，识性不停，得非险乎？’曰：‘佛法大意如何？’师曰：‘诸恶莫作，众善奉行。’曰：‘三岁孩儿也解恁么道。’师曰：‘三岁孩儿虽道得，八十翁行不得。’侍郎钦叹，数从问道。”

② 此二句盖见于元朝輾然子《拊掌录》，字句略有出入：“欧阳公与人行令，各作诗两句，须犯徒以上罪者。一云：‘持刀哄寡妇，下海劫人船。’一云：‘月黑杀人夜，风高放火天。’”

今所讲“诗三百篇”向称为“经”，“五四”以后人多不然。“经”者，常也，不变也，近于“真理”之意，不为时间和空间所限。老杜写“天宝之乱”称“诗史”，但读其诗吾人生乱世固感动，而若生太平之世所感则不亲切。苏俄文豪高尔基(Gorky)[①]写饥饿写得最好，盖彼在流浪生活中，确有饥饿之经验也。常人写饿不过到饥肠雷鸣而已，高尔基说饿得猫爪把抓肠内，此乃真实、亲切的感觉，非境外人可办，更是占空间、占时间的，故与后来人相隔膜。这就是变，就不能永久。“三百篇”则不然，“经”之一字，固亦不必反对。

今所言《诗》三百篇不过道其总数，此乃最合宜之名词。子曰：

> 诗三百，一言以蔽之，曰：思无邪。(《论语·为政》)

此最扼要之言。此所谓“无邪”与宋朝理学家所说之“无邪”“正”不同。宋儒所言是出乎人情的，干巴巴的。古言：“人情所不能止者，圣人弗禁。”(杨恽《报孙会宗书》)“不能止”就是正吗？未必是，也未必不是。道学家自命传圣贤之道，其实完全不了解圣贤之道，完全是干巴巴、死板板地谈“性”、谈“天”。所以说“无邪”是“正”，不如说是“直”，未有直而不诚者，直也就是诚。(直：真、诚，双声。)《易传》云：

> 修辞立其诚。(《文言》)

以此讲“思无邪”三字最切当。诚，虽不正，亦可感人。“月黑杀人地，风高放火天”，此极其不正矣，而不能说它不是诗。何则？诚

---

① 高尔基(1868—1936)：苏联文学奠基人，代表作有《童年》《在人间》《我的大学》等。

也。“打油诗”，人虽极卑视之，但也要加以“诗”之名，盖诚也，虽则性有不正。夫子曰，“诗三百”“思无邪”，为其诚也。

释迦牟尼说法之时，尝曰：

> 真语者，实语者，如语者，不诳语者，不异语者。（《金刚经》）

“如”，真如之“如”，较“真”（truth）更为玄妙。其弟子抛弃身家爱欲往之学道，固已相信矣，何必又如此说，真是大慈大悲，真是苦口婆心。这里可用释迦之“真语”“实语”“如语”“不诳语”“不异语”说诗之“诚”“思无邪”之“无所不包，无所不举”[1]。释迦又说：

> 中间永无诸委曲相。（《楞严经》）

此八字一气说来，就是“真”。

《尚书・尧典》曰：“诗言志。”如诗人作诗，由“志”到作出“诗”，中间就是老杜所谓“意匠惨淡经营中”（《丹青引赠曹将军霸》）：

“志”（诗意）——→（中间）诗篇

（一）志——“人情所不能止者，圣人弗禁”；

（二）中间——“意匠惨淡经营中”（声音、形象、格律要求其最合宜的）；

（三）诗篇——“笔落惊风雨，诗成泣鬼神”（《杜甫《寄李十二白二十韵》）。

---

[1] 朱熹《朱子语类》卷二三：“思无邪，却凡事无所不包也。”

五代刘昭禹[1]曰:“五言如四十个贤人,著一字如屠沽(市井)不得。”(计有功《唐诗纪事》)岂止五言?凡诗皆如此。诗里能换一个字,便是不完美的诗。一字,绝对,真如,是一非二,何况三四?

“惨淡经营”之结果,第一义就是“无委曲相”。好诗所写皆是第一义,与哲学之真理、宗教之经约文字的最高境界同。

读诗也要“思无邪”,也要“无委曲相”。

孔子对于诗的论法,归纳起来又称为“孔门诗法”。法,道也,不是指狭义的方法、法律之法,若平仄、叶韵之类,此乃指广义的法。“无事无非法”,凡生活中举止、思想、语言无在而非法。

违了夫子“思无邪”,便非法。

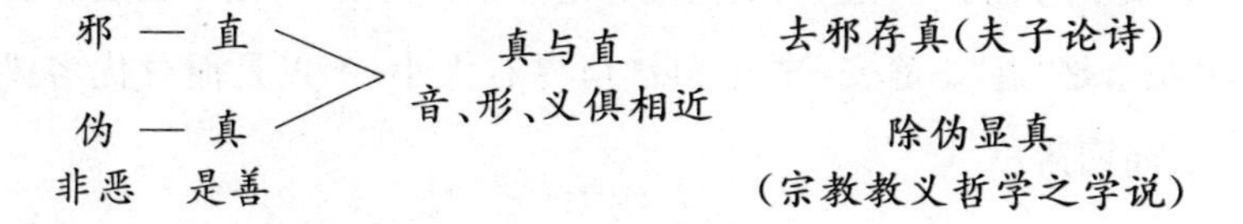

然而,何以又说诗无所谓是非善恶?常所谓是非善恶究竟是否真的是非善恶?以世俗的是非善恶讲来,只是传统习惯(世法、世谛)的是非善恶,而非真的是非善恶。

“月黑杀人地,风高放火天”,是直,事虽邪而思无邪。在世法上讲,不能承认;在诗法上讲,可以承认。诗中的是非善恶与寻常的是非善恶不同。

鲁迅先生说一军阀下野后居于租界莳花饮酒且学赋诗,颇下得一番功夫,模仿渊明文字、句法。而鲁迅先生批曰:我觉得“不像”。

---

① 刘昭禹:五代十国时期诗人,字休明,桂阳(今湖南郴州)人,一说婺州(今浙江金华)人。长于五言,有诗集一卷。

盖此是言不由衷，便是伪、是不真、是邪。以此而论，其诗绝不如“月黑杀人地，风高放火天”二句也。村中小酒肆中有对联曰：

进门来三杯醉也，

起身去一步歪邪。

此虽不佳而颇有诗意，盖纪实也。又有一联曰：

刘伶问道何处好，

李白答曰此地佳。

此亦乡村小酒肆对联，还不如前者。下野军阀的仿陶渊明诗还不如村中酒肆对联这个味儿。故说诗的是非善恶不是世俗的。

文学与哲学与“道”的最高境界是一个。所谓“诗法”，就是佛法的“法”，是“道”。静安[①]先生曰：“境界有大小，不以是而分优劣。”(《人间词话》)

“诗三百篇”既称“经”，就是不祧之祖，而降至楚辞、赋、诗、词、曲，则益卑矣。然而，以诗法论，便童谣、山歌亦可以与“经”并立。其实“诗三百篇”原亦古代之童谣、山歌也。《金刚经》云：

是法平等，无有高下。

只要“思无邪”就是“法”。佛法平等不是自由平等的平等，佛说之法皆是平等。佛先说小乘，后说大乘，由空说有，说有见空。天才低者使之信，天才高者使之解，无论如何说法，皆是平等。

或谓佛虽说有大乘、小乘，其实佛说皆是大乘，皆可以是而成

---

① 王国维(1877—1927)：近代学者、诗人，字伯隅，一字静安，浙江海宁人。《人间词话》为其论词名著。

佛。“南无阿弥陀佛”[1]六字，最低之小乘，然而也能成佛。故佛说“大开方便之门”，门有大小，而入门则平等也，与静安先生所谓“不以是而分优劣”一也。

今所言诗，只要是诗就是法。

孔夫子对于《诗》，有“思无邪”之总论，尚有分论。

> 子曰：“小子何莫学夫诗？诗可以兴，可以观，可以群，可以怨，迩之事父，远之事君，多识于草木鸟兽之名。”（《论语·阳货》）

这是总论中之分论，前所说是总论中之总论。

说得真好。无怪夫子说“学文”，真是学文。忠厚老实、温厚和平、仁慈、忠孝、诚实，溢于言表。这真是好文章。每一国的文字有其特殊之长处，吾人说话、作文能够表现出来便是大诗人。中国方字单音，少弹性，而一部《论语》音调仰抑低昂，弹性极大，平和婉转之极。夫子真不可及，孟子不能。

汉学重训诂，宋学重义理，此本难分优劣。汉经秦“焚书”之后，书籍散乱亟待整理；及宋朝书籍大半整理就绪，而改重义理，亦自然之趋势也。今讲《诗经》，在文字上要打破文字障，故重义理而兼及训诂，虽仍汉宋之学而皆有不同。

“诗可以兴，可以观，可以群，可以怨。”读此段文章，“可以”两字

---

① 《阿弥陀经》：“佛言：‘若起更被袈裟西向拜，当日所没处，为阿弥陀佛作礼，以头脑著地言：南无阿弥陀三耶三佛檀。’阿难言：“诺受教。”即起更被袈裟西向拜，当日所没处，为弥陀佛作礼，以头脑著地言：南无阿弥陀三耶三佛檀。”“阿弥陀佛”，梵语 Amitabha 音译，意译为无量寿佛或无量光佛，指西方极乐世界教主。“阿弥陀佛”后成为净土宗持名念佛的佛号。“南无”，梵语 Namas 音译，表示归命、敬礼。净土宗常将其冠于“阿弥陀佛”之前，用作持名念佛的敬称。

不可草草看过。

兴:感发志气。起、立,见外物而有触。

生机畅旺之人最好。何以生机畅旺就是诗?“昔我往矣,杨柳依依。今我来思,雨雪霏霏”(《诗经·小雅·采薇》),读之如旱苗遇雨,真可以兴也。

观:考察得失。(得失不能要,算盘不可太清,这非诗。)

不论飞、潜、动、植,世界上一切事皆要观,不观便不能写诗。“《诗》云:‘鸢飞戾天,鱼跃于渊。’言其上下察也。”(《中庸》十二章)察犹观也,观犹察也。鸢代表在上一切,鱼代表在下一切,言此而不止于此,因小而大,由浅入深,皆是象征,此二句是极大的象征。“举一隅不以三隅反,则不复也”(《论语·述而》),举其一必得知其二。诗中描写多举其一以括之。

群:朱注[①],“群,和而不流”。今所谓调和、和谐,即“无入而不自得”(《中庸》十四章)。

人当高兴之时,对于向所不喜之人、之物皆能和谐。“鸟兽不可与同群”(《论语·微子》),人与鸟兽心理、兴趣不同,是抵触,是不调和,如何能同群?以此言之,屈子“举世皆浊我独清,众人皆醉我独醒”(《楚辞·渔夫》),人、事、物皆看不中,生活只是苦恼,反是自杀为愈也。贾谊[②]虽未自杀,但其夭折亦等于慢性的自杀。

“诗可以群”,何也?诗要诚,一部《中庸》所讲的就是一个“诚”,

---

① 朱注:朱熹所作《论语集注》。朱熹(1130—1200):南宋理学家、文学家,字元晦,徽州婺源(今江西婺源)人。

② 贾谊(前200—前168):西汉初年政论家、文学家,洛阳(今属河南)人,曾为长沙王太傅,故世称贾太傅、贾长沙。《汉书·艺文志》记载他的散文有58篇,收录于《新书》中。

凡忠、恕、仁、义，皆发自诚。所谓“和而不流”，“流”，是无思想、无见解，顺流而下。

怨：朱注，“怨，怨而不怒”。其实也不然，《诗》中亦有怒：

人而无仪，不死何为。

（《相鼠》）

望文生义，添字注经，最为危险。最好以经讲经，以《论语》注《论语》。

此二句，恨极之言，何尝不怒？

“不怒”，“不迁怒”（《论语·雍也》）也。

夫子承认怒，唯不许“迁怒”；许人怒，但要得其直。此世法与出世法之不同也。

基督：“人家打你的左脸，把右脸也给他。”（《圣经》）

释迦：“无我相，无人相，无众生相，无寿者相。”“节节肢解，不生嗔恨。”（《金刚经》）[①]

子曰：“以直报怨，以德报德。”（《论语·宪问》）

基督“要爱你的仇人”，释迦“一视同仁”，都是出世法，孔子是最高的世法。西谚曰：“以牙还牙，以眼还眼。”[②]孔子不曰“以怨报怨”，报有报答、报复之意。“以直报怨”是要得其平；“以牙还牙”，不是直。在基督、释迦不承认“怨”；夫子却不曾抹杀，承认“怒”与“哀”，

---

① 《金刚经》：“须菩提。如我昔为歌利王割截身体，我于尔时，无我相，无人相，无众生相，无寿者相。何以故？我于往昔节节支解时，若有我相、人相、众生相、寿者相，应生嗔恨。”

② 《旧约全书·申命记》：“以眼还眼，以牙还牙，以手还手，以脚还脚。”

怒与哀而怨生矣，而“怨”都是直。

“怒”“怨”，在乎诚、在乎忠、在乎恕、在乎仁、在乎义，当然可以怒，可以怨。

《论语》之用字最好，“可以兴，可以观，可以群，可以怨”，沉重、深厚、慈爱。读此段文章，“可以”二字不可草草放过。

夫子之文，字面音调上困其美，而并不专重此。

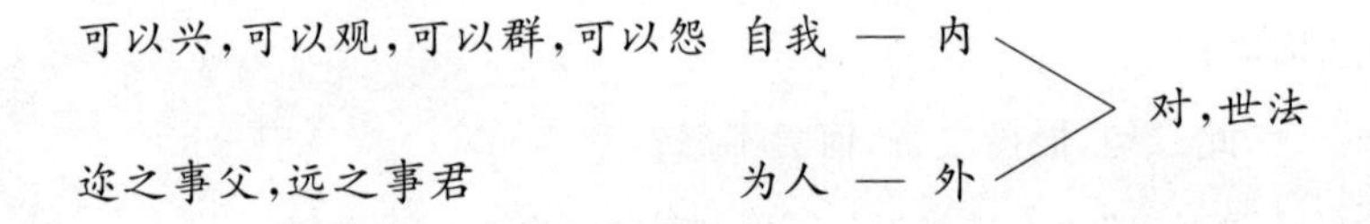

“诗可以兴，可以观，可以群，可以怨”，此是小我，但要扩而充之——“迩之事父，远之事君。”（释迦不许有人我相。）“事父”“事君”，代表一切向外之事，如交友、处世，喂猫、饲狗，皆在其中。事父、事君无不适得其宜。我本乎诚，本乎忠、恕、仁、义，则为人、处世皆无不可。（切不可死于句下。）

“多识于鸟兽草木之名。”朱子注：“其绪余，又足以资多识。”（《论语集注》）夫子所讲是身心性命之学，是道，是哲学思想（philosophy）。“多识于鸟兽草木之名”，何谓也？要者，“识”“名”两个字，识其名则感觉亲切，能识其名则对于天地万物特别有忠、恕、仁、义之感，如此才有慈悲、有爱，才可以成为诗人。

> 民，吾胞也；物，吾与也。（张载《西铭》）
>
> 天地万物与我并生，类也。（《列子·说符》）
>
> 仁者，爱人。[①]（《论语·颜渊》）

---

① 此表述与原文有异。《论语·颜渊》：“樊迟问仁，子曰：‘爱人。’”

孔子举出“仁”，大无不包，细无不举，乃为人之道也。民，我胞也；物，我与也。扩而充之，至于四海。仁，止于人而已，何必爱物？否！否！佛家戒杀生不得食肉，恐“断大慈悲种子”。必需时时“长养”此“仁”，不得加以任何摧残，勿以细小而忽之。凡在己为“患得”，在他为“不恕”者，皆成大害，切莫长养恶习，习与性成，摧残善根。

孔子门下贤人七十有二，独许颜渊[①]“三月不违仁”（《论语·雍也》）。（佛：慈悲；耶：爱；儒：仁。）此是何等功夫？夫子“造次必于是，颠沛必于是”（《论语·卫灵公》），念兹在兹。

为什么学道的人看不起治学的人，治学的人看不起作诗的人？盖诗人见鸡说鸡，见狗说狗，不似学道、治学之专注一心；但治学时时可以放下，又不若学道者。

道——圆，是全体，大无不包，细无不举；

学——线，有系统，由浅入深，由低及高；

诗——点，散乱、零碎。

作诗，人或讥为玩物丧志，其实最高。前念既灭，后念往生；后念既生，前念已灭。吾人要念念相续，言语行动，行住坐卧，要不分前念、后念，而念念相续，方能与诗有分。这与学道、治学仍是一样，也犹同“三月不违仁”。“多识于鸟兽草木之名”之意也在此，为的是念念相续，为的是长养慈悲种子。

“少年不足言，识道年已长。”（王摩诘《谒璿上人》）年长则精力不足，寿命有限，去日苦多，任重道远，颇颇不易。孔子曰：“加我数

---

① 颜渊（前521—前481）：名回，字子渊，春秋时期鲁国人，“孔门十哲”之首，以德行著称。

年，五十以学《易》，可以无大过矣。”（《论语·述而》）识道何易？

诗便是道。试看夫子说诗，“兴”“观”“群”“怨”“事父”“事君”“多识于鸟兽草木之名”，岂非说的是为人之道？夫子看诗看得非常重大：重，含意甚深；大，包括甚广。

《论语·季氏》载：

> （孔子）尝独立，鲤趋而过庭，曰：“学诗乎？”对曰：“未也。”“不学诗，无以言。”鲤退而学诗。

夫子两句话，读来又严肃、又仁慈、又恳切。“不学诗，无以言”，“无以”是感。

学，人生吸收最重要在“眼”。俄国盲诗人爱罗先珂（Epomehk）[1]四岁失目，他的诗代表北方的沉思玄想，读了总觉得是瞎子说话。发挥方面最主要在“言”。言，无“义”不成，辞“气”不同。常谓作诗要有韵，即有不尽之言。夫子说话也有韵。《世说新语》中之人物真有韵，颇有了不得的出色人物，王、谢[2]家中诗人不少。

孔子论诗还有：

> 子曰：“诵诗三百，授之以政，不达；使于四方，不能专对。虽多，亦奚以为？”（《论语·子路》）
>
> 子曰：“兴于诗，立于礼，成于乐。”（《论语·泰伯》）
>
> 子谓伯鱼曰：“汝为《周南》《召南》矣乎？人而不为《周南》《召南》，其犹正墙面而立也与？”（《论语·阳货》）

---

① 爱罗先珂（1889—1952）：俄国诗人、童话作家、世界语专家。25岁离开俄国本土，先后在暹罗（今泰国）、缅甸、印度、日本等地漂泊。1922年受聘至北京大学教授世界语。

② 王、谢：东晋时期王导、谢安两大家族。

以上，孔门诗法总论之部。

在宗教上信与解并行，且信重于解，只要信虽不解亦能入道，若解而不信则不可。释迦弟子阿难[①]知识最多，而迦叶[②]先之得道。世尊拈花，迦叶微笑。[③] 迦叶传其法，迦叶死后方传阿难。而儒家与宗教不同，只重解而不在信；且宗教是远离政治，而儒家中则有其政治哲学。《大学》所谓"正心""诚意""修身"，宗教终止于此而已，是"在我"，是"内"；儒家还有"齐家""治国""平天下"，是"为人"，是"外"。宗教家做到前三项便算功行圆满；而儒家则是以前三项为根本，扩而充之，恢而广之，以求有益于政治，完全是世法，非出世法。

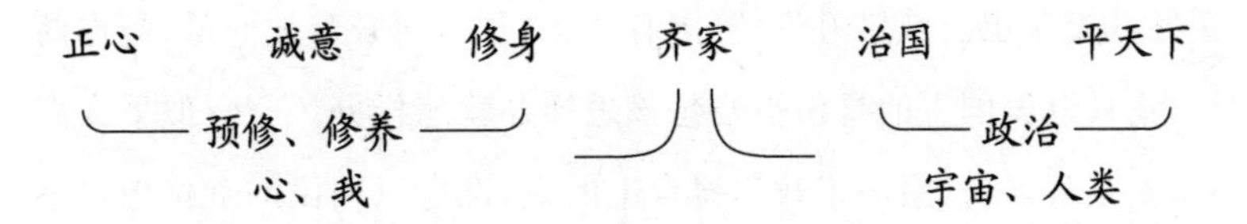

"齐家"是正心、诚意、修身的"实验"，是治国、平天下的"试验"。

夫子要人从自我的修养恢而广之，以见于政治。吾人向以为诗人不必是政治家，爱诗者不见得喜好政治，何以夫子说通了"诗三百"，授之以政便达，何以见得？夫子说诳语吗？否。否。是"真语者、实语者、如语者、不诳语者、不异语者"，岂能打诳语？鲁迅先生译鹤见

① 阿难：又称阿难陀，释迦牟尼堂弟，释迦牟尼十大弟子之一，博闻强识，有"多闻第一"之称。

② 摩诃迦叶：佛陀十大弟子之一，最无执著之念，有"头陀第一""上行第一"之称。

③ 《大梵天王问佛决疑经·拈华品》："尔时如来，坐此宝座，受此莲华，无说无言，但拈莲华。入大会中，八万四千人天时大众，皆止默然。于时长老摩诃迦叶，见佛拈华示众佛事，即今廓然，破颜微笑。佛即告言：'是也。我有正法眼藏、涅槃妙心、实相无相、微妙法门，不立文字，教外别传，总持任持，凡夫成佛，第一义谛。今方付属摩诃迦叶。'言已默然。"

祐辅[1]《思想·山水·人物》(鹤见祐辅思想清楚,文笔亦生动;鲁迅先生译书虽非生动,也还可读),书中说第一次欧战美国总统威尔逊(Wilson)[2]是十足的书呆子。美国总统先必为纽约省长,威尔逊为法学士,做波士顿大学校长,一跃而为纽约省长,再跃而为美国大总统。彼乃文人,又是诗人,又是书呆子,鹤见祐辅最赞仰之。一个纯粹的政客太重实际,而文人成为政治家,彼有彼之理想,可以将政治改良提高,使国家成为更文明的国家,国民成为更有文化的国民。在近代,威尔逊实是美国总统史中最光明、最正大、最儒者气象的一位。在大战和约中,别人以为威尔逊的最大失败盖英、法二国的两滑头,只顾己方利益,不顾世界和平,是以威尔逊被骗了。然而,此正见其光荣也。威尔逊说,美国有什么问题,何必与他商量、与你商量,我只以美国人的身份平心想该怎样办就怎样办。骤听似乎太武断、太主观,但试察历来政治舞台上的人,谁肯以国民的资格想想事当如何办?果然,也不至于横征暴敛,不顾百姓死活了。

说起威尔逊,真是诗人、是文人、是书呆子,可也是理想的政治家——此即是夫子所谓"诵诗三百,授之以政,不达,亦奚以为"了。夫子曰:"吾道一以贯之。"曾子释之曰:"忠恕而已矣。"(《论语·里仁》)说白便白,说黑便黑,那简直是人格的破碎。然而"一以贯之"绝非容易也。只有老夫子说得起这句话。什么(何)是一?怎么样(何以)贯?"造次必于是,颠沛必于是。"(《论语·卫灵公》)我就想我是一个美国人,应当怎么去施,怎么样受。威尔逊说得实在好。

---

① 鹤见祐辅(1885—1973):日本作家、评论家,著有随笔集《思想·山水·人物》。

② 威尔逊(1856—1924):美国第28任总统。威尔逊从政前曾执教多年,著有《国会政府》《美国政治研究》《论国家》等,故人称"书生总统"。

>>> 说白便白，说黑便黑，那简直是人格的破碎。然而“一以贯之”绝非容易，只有孔老夫子说得起这句话。图为明朝仇英《孔子圣绩图》。

子贡曰："贫而无谄，富而无骄，何如？"子曰："可也。未若贫而乐，富而好礼者也。"子贡曰："《诗》云：'如切如磋，如琢如磨。'其斯之谓与？"子曰："赐也始可与言诗已矣。告诸往而知来者。"(《论语·学而》)

子夏问曰："'巧笑倩兮，美目盼兮，素以为绚兮'，何谓也？"子曰："绘事后素。"曰："礼后乎？"子曰："起予者商也。始可与言诗已矣。"(《论语·八佾》)

"唐棣之华，偏其反而。岂不尔思，室是远而。"子曰："未之思也，夫何远之有？"(《论语·子罕》)

以上三段，为夫子在《论语》中对于诗之某节某句之见解。

夫子说"诗可以兴"，又说"兴于诗"，特别注重"兴"字。夫子所谓诗绝非死于句下的，而是活的，对于含义并不抹杀，却也不是到含义为止。吾人读诗只解字面固然不可，而要千载之下的人能体会千载而上之人的诗心。然而这也还不够，必须要从此中有生发。天下万事如果没有生发早已经灭亡。前说"因缘"二字，种子是因，借扶助而发生，这就是生发，就是兴。吾人读了古人的诗，仅能了解古人的诗心又管什么事？必须有生发，才得发挥而光大之。《镜花缘》中打一个强盗，说要打得你冒出忠恕来。[①] 禅宗大师说，从你自己胸襟中流出，遮天盖地。[②] 前之"冒"字，后之"流"字，皆是夫子所谓

① 清朝李汝珍《镜花缘》第五十一回，写两面国大盗欲纳妾，其妇将他一顿好打，并训斥一番："你还只想置妾，哪里有个忠恕之道！我不打你别的，我只打你'只知有己，不知有人'。把你打得骄傲全无，心里冒出一个'忠恕'来，我才甘心！"

② 《碧岩录》卷二记载岩头禅师谓雪峰禅师语："尔不见道。从门入者，不是家珍。须是自己胸中流出，盖天盖地。"

“兴”的意思。可以说吾人的心帮助古人的作品有所生发，也可以说古人的作品帮助吾人的心有所生发。这就是互为因缘。

“贫而无谄，富而无骄”与“贫而乐，富而好礼”，其区别如何？前者犹如自我的羁勒，不使自己逾出范围之外，这只是苦而不乐。（夫子在《论语》中则常常说到乐。）在羁勒中既不可懈弛，又经不起诱惑。“不见可欲，使民心不乱”（《道德经》三章）；反之，既见可欲，其心必乱，这便谈不到为学，这是丧失了自我。然而后者“贫而乐，富而好礼”却是“自然成就”。夫子之“乐”、之“好”，较之子贡两个“无”字如何？多么有次第，绝不似子贡说得那么勉强、不自然。这简直就是诗。放翁说“文章终与道相妨”（《遣兴》），不然也。

子贡由此而想到诗，又由诗想到此，所谓互为因缘也。牙虽白、玉虽润，然经琢磨之后牙益显白、玉益显润。（犹如苍蝇触窗纸而不得出，虽知光道之所在，尚隔一层窗纸。夫子之言犹如戳出窗纸振翼而出，立见光明矣。）夫子说“告诸往而知来者”，便是生发，便是兴。

不了解古人是辜负古人，只了解古人是辜负自己，必要在了解之后还有一番生发。

首一段子贡与夫子的对话由他事兴而至于诗，次一段子夏与夫子的对话由诗兴而至于他事。

夫子所言“绘事后素”，《礼记》所谓“白受采”[①]也。本质洁，由人力才能至于美。“巧笑倩兮，美目盼兮，素以为绚兮”，“巧笑”“美目”“素”皆是素；“倩”“盼”“绚”是后天的，是“绘”；“礼后乎”，诚然哉！

---

① 《礼记·礼器》：“甘受和，白受采，忠信之人，可以学礼。”

夫子所谓“起予者商也”之“起”者，犹兴也。如此“始可与言诗”，此之谓诗也。

“诗无达诂”（董仲舒《春秋繁露·精华》），此中亦颇有至理存焉。作者何必然，读者何必不然？虽然人同此心，心同此理，而对于相同之外物之接触，个人所感受者有异。越是好诗，越是包罗万象。“赋诗必此诗，定知非诗人”（苏轼《书鄢陵王主簿所画折枝二首》其一），必此诗——必然。唐诗之所以高于宋诗，便因为唐诗常常是无意的——意无穷——非必然的。

伟大之作品包罗万象，仁者见仁，智者见智，深者见深，浅者见浅。鲁迅先生文章虽好而人有极不喜之者，是犹未到此地步。虽然，无损乎先生文章之价值也。正如中国之京戏，“国自兴亡谁管得，满城争说叫天儿”（狄楚青《燕京庚子俚词》其七）。（近代梨园只有谭叫天①算得了不起的人物。）

唐诗与宋诗，宋诗意深（是有限度的）——有尽；唐诗无意——意无穷。所以唐诗易解而难讲，宋诗虽难解却比较容易讲，犹之平面虽大亦易于观看，圆体虽小必上下反复始见全面也。

子贡之所谓“切”“磋”“琢”“磨”，不仅指玉石之切、磋、琢、磨也。“巧笑倩兮，美目盼兮，素以为绚兮”，又何关乎礼义、绘事也？虽然，作者何必然，读者何必不然？一见圆之彼面，一见圆之此面，各是其所是而皆是。花月山水，人见之而有感，此花月山水之伟大也。各人所得非本来之花月山水，而各自为各自胸中之花月山水，皆非而

---

① 谭鑫培（1847—1917）：近代京剧演员，初习武生后改老生，有“伶界大王”之美誉。其父谭志道应工老旦，因声狭音亢，得“叫天”之艺号，后人因称谭鑫培为“小叫天”“谭叫天”。

亦皆是。禅家譬喻谓“盲人摸象”，触象脚者说象似蒲扇，触象腿者说象似圆柱，触象尾者说象似苕帚。[1] 如说彼俱不是，不如说彼皆是，盖各得其一体，并未离去也。

吾人读诗亦正如此，各见其所见，各是其所是，所谓“诗无达诂”也。要想窥见全圆、摸得全象，正非容易。是故，见其一体即为得矣，不必说一定是什么。

说诗者不以文害辞，不以辞害志。以意逆志，是为得之。(《孟子·万章上》)

吾善养吾浩然之气。(《孟子·公孙丑上》)

对方[2]之无能或不诚，致使吾人不敢相信。然而自己看事不清、见理不明，反而疑人，也可说多疑生于糊涂。

“吾善养吾浩然之气”，“气”是最不可靠的，“气”是什么？

孔夫子之言颠扑不破，孟夫子说话往往有疵隙。

以上两小段文字乃孟子之说诗，余试解之。

“文”：

（一）篇章、成章。（文者，章也；章者，文也。《说文》[3]中彣、彰

---

① 《义足经》：“过去久远，是阎浮利地有王，名曰镜面。时敕使者，令行我国界，无眼人悉将来至殿下。使者受敕即行，将诸无眼人到殿下，以白王。王敕大臣：‘悉将是人去示其象。’臣即将到象厩，一一示之，令捉象，有捉足者、尾者、尾本者、腹者、胁者、背者、耳者、头者、牙者、鼻者，悉示已，便将诣王所。王悉问：‘汝曹审见象不？’对言：‘我悉见。’王言：‘何类？’中有得足者言：‘明王，象如柱。’得尾者曰：‘如扫帚。’得尾本者言：‘如杖。’得腹者言：‘如埵。’得胁者言：‘如壁。’得背者言：‘如高岸。’得耳者言：‘如大箕。’得头者言：‘如臼。’得牙者言：‘如角。’得鼻者言：‘如索。’便复于王前共诤讼象，谛如我言。”

② 对方：或指作诗者。

③ 《说文》：《说文解字》的简称，东汉许慎著，我国第一部系统分析汉字字形、考究字源的著作。

互训。)

(二)文采。即以《离骚》为例,其洋洋大观、奇情壮采是曰文采。

“辞”:

辞、词通,意内而言外。楚辞中《离骚》最好,亦最难解,对于它的洋洋大观、奇情壮采,令人蛊惑。“蛊惑”二字不好,charming (charm,n;charming,adj)好。《红楼梦》中说谁是怪“得人意儿”[①]的,倒有点儿相近。“得人意儿”似乎言失于浅,“蛊惑”却又求之过深。

文章有 charming,往往容易爱而不知其恶。谚有之曰“人莫知其子之恶”(《大学》八章),又俗语曰“情人眼里出西施”,此之谓也。西人也说两性之爱是盲目的(love is blind)。其实,一切的爱皆是盲目的,到打破一切的爱,真的智慧才能出现。即如读《离骚》,一被其洋洋大观、奇情壮采所蛊惑,发生了爱,便无暇详及其辞矣。

欣赏其文之 charm,需快读,可以用感情。欲详其辞意须细读,研究其组织与写法必定要立住脚跟观察。观与体认、体会有关。既曰观,就必须立定脚跟用理智观察。

“不以辞害志”,“志”者,作者之志;“诗言志”,志者,心之所之也。[②] 后来之人不但读者以辞害志,作者也往往以辞害志,以致有句而无篇,有辞而无义。

“以意逆志”,“逆”,迎也、溯也、追也,千载之下的读者,要去追求千载之上的作者之志。

---

① 《红楼梦》第五十六回贾母对前来请安的甄府四个女人说贾宝玉:“就是大人溺爱的,也因为他一则生的得人意儿;二则见人礼数,竟比大人行出来的还周到,使人见了可爱可怜,背地里所以才纵他一点子。”

② 《毛诗序》:“诗者,志之所之也。在心为志,发言为诗。”

志 $\xrightleftharpoons[逆]{之}$ 诗 “以意逆志，是为得之。”

孟子把诗看成了“必然”。

章实斋[1]《文史通义》诗教篇（章氏对史学颇有见解，文学则差），以为我国诸子出于诗，尤其以纵横家为然。此说余以为不然。纵横家不能说“思无邪”，只可说是诗之末流，绝非诗教正统（夫子所谓“言”，所谓“专对”）。

马浮（一浮先生）[2]亦尝论诗，甚高明。马一浮先生佛经功夫甚深，而仍是儒家思想，其在四川办一学院讲学，所讲纯是诗教（余所讲近诗义）：

> “仁”是心之全德（易言之，亦曰德之总相），即此实理之显现于发动处者，此理若隐，便同于木石。如人患痿痹，医家谓之不仁。人至不识痛痒，毫无感觉，直如死人。故圣人始教以《诗》为先，诗以感为体，令人感发兴起，必假言说。故一切言语之足以感人者，皆诗也。……诗人感物起兴，言在此而意在彼。故贵乎神解，其味无穷。圣人说诗，皆是引申触类，活鱍鱍也。其言之感人深者，固莫非诗也。天地感而万物化生，仁之功也。圣人感人心而天下和平，诗之效也。（《复性书院讲录·〈论语〉大义一·诗教》）

鲁迅先生说，说话时没的说，只是没说时不曾想。见理不明，故

---

① 章学诚（1738—1801）：清朝史学家，字实斋，号少岩，会稽（今浙江绍兴）人。提倡“六经皆史”，著有《文史通义》九卷。

② 马浮（1883—1967）：字一浮，号湛翁，浙江绍兴人。博通古今，也涉西学，然其毕生立足儒学，精研义理，且创办并主持复性书院。梁漱溟誉其为“千年国粹，一代儒宗”。

说话不清；发心不诚，故感人不动。

显（仁　起动感生）⟷ 隐（不仁　心死）

仁　世界大同　道　人人可行

生之大德曰仁

夫子说诗，“兴”“观”“群”“怨”“事父”“事君”“多识于草木鸟兽之名”七项，不是并列的，而是相生的。再进一步，也可以说并列而相生，相生而并列。人只要“兴”，就可以“群”“怨”“事父”“事君”“识草木鸟兽之名”；若是不“兴”，便是“哀莫大于心死”（《庄子·田子方》）。只要不心死就要兴，凡起住饮食无非兴也。吾人观乞者啼饥号寒，不禁惕然有动，此兴也，诗也，人之思无邪也。若转念他自他、我自我，彼之饥寒何与我？这便是思之邪，是心死矣。佛说：“心生种种法生，心灭种种法灭。”（《楞严经》）学佛、学道，动辄曰我心如槁木死灰，岂非心死邪？岂不是断灭相？佛说：“于法不说断灭相。”（《金刚经》）

马先生之说，除“天地感而万物化生，仁之功也”一句欠通，其余皆合理。文虽非甚佳，说理文亦只好如此，说理文太美反而往往使人难得其真义所在，如陆士衡《文赋》[①]、刘彦和《文心雕龙》[②]，因文章之炫惑反而忘其义之所在。

言字者，言语之精；言语者，文字之粗。平常是如此，但言语之功效并不减于文字。盖言语是有音色的，而文字则无之。禅家说法

① 陆机（261—303）：西晋文学家，字士衡，吴郡华亭（今上海松江）人，与其弟陆云合称“二陆”。所著《文赋》为中国文学批评史上第一篇系统阐述创作论的文章。

② 刘勰（466？—521?）：南北朝梁文学理论家，字彦和，东莞莒（今山东莒县）人。所著《文心雕龙》为中国文学批评史上第一部系统阐述文学理论的专著。

动曰亲见,故阿难讲经首曰"如是我闻"[1],是既负责又恳切。言语有音波,亦所以传音色,古诗无不入于歌,故诗是有音的。《汉志》记始皇焚书而《诗》传于后,盖人民讽诵,不独在竹帛故也。马先生故曰"必假言说",而不说文字也。言语者,有生命的文字;文字者,是雅的语言。马先生说言语之足以感人者皆诗,章实斋先生所说纵横家者流,乃诗之流弊。

东坡有对曰:"三光日月星,四诗风雅颂。"[2]

"四诗":风、大雅、小雅、颂
（大雅、小雅）——雅

"四始":《关雎》,风之始;
《鹿鸣》,小雅之始;
《文王》,大雅之始;
《清庙》,颂之始。

风,大体是民间文学,亦有居官者之作;雅,贵族文学;颂,庙堂文学。以有生气、动人而言,风居首,雅次之,颂又次之。以典雅肃

① 佛教传说,释迦牟尼入灭前叮嘱其弟子,集结经文之首应冠以"如是我闻"。释迦入灭后,阿难集结诸经,开卷皆置此四字。其后之佛经亦以此为开卷语。

② 此对之成,异说颇多,其一为杨彦龄,其一为东坡。北宋杨彦龄《杨公笔录》:"世所谓独脚令者,唯'三光日月星',以拘于物数为最不易酬答者。元祐三年夏,余待试兴国西经藏院,夜梦一客举此为令,若欲相屈,余辄应声答曰:'四诗风雅颂。'客遂惭服而去。"南宋岳珂《桯史》:"承平时,国家与辽欢盟,文禁甚宽,辂客者往来,率以谈谑诗文相娱乐。元祐间,东坡尝膺是选。辽使素闻其名,思以奇困之。其国旧有一对曰'三光日月星',凡以数言者,必犯其上一字,于是遍国中无能属者。首以请于坡。坡唯唯谓其介曰:'我能而君不能,亦非所以全大国之体。"四诗风雅颂",天生对也,盍先以此复之。'介如言,方共叹愕。坡徐曰:'某亦有一对,曰"四德元亨利"。'使睢盱,欲起辨。坡曰:'而谓我忘其一耶?谨而舌,两朝兄弟邦,卿为外臣,此固仁祖之庙讳也。'使出不意,大骇服。既又有所谈,辄为坡逆夺,使自愧弗及。迄白沟,往返舌,不敢复言他。"

穆论,颂居首,雅次之,风又次之。

不知当初编辑《诗经》之人是否其先后次序含有等级之意,余以为虽然似乎有意,亦似无意,在有意、无意之间。

> “六义”:风、雅、颂(以体分);
>
> 赋、比、兴(以作法分,颂中多赋,比、兴最少)。

直陈其事,赋也;能近取譬,比也(比喻);挹彼注兹,兴也。(“注”字用得不好。)

前人讲赋、比、兴,往往将“兴”讲成“比”,毛、郑[1]俱犯此病。毛、郑传诗虽说赋、比、兴,是知其然而不知其所以然。《文心雕龙》有《比兴》篇,然说比、兴不甚明白。

兴绝不是比。“云想衣裳花想容”(李白《清平调三首》),诗人的联想,比也。“关关雎鸠,在河之洲”,毛诗说“兴也”,后来都讲成兴了,实则“关关雎鸠,在河之洲”与“窈窕淑女,君子好逑”绝无关系。

兴是无意,比是有意,不一样。既曰无意,则兴与下二句无联络,既无联络何以写在一起?此乃以兴为引子,引起下两句,犹如语录说“话头”(禅家说“话头”,指有名的话,近似 proof),借此引出一段话来。然“兴”虽近似 introductory、引子、话头,但 introductory 尚与下面有联络,“兴”则不当有联络。(宋朝的平话[2]如《五代史平话》,往往在一段开端有一片话头与后来无关,这极近乎“兴”。元曲

---

① 毛指西汉《诗经》学者毛亨、毛苌,郑指东汉经学家郑玄。郑玄(127—200):东汉经学家,字康成,北海高密(今山东高密)人,著有《毛诗笺》《三礼注》《论语注》等。

② 吴小如《释“平话”》认为,平话作为古代白话小说的一种形式,是与诗话、词话相对言,纯用口语,不加歌唱。一般讲史话本只说不唱,有韵的赞语也只朗诵,故多称之为“平话”。

中有“楔子”[1],金圣叹说“以物出物”[2])。此种作法最古为《诗》,《诗经》而后即不复见,但未灭亡,在儿歌童谣中至今尚保存此种形式(在外国似乎没有):

小白鸡上柴火垛,没娘的孩子怎么过。(兴也)

小板凳,朝前挪。爹喝酒,娘陪着。(兴也)

兴是无意,说不上好坏,不过是为凑韵,不使下面的话太突然。

《中庸》三十三章有言曰:

《诗》曰:“衣锦尚褧。”恶其文之著也。

褧(褧、絅通用)是一种轻纱,锦自内可以透出。中国所以尚珠玉而不喜钻石也,皆是“衣锦尚褧”。所谓谦恭、客气、面子,皆由此之流弊。客气,不好意思,岂非不是“思无邪”了吗? 不然,人生就是矛盾的,在矛盾中产生了谦恭、客气、面子、不好意思,而有“衣锦尚褧,恶其文之著”的情形。兴就好比锦外之褧。又庄子曰:

筌者所以在鱼,得鱼而忘筌。(《庄子·外物》)

正好是兴:筌非鱼,筌所以得鱼,得鱼而忘筌。

兴,妙不可言也。

夫子说“诗可以兴”,以兴诗外之物。今余讲“兴”亦说“兴者,起也”,此起诗之本身也。夫子说的“兴”是功用,今所说“兴”是作法。

---

① 楔子:元杂剧专有名词,盖指四折之外对剧情起交待作用或连接作用的短小开场戏或过场戏。

② 金圣叹(1608—1661):明末清初文学批评家,名采,字若采,明亡后改名人瑞,字圣叹,长洲(今江苏苏州)人。评点古书甚多,金批《水浒传》,将原本引首与第一回合并,改称“楔子”,且有语云:“楔子者,以物出物之谓也。”

兴,独以“三百篇”最多。后来之诗只有赋、比而无兴,即《离骚》、“十九首”皆几于无兴矣。

诗之由来:

《礼记・王制》:

> 命大师陈诗,以观民风。

郑氏注[①]:“陈诗,谓采其诗而视之。”郑氏注恐怕不对。陈者,列也,呈也。《汉书・食货志》云:

> 孟春之月,行人振木铎,徇于路以采诗,献之大师。

古之诗不但是看的,也是听的。“师”,有乐官的意思。如,晋师旷,瞽者,乐官,即称师。又如,鲁大师挚,大师,乐官首领,故称大师。

《周礼・春官・宗伯》:

> 瞽矇……掌九德六诗之歌,以役大师。

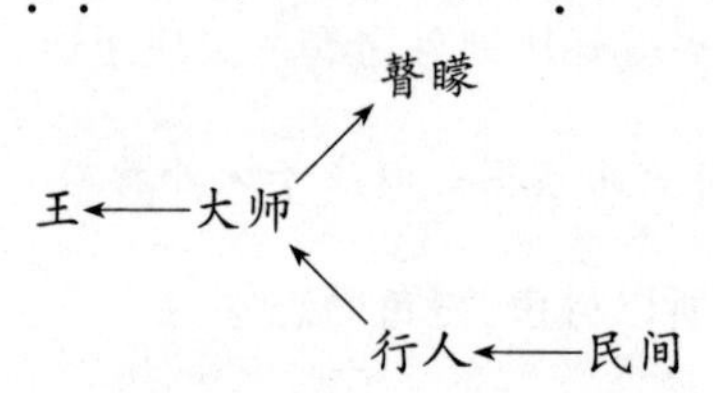

胡适之[②]先生主张实验哲学、怀疑态度、科学精神,颇推崇崔述东壁[③]。崔氏作有《读风偶识》,其书卷二《通论十三国风》有云:“周之诸侯千八百国,何以独此九国有风可采?”其实这话也不能成立。

① 郑氏注:指郑玄之注。

② 胡适(1891—1962):现代学者,新文化运动代表人物,字适之,安徽绩溪人。师从美国哲学家杜威,服膺其实用主义理论。

③ 崔述(1740—1816):清朝辨伪学者,字武承,号东壁,大名(今属河北)人,有辨伪专著《考信录》三十六卷。

采诗并非一股脑儿收起来，要选其美好有关民风者，所以只九国有风有什么关系？

果然都是大师陈诗、瞽矇掌歌诗吗？也未必然。盖天下有所谓有心人、好事者。（不是庸人自扰，反是聪明才智之士扰得厉害，也就是不安分的人。）有心人似乎较好事者为好。歌谣不必在文字，祖先传之儿孙，甲地传之乙地，故人类不灭绝，歌谣便不灭亡。虽然，但可以因时而变化，新的起来便替了旧的。有心人将此种歌谣蒐集笔录之乃成为书。凡诗篇《雅歌》及"诗三百篇"，皆是也。如此较上古口授更可传之久永了。无名氏作品之流传，大抵是有心、好事之人蒐集，这是他个人的嗜好，不比后世邀名利之徒。此种有心人、好事者与社会之变化颇有关系，这样人生才有意义，才不是死水。谚语曰，流水不腐。此话甚好。人生是要有活动的，虽然彼亦一是非，此亦一是非，未必现在就比古代文明。

孔子删诗：

此说在史书记载中寻不出确实的证据来。首记删诗者是《史记》，《汉志》虽未肯定孔子删诗，也还不脱《史记》影响。

《史记·孔子世家》：

> 古者诗三千余篇，及至孔子，去其重，取可施于礼义，上采契、后稷，中述殷、周之盛，至幽、厉之缺，始于衽席。……三百五篇，孔子皆弦歌之。

《汉书·艺文志》：

> 孔子纯取周诗，上采殷，下取鲁，凡三百五篇。

殷←——㊉周——→鲁

《艺文志》下文还是受《史记》影响，还是经孔子的整理而成了三百零五篇，但孔子自己没有提到，所以孔颖达[1]说：不然，不然，孔子不曾删诗。孔颖达云："书、传所引之诗见在者多，亡逸者少，则孔子所录不容十分去九。司马迁言古诗三千余篇，未可信也。"(《毛诗正义·诗谱序》)荀子、墨子亦尝言"诗三百"，不独孔夫子说"诗三百"，可知非孔子删后才称《诗》是"三百篇"。《史记》靠不住。

《诗序》[2]：大序、小序。

旧传是子夏所作，韩愈[3]疑是汉儒所伪托。(有人说汉朝尊崇儒术，其损害书籍甚于秦始皇之焚书。经有今、古文之分，古文多是汉人伪造，以伪乱真，为害甚大。)

《后汉书·卫宏(敬仲)[4]传》：

> 九江谢曼卿善毛诗，乃为其训。宏从曼卿受学，作《毛诗序》，善得风雅之旨，于今传于世。

试看《诗序》之穿凿附会，死于句下，绝非孔门高弟子夏所为。孔门诗法重在兴，由"贫而无谄，富而无骄"说到"如切如磋，如琢如磨"。兼士[5]先生说不要腾空，腾空是"即此物、非此物"。

---

① 孔颖达(574—648)：唐朝经学家，字冲远，冀州衡水(今河北衡水)人，奉唐太宗之命编订《五经正义》。

② 《诗序》：为汉人解诗之作，有大序、小序之分。《毛诗》各篇前均有一段阐述该诗作者或介绍时代背景的文字，称为小序；首篇《关雎》小序之后有一概论《诗经》艺术特征、内容、分类、表现方法与社会功用等问题的长文，称为《诗大序》，又称《毛诗序》。诗大序总结了先秦儒家诗论，为古代文论中的一篇重要文献。

③ 韩愈(768—824)：唐朝文学家，字退之，河阳(今河南孟州)人。自言郡望昌黎(今属河北)，后世多称韩昌黎。与柳宗元共同倡导古文运动，推动文体、文风改革。

④ 卫宏(生卒年不详)：东汉学者、经学家，字敬仲，东海(今山东郯城)人。

⑤ 沈兼士(1887—1947)：语言文字学家，名臤，以字行，吴兴(今浙江湖州)人。他时任辅仁大学文学院院长，为顾随之师，其所言"不要腾空"诸语，或为口头交流之语。

>>> 适之先生说，中国从周秦诸国到有禅宗以前，没有一个有思想的。图为明朝丁云鹏《六祖图》。

苦水为之解，即禅宗所谓“即此物，离此物”。孔子从“巧笑倩兮，美目盼兮，素以为绚兮”，说到“绘事后素”，岂非“即此物，离此物”？适之先生说，中国从周秦诸子以后到有禅宗以前，没有一个有思想的。[①] 这话也还有道理，其中汉朝一个王充[②]算是有思想的，也不过如是而已，不过他还老实，还不太臆说。汉儒的训诂尚有其价值，不过也未免沾滞，未免死于句下。及其释经，则十九穿凿附会。

何谓“大序”“小序”？

宋程大昌[③]《考古编》曰：

> 凡《诗》发序两语如“关雎，后妃之德也”，世人之谓小序者，古序也。两语以外续而申之，世谓大序者，宏语也。

又曰：

> 若使宏序先毛而有，则序文之下，毛公亦应时有训释。今唯郑氏有之，而毛无一语，故知宏序必出毛后也。

程氏此说甚明其所谓“大序”“小序”之为何（宋人主张大半如是）。虽说“小序”非子夏所作，却也未说定。总之，在汉以前就有，也未必一定非子夏所作。说是卫宏作也未说全是卫宏所作，不敢完

---

① 胡适《王充的〈论衡〉》一文指出：“我们看汉代的历史，从汉武帝提倡种种道士迷信以后，直到哀帝、平帝、王莽的时候，简直是一个灾异符瑞的迷信时代。……汉代是一个骗子时代。那二百多年之中，也不知造出了多少荒唐的神话，也不知造出了多少荒谬的假书。我们读的古代史，自开辟至周朝，其中也不知道有多少部分是汉代一班骗子假造出来的。”

② 王充（27—96?）：东汉思想家，字仲任，会稽上虞（今属浙江）人。所著《论衡》，为具有朴素唯物主义思想的哲学著作。

③ 程大昌（1123—1195）：南宋学者、经学家，字泰之，徽州休宁（今属安徽）人。有《诗论》一卷、《考古编》十卷、《演繁露》十六卷等著述。

全推翻《诗序》。毛诗郑笺，毛诗当西汉末王莽初年有之，卫宏说是子夏作，郑笺便也以为是子夏作，汉儒注诗者甚多，但传者只毛诗郑笺。然程氏终以为“小序”（即所谓古序）虽不出于子夏，要是汉以前之作，其意盖以“小雅”中《南陔》《白华》《华黍》《由庚》《崇丘》《由仪》六篇之诗虽亡，而“小序”仍存，必古序也。以宏生诗亡之后，既未见诗，亦无由伪托其序耳。其实愈是没有诗，愈好作伪序，死无对证，说皆由我。余绝对不承认。《诗序》必是低能的汉人伪作。

诗传：传，去声。

《春秋经》有左氏、公羊、谷梁三传。传（zhuàn）者，传（chuán）也（传于后世）。传（zhuàn）者，说明也，经简而传繁，固然之理耳。《春秋三传》是说明其事。如《春秋经》“郑伯克段于鄢”，《传》一一释之，孰为“郑伯”，孰为“段”，为何“克”，如何于“鄢”。《诗序》则不然。《诗》非史，不能说事实，而是传其义理。至汉而后，《诗》有传。西汉作传者，有三家，《史记·儒林列传》谓：

> 言《诗》于鲁则申培公，于齐则辕固生，于燕则韩太傅（婴）。

《汉书·艺文志》云：

> 鲁申公为《诗》训故，而齐辕固、燕韩生皆为之传。或取《春秋》，采杂说，咸非其本义。与不得已，鲁最为近之。三家皆列于学官。

齐、鲁、韩三家，训故。（训故，文字之学。故、诂通。）

班固[1]对于《诗》定下过大功夫，汉儒说《诗》，班固较明白。要着眼在“不得已”几字，诗人作诗皆要知其有不得已者也。班固所谓

---

① 班固（32—92）：东汉史学家、文学家，字孟坚，扶风安陵（今陕西咸阳）人。所著除《汉书》外，尚有《两都赋》《幽通赋》《白虎通义》等。

“本义”与“不得已”，即孟子所言“志”，余常说之“诗心”。

本义
不得已 } 志　诗心

有关毛传，《汉书·艺文志》云：

> 又有毛公之学，自谓子夏所传，而河间献王好之，未得立。

可见班固并不承认毛公之学传于子夏。由“自谓”二字，可知班固下字颇有分寸，不似太史公之主观、之以文为史，虽然不是完全不顾事实，却每为行文之便歪曲了事实，固则比较慎重。

毛诗列于学官，在西汉之季。陈奂[①]《诗毛氏传疏》云：

> 平帝末，得立学官，遂遭新祸。

毛诗大盛于东汉之季。《后汉书》：“马融[②]作《毛诗传》，郑玄作《毛诗笺》。”（毛传、郑笺）

齐、鲁、韩三家之衰亡：齐亡于汉，鲁亡于（曹）魏，韩亡于隋唐（韩诗尚传《韩诗外传》，既曰“外传”，当有“内传”，“外传”以事为主，不以诗为主）。自是而后，说诗者乃唯知毛诗之学。至宋，欧阳修作《诗本义》，始攻毛、郑。朱子作《诗集传》，既不信小序，亦不以毛、郑为指归也。朱子之前，无敢不遵小序者，皆累于圣门之说。

中国两千年被毛、郑弄得乌烟瘴气，到朱子才微放光明。但人

---

① 陈奂（1786—1863）：清朝经学家，字硕甫，号师竹，江苏长州（今苏州）人。陈奂于《毛诗》用力最勤，有《诗毛氏传疏》《毛诗说》《毛诗九谷考》《毛诗传义类》《郑氏笺考征》等著述。

② 马融（79—166）：东汉经学家，字季长，扶风茂陵（今陕西兴平）人。世称“通儒”，卢植、郑玄均出其门下。

每拘于“诗经”二字，便不敢越一步，讲成了死的。《诗经》本是诗的不祧之祖，既治诗不可不讲究。余读《诗》与历来经师看法不同，看是看的“诗”，不是“经”。因为以《诗》为经，所以欧、朱虽不信小序，但到《周南》打不破王化，说《关雎》打不破后妃之德，仍然不成。我们今日要完全抛开了“经”，专就“诗”来看，就是孟子说的“以意逆志”。

孔子说《诗》有不同两处说“兴”，又说“告诸往而知来者”。汉儒之说《诗》真是孟子所谓“固哉，高叟之为诗也”（《孟子·告子下》），“固”是与“兴”正对的。孔子之所谓“兴”，汉儒直未梦见哉！孔夫子又非孟子之客观，不以文害辞，不以辞害意，而是“即此物，离此物”，“即此诗，非此诗”。孔夫子既非主观，又非客观，而是鸟瞰（bird's eyeview）。因为跳出其外，才能看到此物之气象（精神）——诚于中形于外，此之谓气象。（静安先生在《人间词话》上说到。[1]）

某书说相随心转[2]，的确如此。英国王尔德（Wilde）[3] *The Picture of Dorian Gray* 讲，一美男子杜莲·格莱（Dorian Gray）努力要保自己不老，果得驻颜术。二十余岁时，有人为其画一像，极逼似，藏于密室。后曾杀人放火，偶至密室，见像，陡觉面貌变老，极凶恶，怒而刃像之胸，而此 princely charming 之美男子亦死。第二日，人见一老人刃胸而死，见其遗像始知即杜莲·格莱。

---

① 王国维《人间词话》：“余今则曰：气象者，诗人历史感之客观化也。诗词而胜在气象，唯担荷历史者为能。”

② 《无常经》：“世事无相，相由心生。可见之物，实为非物；可感之事，实为非事。物事皆空，实为心瘴。”

③ 王尔德（1854—1900）：英国唯美主义作家。*The Picture of Dorian Gray* 为其第一部小说，主人公杜莲·格莱（Dorian Gray），今译为道林·格雷。

凡作精美之诗者必是小器人(narrow minded),如孟襄阳[①]、柳子厚[②],诗虽精美,但是小器。

要了解气象,整个的,只有鸟瞰才可。孔夫子看法真高,诗心,气象。汉儒训诂,名物愈细,诗心、气象愈远。

“三百篇”之好,因其作诗并非欲博得诗人之招牌,其作诗之用意如班氏所云之有“其本义”及“不得已”,此孔子所谓“思无邪”。后之诗人都被“风流”害尽。“风流”本当与“蕴藉”(蕴藉,又作酝藉)连在一起,然后人抹杀“蕴藉”,一味“风流”。

程子[③]解释“思无邪”最好。程子云:

> 思无邪者,诚也。

《中庸》:“不诚无物。”“三百篇”最是实,后来之诗人皆不实,不实则伪。既有伪人,必有伪诗。伪者也,貌似而实非,虽调平仄、用韵而无真感情。刘彦和《文心雕龙·情采》篇曰,古来人作文是“为情而造文”,后人作文是“为文而造情”。为文而造情,岂得称之曰真实?无班氏所云之诗人之“本义”与“不得已”。所以班、刘之言不一,而其意相通。后来诗人多酬酢之作,而“三百篇”绝无此种情形,“三百篇”中除四五篇有作者可考外,余皆不悉作者姓名。

古代之诗,非是写于纸上,而是唱在口里。《汉书·艺文志》曰:“讽诵不独在竹帛。”既是众口流传,所以不能一成而不变(或有改

---

① 孟浩然(689—740):唐朝文学家,以字行,襄州襄阳(今湖北襄阳)人,世称“孟襄阳”。盛唐山水田园诗代表作家。

② 柳宗元(773—819):唐朝文学家,字子厚,河东(今山西永济)人,世称“柳河东”。

③ 程颐(1033—1107),北宋理学家。字正叔,洛阳伊川(今河南洛阳伊川)人。与其兄程颢合称“二程”。

动)。上一代流传至下一代,遇有天才之诗人必多更动,愈流传至后世,其作品愈美、愈完善,此就时间而言也。并且,就地方而言,由甲地流传至乙地,亦有天才诗人之修正及更改。“诗三百篇”即是由此而成。俗语云“一人不及二人智”,后之天才诗人虽有好诗,而不足与《诗经》比者,即以此故也。(尤其是《诗经》中之“国风”,各地之风情。民谣正好是“风”。风者,流动,由此至彼,民间之风俗也。)以上乃是“诗三百篇”可贵之一也。

每人之诗皆具其独有之风格(个性),不相混淆。“三百篇”则不然,无个性,因其时间、空间之流传,由多人修正而成。故曰:“三百篇”中若谓一篇代表一人,不若谓其代表一时代、一区域、一民族,因其中每一篇可代表集团。集团者,通力合作也。

“诗三百篇”虽好,但文字古,有障碍,而不能使吾人易于了解。(唯陶诗较可。)若要得其意,赏其美,须先打破文字障。

第二讲

说《周南》

"周南","南",有二说。

一说:南,地名,南是南国也。王先谦[①]《诗三家义集疏》:"鲁说曰:'古之周南,即今之洛阳。'又曰:'自陕以东,皆周南之地也。'"马瑞辰[②]《周南召南考》:"周、召分陕,以今陕州之陕原为断,周公主陕东,召公主陕西。乃诗不系以陕东、陕西,而各系以'南'者,'南'盖商世诸侯之国名也。《水经·江水注》引《韩诗序》曰:'二南,其地在南郡、南阳之间,是韩诗以二南为国名矣。'"

二说:南,乐名。宋程大昌《考古编》以南为乐名,取证于《诗经·小雅·钟鼓》篇之"以雅以南"。

---

① 王先谦(1842—1917):清末学者、经学家,字益吾,晚号葵园,湖南长沙人,著有《诗三家义集疏》二十八卷。

② 马瑞辰(1782—1853):清朝学者、经学家,字元伯,安徽桐城人,著有《毛诗传笺通释》三十二卷。

二说似不能并存,然若以南乐出于二南,则二说皆可成立,归而为一,如二黄(二簧)[1]出二黄之间者。

篇一　关雎

关关雎鸠,在河之洲。窈窕淑女,君子好逑。

参差荇菜,左右流之。窈窕淑女,寤寐求之。

求之不得,寤寐思服。优哉游哉,辗转反侧。

参差荇菜,左右采之。窈窕淑女,琴瑟友之。

参差荇菜,左右芼之。窈窕淑女,钟鼓乐之。

《关雎》三章,首章四句,后二章八句。毛诗以为五章,章四句,非也。

《关雎》字义:

首章:“关关雎鸠”,“关关”,一作“噌噌”,象其声也。“在河之洲”,“洲”,一作“州”,原为□,后重为三□□□,上下像流水,中间像陆地,故曰“水中可居”(许慎《说文解字》)。“洲”系后来之字。(洲、燃、曝,皆后来之字,原作州、然、暴。)“关关”,是谐声,“州”字是象形。“窈窕淑女”,“窈窕”,《晋书·皇后传》注作“苗条”,此非德性之美,只是言形体之美,如“子慕予兮善窈窕”(屈原《九歌·山鬼》),非毛传“幽闲”(“闲”“娴”通用)之谓也。中国字有本义,有反训。如“乱臣十人”(《尚书·泰誓》),“乱”,治也,言有能治乱。“君子好逑”,“逑”,一作“仇”。《左传》:“嘉耦曰妃,怨耦曰仇。”“妃”,音配,配也、合也;“耦”,偶(couple)也。“怨耦曰仇”,是“仇”之本义。此处

---

① 二黄:戏曲声腔名,因起源于湖北黄冈、黄陂,故名。又写作“二簧”。清初,由徽班进京传入北京,成为京剧主要声腔。

"好逑"是反训。

"关关雎鸠,在河之洲",兴(introductory)也。上下无关之为兴,因彼及此之谓比。王雎[1]雌雄有别,人何以知以雎比人?岂非比而为兴?故此实只是兴,凑韵而已。

二章:"参差荇菜","参差",不齐也,双声字。杜诗《曲江对雨》"水荇牵风翠带长"(荇,水上之荇自水中直长到水面,玉泉山[2]有之)。"左右流之","流",《尔雅·释言》[3]:"流,求也。"非也,就是流,不必作求解。"参差荇菜,左右流之",句好。或曰"左右流之"言侍妾,非也。仍是兴,与下无关。

"求之不得,寤寐思服","服",毛传:"思之也。""思服"之"思"为语助词(助动词)。(何不说"思"是动词,"服"是语助词?)念兹在兹,念念不忘。

三章:"琴瑟友之","琴瑟",乐器;"钟鼓乐之",既曰乐,取其和。乐者和音,琴瑟,古雅之乐,尤和谐。

"左右芼之","芼",一作"覒"。毛传"择之",朱注谓烹,今俗有"用开水芼一芼"之说,但"左右芼之"则不通。故"芼"者,"斟酌取之"之意,亦非采后更择之,而当采时斟酌取之也。(诗词中"挑菜",俗称打野菜之意。)"窈窕淑女,钟鼓乐之",乐以宣情,故悲哀之时乐不能和,心情浓烈之时不能以喜乐宣出,故以"钟鼓乐之"也。古人之言,井然有次。

---

[1] 王雎:鸟名,即雎鸠。

[2] 玉泉山:位于北京海淀区西山山麓、颐和园西侧,因山泉"水清而碧,澄洁似玉",故以"玉泉"名山。

[3] 《尔雅》:我国第一部解释词义的专著,也是第一部按义类编纂的词典。《尔雅》最早著录于《汉书·艺文志》,未载作者姓名,在西汉时期整理成书。

余以为此篇乃虚拟之辞(假设也)。或谓此系咏结婚者,故喜联常用。余以为不然,此相思之辞。"寤寐思服","辗转反侧",写实也。"琴瑟友之","钟鼓乐之",言得淑女之后必如是也。

《关雎》诗旨:

(一) 孔子说:"《关雎》乐而不淫,哀而不伤。"(《论语·八佾》)

(二)《诗序》说:"《关雎》,后妃之德也……乐得淑女,以配君子;忧在进贤,不淫其色。哀窈窕,思贤才,而无伤善之心焉。"

(三) 鲁说:毕公所作,以刺康王。[①] 康王一朝晏起,夫人不鸣璜,宫门不击柝,《关雎》之人,见几而作。

(四) 韩说:今时大人内倾于色,贤人见其萌,故咏《关雎》,说淑女,正容仪,以刺时。

(五) 朱子说:周子文王有圣德,又得淑女以为之配,宫中之人于其始至,见其有幽闲、贞静之德,故作是诗。

(六) 清方玉润[②]说:此诗盖周邑之咏初昏(婚)者,故以为房中乐,用之乡人,用之邦国,而无不宜焉。然非文王、大姒之德之盛,有以化民成俗,使之成归于正,则民间歌谣亦何从得此中正和平之音也邪?

除了第一条外,皆如云雾。

盖六朝、唐、宋而后,有思想者皆遁而之禅,故无人打破此种学说。《宗门武库》[③]载:王安石问某公,何以孔孟之学韩愈以后遂绝?

---

① 毕公:文王十五子,名高,封于毕地,故称毕公。康王:周成王之子,名钊。

② 方玉润(1811—1883):清朝学者、经学家,字友石,号鸿蒙子,云南保宁(今云南广南)人,著有《诗经原始》十八卷。

③ 《宗门武库》:由大慧宗杲言说、弟子道谦纂辑的禅宗古德言行录。

公曰：儒门淡薄，收拾不住，皆入佛门中来。[1] 汉以后有文学天才者多专于治诗文，有思想（研究哲学）者多逃于禅，故经师无大思想家。（实则经学大部分仍是文学、哲学之相合。）

汉儒说"《关雎》，后妃之德也"，真是一阵大雾，闹得昏天暗地。后妃，文王之妃也。《周南》十一篇说到女性，《诗序》都说是后妃、"王化""上以风化下"之谓也，《周南》是王化之始。余曰："既曰王化，当以文王为主，何以先说后妃，置文王于何地？"孔子并未尝说君子为文王，淑女为太姒（后妃）。孔子极崇拜文王，若是，安有不说之理？可知君子、淑女并非专指，而为代名（通称），不必指其名以实之。《诗序》又说："乐得淑女，以配君子；忧在进贤，不淫其色。哀窈窕，思贤才，而无伤善之心焉。"简直是在降雾。淫，溺也，酒淫、书淫，过甚之意。淫与色连用，《诗序》误之始也，生生把字给讲坏了。孔子谓"《关雎》乐而不淫"，"琴瑟友之""钟鼓乐之"，即最大乐。淫，乃过也、过甚之意。《诗序》讲作"不淫其色"，太不对。鲁、韩二家不传，似觉有憾；今就其传者观之，并不及毛高。韩说盖亦将淫连于色，故曰"内倾于色"。淫之言色，盖出于《小尔雅》[2]（此书亦汉儒所作）："男女不以礼交谓之淫。"（《广义》）大错，大错。《关雎》一诗，本系文随字顺，很明白的事，让汉儒弄糊涂了。"优哉游哉，辗转反侧"二句，其哀可知。而《诗序》曰"哀窈窕"，哀虽可训为"思"，但夫子所谓"哀而不伤"，若哀训为思，则"思而不伤"作何解？故又曰"无伤善

---

① 《宗门武库》："王荆公一日问张文定公（张方平）曰：'孔子去世百年，生孟子亚圣，后绝无人，何也？'文定公曰：'岂无人？亦有过孔孟者。'公曰：'谁？'文定曰："江西马大师、坦然禅师、汾阳无业禅师、雪峰、岩头、丹霞、云门。'荆公闻举意，不甚解，乃问曰：'何谓也？'文定曰：'儒门淡薄，收拾不住，皆归释氏焉。'"

② 《小尔雅》：增广《尔雅》之作，原本已亡佚不传。

之心焉”。言不忌妒也。是作《诗序》者亦知孔子之说，却添字注经。“伤”，亦太过之意，故曰“哀而不伤”。

《诗序》绝非子夏之作。“《关雎》乐而不淫，哀而不伤”，老夫子已先言之矣，何尝说“后妃之德”？子夏圣门高弟，若如此说，岂非该打？《诗序》作者大抵是卫宏，绝非子夏。

《诗序》最乱。欲讲《诗经》，首先宜打倒《诗序》。

所谓“鬼”者，即是传统糊涂思想之打不破的。孟子说：“尽信书，不如无书。”（《孟子·尽心下》）故佛说露出“自性圆明”（《圆觉经》）。圆者不缺，明者不昏，人之所以为万物之灵者在此，故得配天、地为“三才”。鬼附体则自性失，成狂妄。最大的鬼是“传”（遗传：先天；传统习惯：后天）。

后人不敢反对汉儒，宋儒虽革命亦不敢完全推翻旧论。宋儒较有脑子，不取毛、郑，但仍不敢说是民间之作，摆不脱“后妃之德”，大雾仍未撤去，天地仍未开朗。朱子虽不赞成《诗序》，而仍指淑女、君子为后妃、文王。清方玉润也仍说是文王、太姒。比较起来，还是宋儒朱、程尚有明白话。情操是要求其中和，“喜怒哀乐之未发，谓之中；发而皆中节，谓之和”（《中庸》一章）。朱子之说似乎比《诗序》好，但也不通。太姒之来与宫中之人何关？清方玉润虽不信汉、宋之说，而脑中有鬼，打不破传统思想。彼以为咏初昏，虽不对而尚近似；言文王、太姒之德，则全是鬼话矣。

汉儒、宋儒、清儒说经之大病，皆在求之过深、失之弥远，即孟子所谓“道在迩而求诸远”（《孟子·离娄上》），而不明白“道不远人”（《中庸》十三章）的道理。“饮食男女，人之大欲存焉”（《礼记·礼运》），即“道不远人”，即浅即深。桌子最平常，而无一日可离，此即其伟大;本为实用,便无秘密,若再深求之,则不免穿凿附会。

人而不为《周南》《召南》,其犹正墙面而立也与?(《论语·阳货》)

"为",治也。"正墙面而立"有二意:一是行不通,一是无所见。历来讲《周南》最大的错误就是将其中说到女性皆归之后妃,凡说到男性皆归之文王。这错误之始,恐即在毛公。《周南》是"风",彼把"风"讲坏了。

"上以风化下,下以风刺上"(《诗序》),盖取"君子之德,风;小人之德,草"(《论语·颜渊》)。"君子"有二义:一指居上位,一指有德行。此处是第一义。此处本可通,但说"下以风刺上",风刺是风刺过失,而风中亦有赞美功德者,当作何解?岂非不通?

虽然,余亦不敢自谓是贤于古人也。尼采(Nietzsche)[①]说过:"我怎么这么聪明啊!"(《瞧!这个人》)尼采极聪明,作有 *Thus Spake Zarathustra*(Thus Spake,如此说、如是说),反耶教最甚,是怪物。他可以如此说,余则绝不肯。

篇二　葛覃

葛之覃兮,施于中谷,维叶萋萋。

黄鸟于飞,集于灌木,其鸣喈喈。

葛之覃兮,施于中谷,维叶莫莫。

是刈是濩,为絺为绤,服之无斁。

---

① 尼采(1844—1900):德国哲学家,现代西方哲学的开创者,提出重估一切价值,提倡"超人"哲学,强调权力意志。著有《悲剧的诞生》《查拉斯图拉如是说》《论道德的谱系》等著作。

言告师氏，言告言归。

薄污我私，薄澣我衣。

害澣害否，归宁父母。

《葛覃》三章，章六句。

后来之诗，韵相连。此《葛覃》中韵有间断者，如首章“施于中谷”“集于灌木”，“谷”“木”，叶；而“维叶萋萋”“黄鸟于飞”“其鸣喈喈”，“萋”“飞”“喈”，又叶，颇似西洋诗。

首章：“葛之覃兮”，“覃”，毛传：“延也。”按：延，引蔓之意。“施”，毛传：“移也。”按：“施”，即“迤”字，迤逦（逦）之“迤”。延、引、迤，双声。“施于中谷”，“中谷”，即谷中，犹中路、中逵即路中、逵中。

此章须注意语词。

语词、语助词，或曰助词，无意，仅是字音长短、轻重的区别，如也、邪、乎、于、哉、只、且。

语词有三种：

其一，用于句首。“唯十有三年春，大会于孟津”（《尚书·泰誓》）之“唯”字；“粤若稽古帝尧”（《尚书·尧典》）之“粤若”；“维叶萋萋”之“维”字。又如“夫”字。

其二，用于句中。“葛之覃兮”“施于（preposition，to）中谷”“黄鸟于飞”之“之”字、“于”字。

其三，用于句末。如“兮”“耳”“哉”。

语词之使用，乃中国古文与西文及现代文皆不同者。今天语体文则只剩了句末的语词。中国方字单音，极不易有弹性，所以能有弹性者，俱在语词用得得当。西文不止一音，故容易有弹性。“桌”，绝不如 table 好，“这是桌”就不如“这是张桌子”。

>>>《葛覃》三章,《诗序》说"《葛覃》,后妃之本"。采葛纺织,此家家皆有、遍地都是之情形,何以见得是后妃?图为清朝康焘《葛覃图》(局部)。

此诗首章若去掉语词：

葛覃，施中谷，叶萋萋。

黄鸟飞，集灌木，鸣喈喈。

那还成诗？诗要有弹性，去掉其弹性便不成诗。

诗到汉以后，已经与前不同。最古的诗是“三百篇”，其次有楚辞：

帝高阳之苗裔兮，朕皇考曰伯庸。

摄提贞于孟陬兮，唯庚寅吾以降。

（《离骚》）

试改为《诗经》语法：

高阳苗裔，皇考伯庸。

摄提孟陬，庚寅吾降。

将楚辞上的助词去掉以后，便完全失去了诗的美，这等于去掉了它的灵魂。可以说，助词是增加美文之“美”的。但是，楚辞助词用得最多，楚辞比“三百篇”还美吗？也未必。助词用得太多，有缥缈之概，故可说：

楚辞　如　云（有变化）　　“三百篇”　如　花（有定形）

如此说岂非“三百篇”不如楚辞？不然。盖好花是浑的，白不止于白，红不止于红，不似“像生花”[①]，白即白，红即红。真的莲花虽红，而不止于红，红是从里面透出来而其中包含许多东西，像生花绝不成。

① 像生花：仿真花之一种。

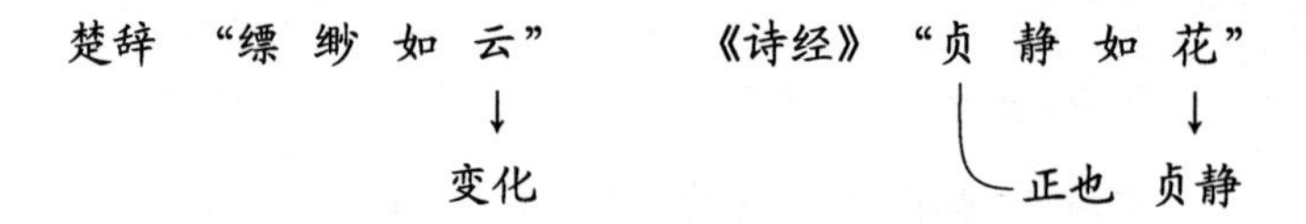

鲁迅《彷徨》题辞用《离骚》中四句：

吾令羲和弭节兮，望崦嵫而勿迫。

路曼曼其修远兮，吾将上下而求索。

“曼”，通“漫”，长也。曼、延，叠韵。此四句，若改为四言不好办，改为五言则甚易：

羲和令弭节，崦嵫望勿迫。

曼曼路修远，上下吾求索。

不是改得好，原来就好。(《古诗十九首》中无此佳句。)但如此改法即不说失了屈子的精神，也是失了屈子的风格。屈子本借助语词，故能缥缈无形，如云如烟。

诗之首章，毛传：“兴也。”余意不然。兴应该是毫无联络的，此处非也。“葛之覃兮”一章，非兴，赋也。看二章“为絺为绤，服之无斁”，可知矣。

二章：“维叶莫莫”，“莫莫”，毛传：“成就之貌。”《广雅·释训》[①]：“莫莫，茂也。”按：莫与“漠”通，有广大之义。《汉书·扬雄传》“纷纷莫莫”，“莫莫”或作“缅缅”，声之转也。(莫、漠、寞，皆有广大之义。)如：“漠漠水田飞白鹭，阴阴夏木啭黄鹂”(王维《积雨辋川庄作》)之“漠漠”“缅想遥古”之“缅”，皆广远之义。鲁迅先生《彷徨》集中《示

① 《广雅》：仿《尔雅》体例编纂的训诂之书，三国时魏人张揖所著。

众》一篇写道:“寂静更见其深远了。”“深远”便是寞、漠漠、无边。字之形、音、义是一个,如:黑,模糊;白,清楚。楚辞《招隐士》“春草生兮萋萋”,“萋萋”,有新鲜之义。“漠漠”,其音亦广远。即模糊之“模”,亦有广远之义。

前章“萋萋”是始生,此章“莫莫”是已茂,有次第。

三章:“言告师氏,言告言归”,“言”,毛传:“我也。”非是。《尔雅·释诂》:“言,间也。”马瑞辰《毛诗传笺通释》:“间,谓间厕字句之中,犹今人言语助也。”陈奂《诗毛氏传疏》:“言字在句首者谓发声(inter[①]),在句中者为语助(aux,adv)也。”陈奂处处尊毛,唯在此处不然。毛传最好以意为主,怎么合适怎么讲,其所谓合适,多半要不得。聪明差的人凭直觉最靠不住。余以为“言”与诗中之“以”用、“于”在[②]义同。《卷耳》“维以不永怀”之“以”字,无义,即“不永怀”。此“以”字与言、于、维,一义。此字在丨纽[③](影),丨、ㄨ、ㄩ[④]三种声皆通,“维不永怀”“于不永怀”“言不永怀”,皆通。

诗传,齐、鲁、韩不传,检其零编断简,较之毛诗犹劣。盖毛之传亦似有公道者。

《白虎通[⑤]·嫁娶篇》:“妇人所以有师氏何?学事人之道也。诗曰:言告师氏,言告言归。”(汉人思想不清楚,训诂亦令人不敢相

---

① Inter:为英文单词 interjection(叹词)之缩略语;其后二词:aux,为英文单词 auxiliary(助词)之缩略语,adv,为英文单词 adverbial(副词)的缩略语。

② 此处之小字“用”“在”,当为解释“以”“于”的介词意义。

③ 声纽:又称纽、音纽,音韵学术语,声母的别称。汉语声纽之最早标目为音韵学上传统的“三十六字母”,即三十六纽的代表字。

④ 丨、ㄨ、ㄩ:注音符号,对应汉语拼音中韵母“i、u、ü”。

⑤ 《白虎通》:即《白虎通义》,又称《白虎通德论》,为今文经学集大成之作,东汉班固等编撰。

信，只是一部《论衡》还可看。）此诗为女子在嫁前于母家所作。在嫁前才有师氏，嫁后便无需师。

“言告言归”，“归”，犹“之子于归”（《诗经·周南·桃夭》）之“归”。

“薄污我私”，《后汉书》引作“薄言振之”，“薄”，注曰：“辞也。”“污”，毛传：“烦也。”郑笺：“烦，烦撋之。”梁阮孝绪[1]《字略》：“烦撋，犹挼抄也。”按：挼，俗作挼。《说文》“挼”字下，徐氏[2]注曰：“今俗作挼，非。”又按：“《字略》所谓挼抄，当即今俗字揉搓也。揉、挼，韵通。”（《说文解字注笺》）“私”，内衣；“衣”，外衣。

“归宁父母”，在“宁”字下，《说文》引作“以旻父母”，盖言出嫁后使父母放心，非探视父母之意也。

《葛覃》诗旨：

《诗序》曰：

> 《葛覃》，后妃之本也。

“本”字殊费解，或释为本性，或释为务本，皆牵强。姚际恒[3]以为此“本”字“甚鹘突”[4]（“鹘突”，俗作糊涂），是也。朱子以为所自

---

① 阮孝绪（479—536）：南朝梁目录学家，字士宗，陈留尉氏（今河南尉氏）人。著有《文字集略》一卷（或言六卷）。

② 徐灏（1810—1879）：清朝学者，字子远，号灵洲，广东番禺人，著有《说文解字注笺》十四卷。

③ 姚际恒（1647—1715）：清朝学者，字立方，又字善夫，号首源，安徽休宁人，精于经学，著有《九经通论》约一百七十卷。

④ 《九经通论》之《诗经通论》评论《葛覃》曰：“小序谓‘后妃之本’，此‘本’字甚鹘突。故大序以为‘在父母家’，此误循‘本’字为说也。按诗曰‘归宁’，岂得谓其在父母家乎？陈少南又循大序‘在父母家’以为‘本在父母家’，尤可哂。孔氏以‘本’为‘后妃之本性’，李迂仲以‘本’为‘务本’，纷然摹儗，皆小序下字鹘突之故也。《集传》不用其说，良是。然又谓‘小序以为后妃之本，庶几近之’，不可解。”

作，亦武断。王先谦《诗三家义集疏》云："鲁说：葛覃，恐失其时。"则此诗又女子未嫁时作也。

训诂名物不能不通，盖古今异也。故先释字句而后言诗旨。

太史公在《屈原列传》中也说过："国风好色而不淫，小雅怨诽而不怒。"也未说是说的后妃、文王。"国风"，本民间歌谣，何与文王、后妃？朱子不用《诗序》很有见地，而作《集传》仍然是用《诗序》，朱子言"小序亦不可尽弃"，可见仍然是用小序。鬼气未除，可说是阳违阴奉。

采葛纺织，此家家皆有、遍地都是之情形，何以见得是后妃？若是，则凡女子皆后妃矣。齐、鲁、韩三家早于《诗序》、毛诗，还未必如此鹘突，其可取处即不说文王、后妃。王先谦《诗三家义集疏》无高明见解，特将所佚三家诗蒐辑于此，尚可靠。

前说即皆不是，尚有二问题：其一，已嫁自夫家归宁父母邪？抑或未嫁时宁父母邪？其二，或女性自作？或他人代作？问题在于第三章"师氏"。不过"归宁"历来皆误作嫁后用，余主张未嫁作，但已嫁也讲得通。

篇三　卷耳

采采卷耳，不盈顷筐。嗟我怀人，寘彼周行。

陟彼崔嵬，我马虺隤。我姑酌彼金罍，维以不永怀。

陟彼高冈，我马玄黄。我姑酌彼兕觥，维以不永伤。

陟彼砠矣，我马瘏矣，我仆痡矣，云何吁矣。

《卷耳》四章，章四句。

余初读此诗即受感动，但字句皆通，含义弄不通，不能有比古人较好的解释；了解不深，讲得不清。

《卷耳》字义：

首章："采采卷耳"，"采采"，盛之貌，如《秦风·蒹葭》之"蒹葭采采"。毛传："事采之也。"朱注："非一采也。""事采"恐怕也是"非一采"之意。事，事事。二动词连用，文字中常见，如：我说说、你听听，说说、听听，同一"说"、一"听"也。

"不盈顷筐"，"顷"，古"倾"字，倾斜之意，浅也。"筐"，古只作"匡"。"顷筐"，浅筐也。

"寘彼周行"，"周行"，大道。（"道"有二义：一道路之道，一道义之道。总之，道，人所由也。）如《小雅·大东》"行彼周行"、《唐风·杕杜》"生于道周"。诗中往往将字颠倒，置形容词（adj）于名词（n）之后。如：中路，路中也；中林，林中也；道周，周道、周行也。以诗证诗，"周行"，各处皆可作大道讲。毛诗、郑笺非也。

二章："我马虺隤"，"虺"，一作瘣；"隤"，一作颓。作"瘣颓"好，一见便知有病态。

"我姑酌彼金罍，维以不永怀"，六字句、五字句，打破了四字规则，此中有弹性。整齐字句，表达心气和平时之情感；字句参差者，表现感情之冲动（太白七古最能表现）。心气和平时，脉搏匀缓；感情冲动时，脉搏急而不匀。言为心声，信然！任其自然，字句参差便生弹性。

采耳之时，"酌彼金罍"，喝酒已怪；"我马虺隤"，骑马将马累病了，奇而又奇。二章言"不永怀"，三章言"不永伤"，"怀"尚含蓄，"伤"乃放声矣，音好。二章"我马虺隤"，"瘣颓"，神气坏；三章"我马玄黄"，"玄黄"，皮毛不光泽；四章"我马瘏矣"，"瘏"，真不成了。末句"云何吁矣"，"吁"，一作盱，张目远望。《小雅·彼何人斯》"云何其盱”即是“云何吁矣”,可证“吁”当作盱。

诗真好,断章取义,句句皆通;合而言之,句句皆障。董仲舒说“诗无达诂”,恐亦此意。余之说,首章自言,次章、三章、四章代言。

《卷耳》诗旨:

(一)《左传》说:“诗云:嗟我怀人,寘彼周行。能官人也。王及公、侯、伯、子、男、甸、采、卫、大夫,各居其列,所谓周行也。”杜预[①]注:“周,徧也。诗人嗟叹,言我思得贤人,置之徧于列位。”(此说讲不通。)

(二)《荀子·解蔽》说:“倾筐,易满也;卷耳,易得也,然而不可以贰周行。故曰:心枝则无知,倾则不精,贰则疑惑。”(倾,反复;贰,不专。)

(三)《淮南子》[②]说:“诗云:采采卷耳,不盈倾筐,嗟我怀人,寘彼周行。以言慕远世也。”高诱[③]注:“言我思古君子官贤人,置之列位也。诚古之贤人各得其行列,故曰慕远也。”

(四)《诗序》说:“《卷耳》,后妃之志也。又当辅佐君子,求贤审官,知臣下之勤劳。内有进贤之志,而无险诐私谒之心,朝夕思念,至于忧勤也。”

(五)欧阳修《诗本义》说:“后妃以卷耳之不盈,而知求贤之难得。因物托意,讽其君子。”

---

① 杜预(222—285):西晋经学家,字元凯,京兆杜陵(今陕西西安)人。著有《春秋左氏经传集解》《春秋释例》等。

② 《淮南子》:又名《淮南鸿烈》《刘安子》,西汉初年淮南王刘安主持撰写,故而得名。是书为战国至汉初黄老之学理论体系的代表作。

③ 高诱:东汉学者,涿郡(今河北涿州)人,受学于卢植,有《战国策注》《淮南子注》《吕氏春秋注》等著述。

（六）朱熹《诗集传》说："后妃以君子不在而思念之，故赋此诗。"按：朱子以第二章以下皆为后妃自谓。明杨用修[1]驳之，谓："'陟彼崔嵬'下三章，以为托言，亦有病。妇人思夫，而却陟冈、饮酒（此岂女子所为）、携仆、望砠。虽曰言之，亦伤于大义矣。"（《升庵诗话》）

（七）杨用修《升庵诗话》说："原诗人之旨，以后妃思文王之行役而云也。'陟冈'者，文王陟之也。'马玄黄'者，文王之马也。'仆痡'者，文王之仆也。'金罍'、'兕觥'者，冀文王酌以消忧也。盖身在闺门，而思在道途。"

（八）崔述《读风偶识》说："此六'我'字，仍当指行人而言，但非我其臣，乃我其夫耳。我其臣，则不可；我其夫，则可尊之也、亲之也。"

前三说虽欠善，然而乃引诗以成己之义，犹可说也。《诗序》之说，乃大刺谬[2]。古之女子与男子界限极严，何以后妃能求贤审官？若是，则文王是做什么的？欧阳修虽不信《诗序》，也落在其圈套中，脱不开后妃、文王。朱子说"以君子不在而思念之，故赋此诗"，大概对。

篇四 樛木

南有樛木，葛藟累之。乐只君子，福履绥之。

南有樛木，葛藟荒之。乐只君子，福履将之。

南有樛木，葛藟萦之。乐只君子，福履成之。

---

[1] 杨慎（1488—1559）：明朝文学家、学者，字用修，号升庵，四川新都（今四川成都）人。著述甚丰，有《升庵诗话》评诗论文。

[2] 刺谬：冲突、违背之意。

《樛木》三章，章四句。

首章："南有樛木"，"南"，国名。"樛木"，本或作朻木。毛传："木下曲曰樛。"按："右文"[1]例，凡从"翏"及"丩"之字，皆多半有曲意。如：绸缪、谬误、纷纠。

"葛藟纍之"，"纍"，本或作虆。按："纍"今省作累，犹"雧"省作集也。累，犹系也。

"乐只君子"，"只"，助词，犹哉也。

"福履绥之"，"履"，陈奂曰："其字作履，其意为禄，同部假借。"(《诗毛氏传疏》)

二章："葛藟荒之"，"荒"，《尔雅·释言》"蒙""荒"同训"奄"。按："奄"与"掩""罨"古通，故"荒"有"罨"意。陶诗："灌木荒余宅"(《饮酒二十首》其十五)，是此"荒"字之义也。

"福履将之"，"将"，《说文》："将，扶也。"将，牂之假也。凡"将"在《诗》中，训作"扶助"，皆当作"牂"。将，《说文》训"帅"。(牂、扶、将、帅，后来混用。)

此前的《关雎》《葛覃》《卷耳》三篇皆咏女子，此篇《樛木》则咏男子。

诗中每有各章句法相同，唯换一二字者，此一二字盖皆有义者，多是自小而大、自浅而深、由低而高、由简而繁。本篇：

葛藟纍之　　荒之　　萦之

福履绥之　　将之　　成之

---

[1] 右文：亦称右文说，训诂学学说的一种，主张从声符推求字义。该学说认为：声符相同的一组形声字具有共同意义，这一意义由声符赋予，义符只决定该字所表示的一般事类范围。因声符大多居于字之右侧，故称此学说为右文说。

此是何等手段——技术！只调换一字半字，而面目绝乎不同，极有次第。盖古人识字多，认字认得清，用得恰当。至于今之白话诗，则尚差得远，用字甚狭。

篇五　螽斯

螽斯羽，诜诜兮。宜尔子孙，振振兮。

螽斯羽，薨薨兮。宜尔子孙，绳绳兮。

螽斯羽，揖揖兮。宜尔子孙，蛰蛰兮。

《螽斯》三章，章四句。

“螽斯”，旧注多谓是草虫名。按：“螽”是名，“斯”是语辞，不应混为一名。又或训“斯”为分裂，犹谬。诗中如“弁彼鸒斯”（《小雅·小弁》）、“菀彼柳斯”（《小雅·菀柳》）、“彼何人斯”（《小雅·何人斯》），“斯”皆语助也。余疑“斯”犹“子”，桌子、椅子、杠子，“子”，语词。“子”“斯”皆齿音。“斧以斯之”（《陈风·墓门》），毛诗确是训分裂，但此处不然。

“诜诜兮”，“诜诜”，诸家皆从毛传训众多。“薨薨”“揖揖”，亦皆训多。非也。若是如此，“螽斯”可矣，何必要“羽”？余谓“诜诜”“薨薨”“揖揖”，皆羽声。诜、薨、揖，皆因声取义，所谓“声形字”也，如口语之丁零当啷、噼里啪啦，无一定之字。唐诗“澹澹长江水，悠悠远客情”（韦承庆《南行别弟》）之“澹澹”“悠悠”，元曲中之“赤律律”“花剌剌”“忽鲁鲁”……此种声形字能增加文字之美与生动。

毛传说本篇是赞美德行。“德行”字好。夫妇之道，人伦之始。先说男性、女性之美，而后即说其子孙之旺盛，此 moral nature，看似极俗，实则天经地义，人类之无灭绝以此。

篇六　桃夭

桃之夭夭，灼灼其华。之子于归，宜其室家。

桃之夭夭，有蕡其实。之子于归，宜其家室。

桃之夭夭，其叶蓁蓁。之子于归，宜其家人。

《桃夭》三章，章四句。

“桃之夭夭”，“夭夭”，毛传：“夭夭，其少壮也。”按，夭夭，只是少好之意。（夭亡、夭折，夭，少之义。）《说文》引作“枖枖”，又作“娱娱”。马瑞辰以“枖”为本字，而以“夭”为假借，恐非，“夭”当是本字。“夭夭”既为少好，后人以《诗》用以属桃，遂加木旁耳。（卓、桌、棹，乔、桥，皆后加旁。）“夭夭”，说“少壮”，不如从朱注是“少好”，夭有美好之意。（《论语·述而》：“子之燕居，申申如也，夭夭如也。”此“夭夭如也”之“夭”，讲作和。）

桃有薄命花之名，岂为其花不长而颜色娇艳邪？并非如此。盖桃树既老，很少花果，桃三杏四梨五年，桃三年即花，年愈少花果益盛，五六年最盛，俟其既老不花，无用，便做薪樵，曰薄命花言寿命短也。诗人不但博物——“多识于鸟兽草木之名”，而且格物——通乎物之情理。若我辈游山见小草，虽见其形而不知即吾人常读之某字，此连博物也不够。诗人不但识其名，而且了解其生活情形。诗人是与天地日月同心的，天无不覆，地无不载，日月无不照临，故诗人博物且格物。《桃夭》即是如此，诗人不但知其形、识其名，且能知其性情、品格、生活状况。

杜甫《绝句》有云：

江碧鸟逾白，山青花欲然。

“花欲然”即“灼灼其华”。“然”，通“燃”，灼灼之意。红色有燃烧之象，“灼灼”，光明，有光必有热。桃花的精力是开花才茂盛。“夭夭”乃少好之意，少好的反面是老丑，故此句“桃之夭夭，灼灼其华”，外表是言桃花之红，内含之义是指少壮之精力足，故开花盛艳，“灼灼其华”必是“夭夭”之桃。

不但创作要有文心，即欣赏也要文心。说话要十二分的负责。凡用字要彻底地了解字义，否则言不由衷（衷，中也），此种作品是无生命的。比利时梅特林克（Eterlinck）[1]之六幕剧《青鸟》中说指头是糖做的，折了又长。这是他的幻想，但这还是由事实而来的。糖又长出——木折仍能长。必要博物、格物，方才能有创作，方才有幻想。所谓抄袭、因袭、模仿，皆非创作。“桃之夭夭，灼灼其华”，必是诗人亲切的感觉。

近体诗讲平仄、讲格律，优美的音韵固可由平仄、音律而成，但平仄、格律不一定音韵好。词调相同，稼轩词，高唱入云，风雷俱出；梦窗[2]词则喑哑，故不能一定信格律。至于古诗，诗不限句，句不限字。“桃之夭夭，灼灼其华”，不但响亮而且鲜明，音节好。鲜明，常说鲜明是颜色，而诗歌令人读之，一闻其声，如见其形，即是鲜明。要紧的是鲜明；但若不求鲜明独求响亮，便“左”。左矣，不得其中道。对其物有清楚的认识，有亲切的体会，故能鲜明且响亮。对物了解不清楚的，不要用。

“有蕡其实”，“蕡”，毛传：“实貌。”马瑞辰以为“颁”之假借。颁，

---

① 梅特林克（1862—1949）：比利时象征派戏剧代表作家。《青鸟》为其代表作，讲述樵夫的儿子蒂蒂尔和女儿米蒂尔兄妹二人寻找青鸟的故事。

② 吴文英（1200？—1260）：南宋末词人，字君特，号梦窗，又号觉翁，四明鄞县（今浙江宁波）人。有词集《梦窗甲乙丙丁稿》。

《说文》训大首，又与“坟”通，坟亦大也。颁、般、坟，轻重唇不同。

“桃之夭夭”三章，说得颇有层次。

桃：一华，二实，三叶。此中有深浅层次：华好；没华，实好；没实，叶也好；没叶，树还好——真是诗人。

之子：(一) 室家、(二) 家室、(三) 家人。“桃之夭夭”是比兴“之子于归”，“灼灼其华”“有蕡其实”“其叶蓁蓁”是依次言之，“宜其室家”“宜其家室”“宜其家人”是反复言之。西洋人管初生婴儿叫 new-comer、stranger。新妇到夫家，也恰可说是 new-comer、stranger。若宜便好，不宜便糟。“宜”最要紧，故再三反复言之。

篇七　兔罝

肃肃兔罝，椓之丁丁。赳赳武夫，公侯干城。

肃肃兔罝，施于中逵。赳赳武夫，公侯好仇。

肃肃兔罝，施于中林。赳赳武夫，公侯腹心。

《兔罝》三章，章四句。

《兔罝》字义：

首章：“肃肃兔罝”，“肃肃”，毛传：“敬也。”郑笺：“鄙贱之事，犹能恭敬。”非也。《豳风·七月》：“九月肃霜”，毛传训“肃”为“缩”，马瑞辰遂释“肃肃”为“缩缩”，且曰：“缩缩为兔罝结绳之状。”按：肃即严肃之肃，不必作“缩”解。

“桃之夭夭，灼灼其华”“有蕡其实”“其叶蓁蓁”，为是说得美。“肃肃兔罝”，“兔罝”，乃兔网，是物，不是指事，也非指人，肃即严肃意。罝兔“肃肃”做甚？非新整之网，捕不了也。

“赳赳武夫”，“赳赳”，通本作“纠纠”，“纠”字误。《诗》中赞美之人无论男女皆是健壮的，不是病态的，如说男子“颜如渥丹”(《秦风·终南》)、"赳赳武夫",说女子"硕人其颀"(《卫风·硕人》)、"颀大且卷"(《陈风·泽陂》)。

"公侯干城","公侯",代表国家;"干城",毛传"干,扞也",或作捍,卫也。若说"干"是"扞",文法不足。朱子《诗集传》:"干,盾也。"朱意为长。

次章:"施于中逵","施",音尸,不必音移,布也、张也。

"公侯好仇","好仇",毛无传。郑笺云:"敌国有来侵伐者,可使和好之。"此说甚迂回而难通。敌国来侵,自当抵御,顾可以和为贤邪?朱子《诗集传》训"仇"为"逑",得之。盖逑、仇皆为匹,犹言同志、同心云尔。

《兔罝》诗旨:

《诗序》谓《兔罝》为"后妃之化也",谬甚。后妃,女子,位中宫,其化乃能及于罝兔之人邪?(岂有此理,真是神了啦!)

总之,此篇所咏之主人翁是男子,是罝兔者。或男子作,咏其友;或女子作,咏其夫、其友。

痴人前不得说梦。毛、郑一般人简直不懂什么叫诗。

"三百篇"是诗的不祧之祖。《兔罝》首章四句:

> 肃肃兔罝,椓之丁丁。赳赳武夫,公侯干城。

字字响亮。

> 随车翻缟带,逐马散银杯。
>
> (韩退之《咏雪赠张籍》)
>
> 但觉衾裯如泼水,不知庭院已堆盐。
>
> (苏东坡《雪后书北台壁二首》其一)

退之两句虽然笨，但念起来有劲，比东坡两句还好一点儿。东坡两句则似散文，不像诗，念不着。东坡“但觉衾裯如泼水，不知庭院已堆盐”两句，并非不是、不真、不深，苦于不好，奈何？《诗经·小雅·采薇》之“雨雪霏霏”，看字形便好。不是霰，不是雾，非雪不成。（“三百篇”只可以说是“运会”。现代社会没有一个大诗人，因为不是诗的时代。）杜甫《对雪》云：

乱云低薄暮，急雪舞回风。

此二句真横，有劲而生动。（“乱云低薄暮”较“急雪舞回风”更有劲。）他人苦于力量不足，老杜则有余。退之“随车翻缟带，逐马散银杯”，微有此意，但有力而无韵，有力所以工于锤炼，而无老杜之生动。（力→锤炼，韵→生动。）

名词（具体）　　形容词　　动词（动作）　　副词

词类之产生，乃先有名词，而后有形容词，而后有动词，而后有副词。老杜四个形容词（乱、薄、急、回），两个动词（低、舞），用得真好。“乱云低薄暮”，比“急雪舞回风”更有劲。（“急雪舞回风”之“急”字、“舞”字、“回”字出于“雨雪霏霏”。老杜《曲江对雨》“水荇牵风翠带长”之“牵”字、之“长”字，由《关雎》“参差荇菜，左右流之”之“流”出。）诗也如花，当含苞半开时甚好，但老杜是全放。老杜真横！

诗到后来愈巧愈薄，事倍而功不半。《红楼梦》香菱与黛玉学诗，举放翁“古砚微凹聚墨多”（《书室明暖终日婆娑其间倦则扶杖至小园戏作长句》），此种断不可学。《红楼梦》作者的诗虽不高明，但是感觉灵敏，有天才，所以说的是。放翁的诗和东坡两句一类，不可学。写诗也莫太想得深，以至于能入而不能出。

退之“盘马弯弓惜不发”（《雉带箭》），虽笨，但有劲。一发必中，中必动，动必死。若一箭把鸟打死，便没意思。唐人诗“万木无声待雨来”，又“山雨欲来风满楼”（许浑《咸阳城东楼》），哪句好？第一句实在比第二句好，雨真下来，就没意思了。

有人说砍头是头落地后尚有感觉，最痛苦。那谁也没试验过，不过想当然耳，到那时就完了。最苦的是从宣布死刑到入刑场。旧俄安特列夫（Andreev）[①]的《七个被绞死的人》，七个人其中五个青年志士、一个杀人凶手、一个江洋大盗，在被绞死之前，有的不在乎，有的心中怕极。简直是心理的分析，纯文艺。

篇八　汉广

南有乔木，不可休思。汉有游女，不可求思。

汉之广矣，不可泳思。江之永矣，不可方思。

翘翘错薪，言刈其楚。之子于归，言秣其马。

汉之广矣，不可泳思。江之永矣，不可方思。

翘翘错薪，言刈其蒌。之子于归。言秣其驹。

汉之广矣，不可泳思。江之永矣，不可方思。

好诗！

不是荡气回肠。“乱云低薄暮，急雪舞回风”（杜甫《对雪》），三杯好酒下肚，便折腾起来，后人做到便算不错。“十九首”有许多如此，如“服食求神仙”（《驱车上东门》[②]）。“三百篇”则不然，这真是温

---

① 安特列夫（1871—1919）：今译为安德列耶夫，俄国作家，其作品风格独特，代表作为《红笑》《七个被绞死的人》。

② 《驱车上东门》全诗如下：驱车上东门，遥望北郭墓。白杨何萧萧，松柏夹广路。下有陈死人，杳杳即长暮。潜寐黄泉下，千载永不寤。浩浩阴阳移，年命如朝露。服食求神仙，多为药所误。不如饮美酒，被服纨与素。

柔敦厚，能代表中国民族的美德。

昔我往矣，杨柳依依。今我来思，雨雪霏霏。

（《诗经·小雅·采薇》）

步出城东门，遥望江南路。

昨日风雪中，故人从此去。

（汉代古诗）

说雪，第一是“诗三百篇”，其次便是这首古诗。“三百篇”是主观的，说自己；此古诗是客观的，说的是别人，但也仍然是表现自己的情绪。打开四言、五言的界限，“三百篇”也未必高于汉人的古诗。若老杜的“乱云低薄暮，急雪舞回风”，只能说他有感，不能说他有情。至末两句：

数州消息断，愁坐正书空。

这两句言情。

他言情倒不能说不真，但说兄弟手足之情总该厚于朋友，而这诗让人读来却远不及汉人之“昨日风雪中，故人从此去”感人深，此即老杜之失败。他说雪没有自己，说自己的情感又忘了雪，所以不成。汉人两句诗，雪中有情，情中有雪，虽只两句却包括净尽。

文学绝不能专以描写为能事，若只求描写之工而不参入自己，不有自己的情感，便好也只是照相而已，算不得好诗。极力描写，不留余地与读者去想，岂非把读者都看成低能了吗？“急雪舞回风”，把雪形容尽致；“随车翻缟带，逐马散银杯”，更刻画得厉害，却更无余味。“三百篇”之描写便只“依依”与“霏霏”矣。古诗只说“风雪”，更不说是怎样的风雪，却让我们慢慢去想，东坡的“但觉衾裯如泼水，不知庭院已堆盐”，虽写得情景逼真，却没些子“韵”，再好也是匠艺。看那四句古诗,多有韵。

《汉广》便是好在“韵”:

汉之广矣,不可泳思。江之永矣,不可方思。

一唱三叹,仍是心平气和,出神入化。不能讲。

文学是生活的镜子,这面镜子可以永远保留给人们。

技术愈巧,韵味愈薄。古人虽笨,韵却厚。韵,该怎么培养?俗话“熟能生巧”,而韵却不成,仅练习也出不来,只有涵养。

没人不喜欢捧,文人尤其好戴高帽子。鲁迅先生多聪明也犯此病。骂就对骂,拼就对拼,任他眼光多锐利,心思多周密,有人一捧就不免忘乎所以了。鲁迅先生有篇文章说,我知道自己是一匹牛,张家说耕一片地我就耕地,李家要我给他拉磨我就给他拉磨,只有宰了剥皮吃肉我不干。明知我是公牛,若有人要我去充牛乳制厂的广告,我也答应。

有所谓“韵小人”,实在有意思,却不易得。韵小人就好比甘口鼠[①],它咬人而使人舒服,所以无论哪种动物都能被它咬死,一动不动地让它咬。萧长华[②]真是韵小人,唱《蒋干盗书》绝妙,《鸿鸾禧》[③]的金松扮来绝妙;王长林[④]便不成,毛手毛脚,只能做杨香武、朱光祖[⑤]之流,唱蒋干便不似。蒋干是书生,非韵不可。

---

① 甘口鼠:鼷鼠,鼠类最小者,咬人及鸟兽至死而不觉痛,故又称甘口鼠。

② 萧长华(1878—1967):京剧丑角演员,号和庄,艺名宝铭。

③ 《鸿鸾禧》:京剧剧目,故事取自《古今小说·金玉奴棒打薄情郎》,演绎金玉奴与穷书生莫稽结为夫妇,助之赴考。莫稽高中后携眷赴任,途中将出身微贱的金玉奴推入江中,又逐走岳父金松。金玉奴为巡抚林润所救,认为义女,最终与莫稽破镜重圆。

④ 王长林(1857—1931):京剧丑角演员。

⑤ 杨香武:京剧剧目《九龙杯》中人物,丑角。朱光祖:京剧剧目《连环套》中人物,丑角。

《汉广》:“南有乔木,不可休思。”“休思”,毛诗作“休息”,《韩诗外传》所引作“休思”。王先谦谓当据毛诗改,是也。或谓“息”与下“不可求思”之“思”字为双声叶韵。大谬。凡诗无以双声为韵者。马瑞辰讲名物训诂甚好,此处却错了。无论古今中外之诗,皆无以双声叶韵者。既曰韵,当然以韵为主,哪有以声叶韵的道理?“思”,语词也,“不可求思”即“不可求”。明是不可求,毛传讲成了不求。“不可求思”云者,犹《关雎》所谓“求之不得”之意,非《诗序》所谓之“无思犯礼”及毛传之“无求思者”也。盖不可乃述,实不含训诫即禁止之义。

“汉有游女”,“游女”,犹“游子”之“游”,无家之意。此“家”字是孟子“女子生而愿为之有家”(《孟子·滕文公下》)之“家”。游女,未嫁者也。

诗是有音韵美。但“汉之广矣,不可泳思。江之永矣,不可方思”,“广”“泳”“永”“方”古韵叶,现在念来叶不了。然而韵虽不叶,音调也甚好。

“江之永矣,不可方思。”“方”,毛传:“泭也。”《尔雅·释言》:“舫,泭也。”又:“方,并船也。”按:泭,一作桴。《论语·公冶长》:“道不行,乘桴浮于海。”桴,俗作筏。载货多用筏,木板集成,虽然不舒服,却不易翻。

方——比——近——排

排,并船也。“比”较“方”有劲。“不可方思”,说有筏也过不去。

“经”者,常也,不变(always time, time for ever)。如老杜的《北征》《咏怀五百字》《三吏》《三别》,有四字评语曰“惊心动魄”,震古烁今,真是前无古人,后无来者。然吾人看来仍有不满人意者,即有

"时代性"。人美杜诗曰"诗史",其坏处也在此。唐人看来真有切肤之痛,但今人看来如云里看厮杀,又如隔岸观火,没有切肤之痛。莎士比亚(Shakespeare)之《马克白》《亨利第四》[①],虽也是写历史的,但其较老杜成功,真是伟大,盖其不专注在事实。历史唯求事实之真也,文学却不唯事实的真,乃是永久的人性。虽无此事而绝有此情,绝有此理。永久的人性之价值绝不在事实之真之下。此永久者(always time, time for ever),即放之四海而皆准,推之万古而不变。莎士比亚注意永久的人性,故较老杜为高也。老杜病在写史太多。

男女恋爱而生爱情,结果成功是结合,不能结合便是失败。古今中外写恋爱成功和失败的不知有多少,然而无一篇似《关雎》这么好、这么老实,"琴瑟友之""钟鼓乐之"。

近人常说结婚是爱的坟墓。此话不然,真是一言误尽苍生。彼等以为结婚是爱的最高潮,也不然。余之主张(理想):

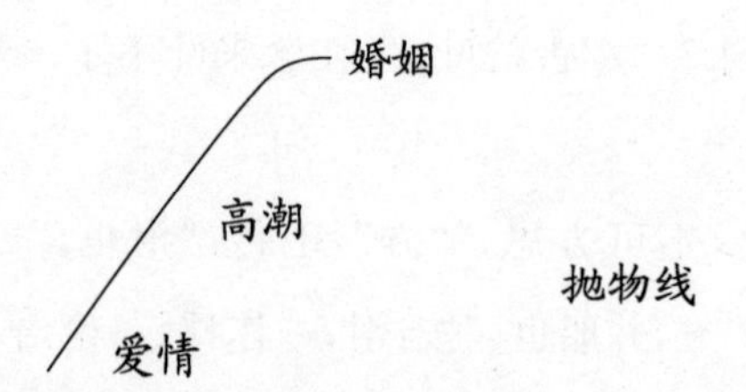

结婚是爱的新萌芽,也许不再继长增高,也许不再生枝干,但只一日不死,便会结出好的果实来。故《桃夭》之"其叶蓁蓁"是真好。

爱,不只男女之爱,耶稣基督说天地若没有爱,便没有天地;人类若没有爱,便没有人类。天没有爱,不能有日月;地没有爱,不能

① 《马克白》《亨利第四》:今译为《麦克白》《亨利四世》。《麦克白》叙写曾经屡建奇勋的麦克白由英雄变为暴君的故事;《亨利四世》叙写亨利四世及其诸王子们,与反叛诸侯贵族进行殊死斗争的故事。

有水土。最高的爱便是良心的爱与亲子的爱。

老子云:“信言不美,美言不信。”(《道德经》八十一章)《汉广》是恋爱的失败,一切都完了,“不可求思”,多简单,多有劲。后来人诗“池花对影落,沙鸟带声飞”(清朝陈恭尹[1]诗句),越漂亮,越没劲。

余讲书,曾举“素诗”(naked poet),此二字甚好。千古素诗诗人只有陶渊明,王、孟、韦、柳[2]各得其一体。“铅黛所以饰容”(刘彦和《文心雕龙·情采》),言其常也;素诗者“却嫌脂粉污颜色,淡扫蛾眉朝至尊”(张祜《集灵台二首》其二)。陶诗“岂无一时好,不久当如何”(《拟古诗》其七),上两句“皎皎云间月,灼灼叶中华”,“叶中华”三字,余背成了“叶底花”,觉得不对。盖陶公绝不如是,若后人必是“叶底花”。

“却从疏路抵秋柯,懒向生人道姓名”,余友人刘次箫词句。刘氏二十年前青岛诗社[3]中人,此为其咏红叶。史达祖[4]“小叶两三,低傍横枝偷绿”,巧则巧矣,真非大方之家。刘氏此人学史邦卿极佳,“美言不信”,怎么那么小器。陶翁绝不如此,嫌它污颜色。刘氏学梅溪而几过之,试看其写红叶之“却从疏路抵秋柯”,几个字多鲜亮;梅溪《双双燕·咏燕》“翠尾分开红影”,一点儿也不清楚。刘氏则清楚,有力量,不愧山东男儿,然而终落小器。(滑与涩一样是病,也无力量。)此时代关系,虽有贤者不能自免,此亦南宋终究不如北

---

① 陈恭尹(1631—1700):清朝诗人,字元孝,初号半峰,晚号独漉子,广东顺德人,与屈大均、梁佩兰并称称“岭南三大家”。有《独漉堂集》。

② 王,王维;孟,孟浩然;韦,韦应物;柳,柳宗元。

③ 1925—1927年间,顾随任教青岛胶澳中学,与友人刘次箫相处。时青岛市中学同仁结有青岛诗社。

④ 史达祖:南宋后期词人,字邦卿,号梅溪,汴州(今河南开封)人。以咏物见长,著有《梅溪词》。

宋之因。即稼轩大刀阔斧，所向无前，而有时也弄巧。稼轩虽是山东男儿，是大兵，别人看他毛躁，其实其细处别人来不了。

陶公是素诗之圣。《汉广》不是素诗，比素诗还要高，无以名之，强名为“经”。经者，常也，永久的不变。《关雎》《桃夭》是写恋爱的成功，此篇是写失败。“之子于归”，“于归”的是他家，真是全军覆没，失败到底。古今中外写恋爱失败的要倍于写成功的。恋爱失败的常态是“颓丧”，积极的便会自杀，此虽为不应当的，但总难免。或者流于“嫉妒”（愤恨），这也是人之常情，在所难免。恋爱有两面，不是成功便是失败，若是颓丧、嫉妒，皆是“无明”。看《汉广》多大方，温柔敦厚，能欣赏，否则便不能写这一唱三叹的句子。不颓丧又不嫉妒，写的是永久的人性。不是素诗，“大而化之之谓圣”（《孟子·尽心下》）。

“只知诗到苏黄尽，沧海横流却是谁。”（元遗山《论诗三十首》其二十二）苏、黄不是好到不能再好，是新到不能再新。“沧海横流”是说苏、黄而后诗法大坏；“却是谁”？是苏、黄。余以为东坡还够不上，他还与后人开条路走；山谷之功固不可泯，然而为害亦大。

古之“三百篇”、楚辞虚字多，如“汉之广矣，不可泳思”，故飞动；到汉人实字便多，故凝练，而不飞动，不能动荡摇曳，没有弹性。黄山谷的诗凝练整齐而不飞动，不能动荡摇曳，没有弹性。这虽不是完全破坏了文字的美，但至少是畸形的发展。所以说诗法大坏。

鲁迅先生不赞成中国字，因为它死板，无弹性。余初以为然，后来觉得中国文字也能飞动，也能使有弹性。

>>> 陶渊明是素诗之圣。图为明朝张鹏《渊明醉归图》。

林琴南[①]文章实在不高,凝练未做到,弹性一丝也没有。只凝练而无弹性犹俗所谓“干渣窑”,必须凝练、飞动,二者兼到。

篇九 汝坟

遵彼汝坟,伐其条枚。未见君子,惄如调饥。

遵彼汝坟,伐其条肄。既见君子,不我遐弃。

鲂鱼赪尾,王室如燬。虽则如毁,父母孔迩。

《汝坟》三章,章四句。

《汝坟》字义:

首章:“遵彼汝坟”,“坟”,毛传:“大防也。”“防”,即堤。“惄如调饥”,“惄”,《说文》:“忧也。”韩诗作“愵”,《说文》:“愵,忧貌。”《方言》:“愵,忧也。”毛传:“惄,饥意也。”非是。“调”,韩诗及《说文》二徐本[②]只作“朝”。毛传:“调,朝也。”郑笺:“如朝饥之思食。”皆以“朝”为本字,“调”为假借字。

诗总不外乎情理,即是人情物理。所谓格物,通情理之谓。诗人是必须格物。“五四”时代,有个作白话文的说棒子面一根根往嘴里送,此是不格物。鲁迅说,你所了解不清楚的字你不要用。是极。《汝坟》之“惄如调饥”,朝饥最难受,此格物,故合情理。

二章:“伐其条肄”,“肄”,刁也,有重意,斩了又长,故曰肄。

三章:“鲂鱼赪尾”,毛传说鱼劳则尾巴赤,此是不格物,鲂鱼尾

---

① 林纾(1852—1924):近代文学家、翻译家,字琴南,号畏庐,别署冷红生等,福建闽县(今福州)人。

② 二徐本:南唐徐铉(917—992)、徐锴(920—974)兄弟,人称“二徐”,又称“大徐”“小徐”。二人皆精于小学,皆校订《说文解字》,经徐铉校订的本子人称“大徐本”,经徐锴校订的本子人称“小徐本”,合称“二徐本”。

根本是红的。(黄河鲤红尾甚美观,此即赪尾之意。)

“王室如燬”,“燬”,韩诗及《说文》所引俱作“焜”,《尔雅·释言》:“燬,火也。”《说文》:“火,焜也。”“王室如燬”,当时纣王无道,天下大乱,民不安生,故王室犹火之不可居也。旧说“王室”指纣王,“父母”指文王,此说固非无理,但把诗的美都失了,不如讲作“父母孔迩”“王室如燬”也不能去的好。

“诗三百”,齐、鲁、韩并不讲作是盛周之诗,而说的是衰周,讲成盛周是自毛传始。其实不一定是盛周。

《汝坟》诗旨:

(一)《诗序》:“《汝坟》,道化行也。”

(二)《韩诗外传》曰:“贤士欲成其名,二亲不待,家贫亲老,不择官而仕。诗曰:‘虽则如毁,父母孔迩。’”

按:二说皆非是,所云“父母孔迩”者,犹孔子之去鲁迟迟其行,孟子所谓“去父母国之道”[①]耳。

篇十　麟之趾

麟之趾,振振公子,于嗟麟兮。

麟之定,振振公姓,于嗟麟兮。

麟之角,振振公族,于嗟麟兮。

《麟之趾》三章,章三句。

《麟之趾》字义:

首章:“振振公子”,“振振”,已见前《螽斯》篇。

---

① 《孟子·尽心下》:“孔子之去鲁,曰:‘迟迟吾行也。’去父母国之道也。去齐,接淅而行,去他国之道也。”

二章:"麟之定","定",一作"颍",定、题、颠、顶,一声之转也。"振振公姓","公姓",《礼记》郑注:"子姓,子之所生。"盖子兼言男子;而姓,亦兼语孙与外孙也。

三章所言"于嗟麟兮",英文比不了。Alas[①],讲不得。

《麟之趾》,真好。

《周南》余论

事物　　智慧

事物——→经验——→思想——→智慧

"天地与我并生,而万物与我为一。"(《庄子·齐物论》)

致知在"格物"。

智慧与聪明不同,wise man,最好翻"智人"。

智慧中有哲理,而哲理非纯智慧。智慧如铁中之钢。思想、感情皆有流弊,唯智慧永远是对的。与其说《传道书》[②]是一部哲理书,不如视之为智慧宝库。庄子哲理尚多于智慧,至于老子之"水善利万物而不争"(《道德经》八章),真大智慧。

古人之书是教我们如何去活、如何活完了去死。苏洵论管仲有言曰:

> 吾观史鳍,以不能进蘧伯玉而退弥子瑕,故有身后之谏。萧何且死,举曹参以自代。大臣之用心,固宜如此也。夫国以一人兴,以一人亡。贤者不悲其身之死,而忧其国之衰,故必复有贤者,而后可以死。彼管仲者,何以死哉!(《管仲论》)

---

① Alas:英文感叹词。

② 《传道书》:《旧约全书·诗歌智慧书》之第四卷为《传道书》,为布道之文。

"彼管仲者，何以死哉!"齐乱固已种，管仲死，无人能治，死时不能得人以委，不但对不起桓公，也对不起自己的心。（此亦有庄子"薪尽火传"[①]之意，薪尽而火不熄。）不论释迦双林之死[②]、耶稣十字架之死、孔子曳杖而歌之死[③]、曾子易箦之死[④]，其死时必为坦然的。而孙中山死时泪如雨下，其心中必有"何以死哉"之问号。《红楼梦》贾太君含笑而死，大概是有以死。

> 适来，夫子时也；适去，夫子顺也。（《庄子·养生主》）

"适来"之"适"，言其生；"适去"之"适"，言其死。"顺"字下得好，真是智慧，也可视为哲理。哲学有时是混沌，智慧是透明的火焰，感情是"无明"。孔子曰：

> 未知生，焉知死。（《论语·先进》）

并非不去研究，并非推托，而是极肯定、明白的回答。因一个人必先知何为生，始知何为死；必先知坏，然后知好。苏格拉底曰：

---

① 《庄子·养生主》："指穷于为薪，火传也，不知其尽也。"

② 《涅槃经》记载：释迦牟尼在拘尸那城桫椤双树之间入灭，其时桫椤双树惨然变白，犹如白鹤，枝叶花果皮干，皆悉爆裂堕落，渐渐枯悴。此称为"双林入灭"。

③ 《礼记·檀弓上》："孔子蚤作，负手曳杖，消摇于门，歌曰：'泰山其颓乎？梁木其坏乎？哲人其萎乎？'既歌而入，当户而坐。子贡闻之，曰：'泰山其颓，则吾将安仰？梁木其坏、哲人其萎，则吾将安放？夫子殆将病也。'遂趋而入。夫子曰：'赐，尔来何迟也？夏后氏殡于东阶之上，则犹在阼也；殷人殡于两楹之间，则与宾主夹之也；周人殡于西阶之上，则犹宾之也。而丘也，殷人也，予畴昔之夜，梦坐奠于两楹之间。夫明王不兴，而天下其孰能宗予？予殆将死也。'盖寝疾七日而没。"

④ 《礼记·檀弓上》："曾子寝疾，病，乐正子春坐于床下，曾元、曾申坐于足，童子隅坐而执烛。童子曰：'华而睆，大夫之箦与？'子春曰：'止。'曾子闻之，瞿然曰：'呼！'曰：'华而睆，大夫之箦与？'曾子曰：'然。斯季孙之赐也，我未之能易也。元，起易箦。'曾元曰：'夫子之病革矣，不可以变。幸而至于旦，请敬易之。'曾子曰：'尔之爱我也不如彼。君子之爱人也以德，细人之爱人也以姑息。吾何求哉？吾得正而毙焉，斯已矣！'举扶而易之，反席未安而没。"

当你生存时，且去思量那死。

希腊之哲语与孔子“未知生，焉知死”之言，貌似相违而实相成。思索过死之后，始能更好地生活，故想死非求死，乃是求生。

慷慨捐生易，从容就义难。人莫不贪生而恶死。鲁迅翻译文中有一人以饼干故杀退敌人，其结果固伟大，而动机并不高明。平常人只考察效果，并不考察动机；一个哲人不但要考察结果，且要考察动机。死是生的结果，人虽贪生而恶死，但绝不能免死而长生，故一切哲人皆教人如何生。

耶教哲人看到永生（死而不死），释迦牟尼看到涅槃（死而非死），儒家所谓“正命”。孟子所谓“正命”，即《论语》中一“命”字：

死生有命，富贵在天。（《论语·颜渊》）

命是“天命”，须“畏天命”（《论语·季氏》）。“天生德于予，桓魋其如予何”（《论语·述而》），天生你是怎样的人，你便发展成怎样的人。孔子所谓“天”与耶稣所谓“天”不同，一是哲学的，一是宗教的。

天何言哉？四时成焉，百物生焉。天何言哉？（《论语·阳货》）

孔子所谓“天”，指大自然。庄子亦爱说天，其“得全于天”（《庄子·达生》），“天”亦指大自然，与孔子同，与耶教不同。

诗人中唯陶氏智慧，且曾用一番思索，乃儒家精神。

中国文艺是简单而又神秘。然所谓简单非浅薄，所谓神秘非艰深。中国文学对“神秘”二字是“日用而不知”（《易传·系辞》），而又非“习矣而不察焉”（《孟子·尽心上》）——“习矣而不察”是根本不明白。中国字难写，中国文学难学，盖亦因其神秘性。吾人所追求者为刀之刃、锥之颖,略差即非。

① 艰深→② 晦涩→③ 暧昧→④ 鹘突

两个字组成的名词,这四个词一个比一个难看。鹘突,写成"糊涂"便不成,此即文字的神秘。汉魏六朝的人还知使用文字的神秘,以后的人多不注意。

仿佛: 清楚　　彷彿　髣髴: 模糊

"杨柳依依""雨雪霏霏",绝不浅薄,清清楚楚,绝不暧昧,绝不鹘突,简单而神秘。

中国上古文学可分为两大派:

一是黄河流域的"诗三百篇"。

一是长江流域的《离骚》(说楚辞不如说是《离骚》)。

《离骚》是南方的产物,偏于热带,幻想较发达,神秘性较丰富,上而至于九天,下而至于九渊,真是"上穷碧落下黄泉"(白居易《长恨歌》)。

"诗三百篇"中何以无"楚风"?但看"楚狂接舆"之歌、"凤兮"之歌[①]、"沧浪"之歌[②],实是楚风。余心揣情度理,楚国绝不会无诗,既有诗,何以不在"三百篇"中?岂为孔子所删也?绝非如此。孔子删诗根本亦不能成立。只可假定为太师采风之时因楚国路远,故未采入楚风。或者楚居南方,文化发达较晚,结集之时不收入其诗。加

---

① "楚狂接舆"之歌即"凤兮"之歌。《论语·微子》:"楚狂接舆歌而过孔子曰:'凤兮凤兮,何德之衰?往者不可谏,来者犹可追。已而已而,今之从政者殆而。'"

② "沧浪"之歌见于楚辞《渔夫》:"沧浪之水清兮,可以濯吾缨。沧浪之水浊兮,可以濯吾足。"

之楚地语言、文字亦多与内地不同，如：羌——况此“羌”字只楚辞中用为语词(introductory)，“三百篇”中不用，故有歧视之心。且叶韵亦不同，读时觉得不顺。（有暇可将《诗经》与楚辞二者之体制、用韵、内容、思想、用字比较研究。）

“三百篇”并非无神秘，但楚辞更富神秘性，而有时是暧昧，是鹘突。

中国人一般多是模模糊糊，一模糊绝不会有出息，但有认真的、不模糊的，多半是死心眼儿，沾沾自喜、自命不凡。所以，我们要养成德性，养成认真的习惯、宽大的胸襟。宽大者——采众长，非好好先生。一个人若自是、自满，便如蚕作茧自缚，绝不会有长进，即老夫子所谓“今女画”(《论语・雍也》)[①]。宽大则反之，如蜂采花，不分彼此，一视同仁，蒐集众长酿成新蜜，不只采牡丹花、芍药花，便是枣花、槐花也兼取之。

做学问不墨守师说，但绝非背叛师说，老夫子所谓“而亦何常师之有”(《论语・子张》)，否则必不能有大成就。宋、元、明三朝的理学家门户之见太深，争执甚烈，此是感情的认真，可谓入主出奴，甚无谓也。

楚辞，尤其是《离骚》，近于西洋文学。余直觉地感到，中国文学中多不能翻为西文，但《离骚》可以，其艰深晦涩处颇与西洋文学相近。苏曼殊[②]之《英汉三昧集》，前面的题词是用法文翻译的《离骚》四句：

---

① “今女画”：女，通“汝”，你；画者，画地自限。事见《论语・雍也》：“冉求曰：‘非不说子之道，力不足也。’子曰：‘为不足者，中道而废，今女画。’”

② 苏曼殊(1884—1918)：清末民初作家、画家、翻译家，原名戬，字子谷，法号曼殊，广东香山(今中山)人。

日月忽其不淹兮，春与秋其代序。

唯草木之零落兮，恐美人之迟暮。

中国文学中锤炼的，西文最难翻译；但弹性的、悠扬的，可以翻。非是 word by word(一字一字的)，乃是能传神，如《游园》[①]之无布景胜于有布景，一个姿态表现一种景，可谓"情景两畅，内外如一"(家六吉[②]语)；又如《打渔杀家》[③]之"江水滔滔往东流"，唱起来如见。

《周南》最能代表中国文字的简单而神秘。《离骚》的作者屈原是一个会说谎的人。用说谎以自求利益是罪恶，而用说谎以娱乐人、利人、教训人则是一种艺术。所谓艺术家皆是欺骗人的，而其中有道德的教训，如《伊索寓言》《庄子》《佛说百喻经》(近人翻印改书名为《痴花鬘》，如北新书局 1926 年刊印本)。《离骚》是个人作品，"三百篇"是多人作品，一为专集，一为总集；一为特殊的，一为普通的；一为个性的，一为大众的。若谓屈原为有天才之伟大的说谎者，则"三百篇"为忠厚长者的老实话。若问何者为易？则二者俱难做到好处。

每人都免不了说谎，此说谎不见得是罪恶的说谎，而是为用说谎卸去我们的责任。因为我们都是平常人，懦弱到无力为善，且亦无力为恶。像屈原这样伟大的说谎者既不易得，而老实话之成为诗者亦少。我们是书生，多少有些布尔乔亚的习气，好面子，绝不会说

---

① 《游园》：通名《游园惊梦》，昆剧剧目，出自明朝汤显祖的传奇《牡丹亭》，叙杜丽娘春游后花园，梦中与柳梦梅相会的故事。

② 家六吉：顾随四弟顾谦，字六吉，辅仁大学美术系毕业，后任教于济南，死在"文革"中。

③ 《打渔杀家》：京剧剧目，叙萧恩父女打渔为生，受恶霸欺压起而抗争的故事。"江水滔滔往东流"乃萧恩上场时所唱之词。

谎欺骗。要我们如忠厚长者说老实话，不难；但要老实话篇篇是文学、句句是诗，却不易得。“三百篇”的好处即在此，与《离骚》的最大分别也在此。

日月忽其不淹兮，春与秋其代序。

↓

日月不淹，春秋代序。

楚辞去了助词，便是“三百篇”。摇曳是楚辞的特色。春天的柳条又青又嫩，微风一吹便是摇曳。自《左氏传》而后，没有能及其摇曳的散文；屈骚而后，没有能及其摇曳的韵文。盖汉魏六朝而后的文学多取平实一路，因走此路者多，行彼路者少，彼路即荒芜，而独余此路为大道。

“西汉文章两司马[①]”，而除司马迁一人之外，汉朝可谓无人。汉人仿骚，纯是假古董。王逸[②]、东方朔[③]等之文简直是低能作品，只好以“笨伯”二字奉赠。彼等作品，真传下来，实不可解！即宋玉[④]之《九辩》已失师法（师承）。盖此非有法可传者，其幻想乃只屈原的天才。且看《离骚》中的漂亮句子：

陟升皇之赫戏兮，忽临睨夫旧乡。

仆夫悲余马怀兮，蜷局顾而不行。

① 两司马：司马迁与司马相如。司马相如（前179？—前118）：西汉辞赋家，字长卿，蜀郡成都（今四川成都）人，代表作《子虚赋》《上林赋》。

② 王逸（89？—158）：东汉文学家，字叔师，南郡宜城（今属湖北）人，长于辞赋，著有《楚辞章句》。

③ 东方朔（前161？—前93）：西汉辞赋家，字曼倩，代表作为《答客难》《非有先生论》。

④ 宋玉：战国末期楚国文学家，代表作《九辩》《高唐赋》《神女赋》《对楚王问》等。

这就是屈原的说谎本领。什么是创造？创造即是说谎。没有说谎的本领不要谈创造。这种说谎的天才创造力，父不能传诸子，兄不能传诸弟（且不说“三百篇”）。

文学作品是要表现热烈的感情，但热烈的感情也足以毁灭文字。子夭母哭，感情则热烈矣，不过呼天抢地而已矣，也没有什么悼子诗。在中国文学中没有如《离骚》以那样热烈的感情、丰富的幻想而作成的那么优美的文学作品。宋玉没有那样热烈的感情、丰富的幻想，所得只是欣赏一面的、现实一面的。既曰欣赏，便非热烈；既曰现实，便非幻想。

穿中国衣服、戴西洋帽子、穿皮鞋可以，而戴中国小帽、穿中国布鞋、着西服则不可。中国男女皆着长衣，依理皆当骑无梁脚踏车，而男子骑女车则人笑之。中国人论“三纲”“五常”也如此。只因为你也说、他也说，便是对的，并不求它个中道理，此乃世俗所谓理智。这种理智只是传统的，在文学上、科学上、哲学上，皆无价值。汉人仿骚作品虽出宋玉一途，但连欣赏和现实也没有，所剩的只是这种毫无味道的世俗的理智。社会的中坚分子多是这般头脑。

中国韵文上古分为两派：

一是南方的——摇曳。后此路已闭塞。

一是北方的——平实。后已失“三百篇”温柔敦厚、和平中正之美。

宋玉即是屈原弟子，已失其老师的作风。盖天才与修养是无法可传的，自己越努力、越发展，越不能传人。

说老实话目去较易，而写成诗且写成好诗，则很难。

《周南》中的《汉广》，真老实，而真好。

第三讲

说《召南》

旧说：武王既有天下，周公封鲁，召公封燕，而俱不就国。后周、召分陕而治。陕以东，周公治之，凡诗之采于其地者曰周南；陕以西，召公治之，凡诗之采于其地者曰召南云。或曰：南，国名也。南，在镐京之南，江汉之间。

篇一　鹊巢

维鹊有巢，维鸠居之。之子于归，百两御之。

维鹊有巢，维鸠方之。之子于归，百两将之。

维鹊有巢，维鸠盈之。之子于归，百两成之。

《鹊巢》三章，章四句。

《鹊巢》诗旨：

《诗序》曰："夫人之德也。"按：《诗序》于《周南》之诗多谓后妃，于《召南》之诗则多谓为夫人。或谓后妃与夫人实一人而二名：以文王言之，则太姒为后妃；以诸侯言之，则太姒为夫人也。黄晦闻（节）[①]曰："分系诸周、召者，以所采之地不以人也。"又曰："皆以文王风化为义，不以周召风化为义。"（《诗旨纂辞》）夫既以文王风化为义，则后妃、夫人当为一人矣。（太姒系专指，夫人乃泛指。）然上所云云姑演旧说之义云耳，吾人说诗不必依据之。

《鹊巢》，民间歌谣之咏新婚者。

诗人所歌咏者或为特殊现象，或为普通现象，前者如老杜之咏"天宝之乱"，后者如各代之诗人常咏之桃红柳绿。（只要地球不毁灭，永有此现象；只要有诗人，永有此种诗。）《鹊巢》所咏是特殊的呢，抑或普通的呢？

《鹊巢》字义：

首章："维鹊有巢，维鸠居之"，"鸠"，家鸠即鸽。日人谓军中之鸽为军鸠。（家鸠即鸽，家凫即鸭。"家"俗或音兼。《西游记》写猪八戒见了刘太公家的鹿，行者说是这喂养家了的罢。）鸽子不会搭窝，燕子巢做得极精。鹊有巢，都为鸠居吗？鸽子是和平的，"维鹊有巢，维鸠居之"，想来非普遍的，诗人盖写特殊之现象，而后人误解为"鹊有巢，鸠必居之"。诗人的诗虽不能尽绳以科学，然既写大自然的现象，当然要合科学。若鹊筑巢，鸠必居之，则鸠必是猛凶之禽，而鸠最和平。

次章："维鹊有巢，维鸠方之"，"方"，《说文》："并船也。"此云"方之"，当是"并居"之意。毛云："有之也。"失之。

"百两将之"，"将"，取，古写作㸓，上象手爪之形，下至寸脉。今

---

① 黄节（1873—1935）：近代诗人、诗论家，原名晦闻，字玉昆，号纯熙，广东顺德人，曾任教于北京大学，著有《诗旨纂辞》《变雅》《汉魏乐府风笺》等。

山东人娶媳妇即说“将媳子”。“百两将之”之“将”字释义,正是所谓“礼失而求诸野”[①]。越是穷乡僻壤、风化不开,越是不易受外方影响,故反而易保留古代风俗语言。《儿女英雄传》[②],乃旗人作纯北京话,今已有不能解者。

篇二　采蘩

于以采蘩,于沼于沚。于以用之,公侯之事。

于以采蘩,于涧之中。于以用之,公侯之宫。

被之僮僮,夙夜在公。被之祁祁,薄言还归。

《采蘩》三章,章四句。

《采蘩》诗旨:

《诗序》曰:“夫人不失职也。夫人可以奉祭祀,则不失职。”毛传:“公侯夫人执蘩菜以助祭。”郑笺:“执蘩菜(以助祭)者,以豆荐蘩菹。”宋陆佃(农师)[③]曰:“蒿青而高,蘩白而繁(像茵陈)。……今覆蚕种尚用蒿。”(《埤雅》)陆氏谓《采蘩》为亲蚕事之诗。

家庭制度未定之前是女性中心(今有民族一妻多夫,尚存上古女性中心的痕迹),盖家事衣食皆女子亲其事。后来进为游猎牧畜之社会,则男子权职渐重。作此诗之时,当已是男性中心,何以尚用女子助祭?(“礼失而求诸野”,今乡间祭祀均男子主之。)由一处的成言俗语可以觇其风尚,如“根生土长”,盖可知以往之尚保守矣。

---

① 《汉书·艺文志·诸子略序》:“仲尼有言:‘礼失而求诸野。’”

② 《儿女英雄传》:清朝满族文学家文康所著长篇小说。是书以地道北京话书写,具有独特的艺术魅力。

③ 陆佃(1042—1102):宋朝学者,字农师,号陶山,越州山阴(今浙江绍兴)人,精于礼家名数之说。著有《埤雅》《礼象》《春秋后传》等。

>>> 《采蘩》中"于以采蘩",郑笺说"于以,犹言往以也",与《诗经·豳风·七月》"曰为改岁"中的"曰为"相同。图为明朝文征明《豳风图轴》。

《采蘩》字义：

前二章："于以采蘩"，"于以"，郑笺云："于以，犹言往以也。"按："于以"(here is，here are)为句首语助词，所谓引词也。与《尚书·尧典》"粤若稽古"之"粤若"、《诗经·豳风·七月》"曰为改岁"之"曰为"同。

前二章语句相似，第三章忽改变；且前二章中不换韵，第三章两句换韵。

三章："被之僮僮"，"被"，毛传："首饰也。"郑笺引《礼记》云："主妇髲鬄。"《诗经·鄘风·君子偕老》篇："不屑髢也。"郑笺曰："髢，髲也。"按：髲、被同，髢、鬄同。被、髲，义发也(犹义子、义齿，本非己有者也)，亦作益发，余之乡中称为头被。(语言随风俗改变，今既无此风，人亦不复知此语言。)

"夙夜在公"，"夙夜"，毛传："夙，早也。"按：夙夜即早之意，犹云黎明也。

"被之僮僮""被之祁祁"，"僮僮"，毛传："竦敬也。""祁祁"，毛传："舒迟也。"按：两词皆以声表意，声形(adj)词也。僮字本无"竦敬"之意，祁字本无"舒迟"之意，但"僮僮""祁祁"，念起来真好。他能用适当的文字来表现其意象，这就是他的成功，这就是美的作品。

无论创作、欣赏，了解"意象"是很要紧的。意象是创作以前之动机的重要一部分，创作以后便成了它的内容。我们不会画，所以玩捣汽车很平常；到要你画时，反而觉得模糊了。因为汽车在我们脑子里只是意，而不成其为意象。若是画家便不然，他脑子里清清楚楚地摆着一个汽车，他画便是用线条把脑子里的汽车表现出来。因为他有清楚的、完全的意象。文学则非是用线条轮廓，而是用文字与辞句表现出来。

(一) 意象

(二) 文字词句——表现

(三) 作品——完成

意象要清楚,不然写出来的作品便是模糊影像,不真切。意象当然很重要,但无适合、恰当的文字词句表现之,仍是不成。文字要恰当,词句要合适,否则即便意象清楚,也只是幼稚拙劣的作品。虽说一个人太咬文嚼字,很妨碍他的创作能力。因其一面作一面批评(斟酌修改),气势便受影响,故其作品不能气势蓬勃(磅礴)。但现代作家太不注意文字的使用,意象根本不清楚,文字再不恰当,则其作品当然是残缺的、模糊的。"意象"二字似乎比"意识形态"四字还清楚。意识形态(idealogy),或译为意特沃罗基,还不如说"意态"。由意再清楚,乃成态。

吾人读诗,要从声音中找出作者的意象来。"被之僮僮",起来;"被之祁祁",低落。倘寻其意象,则前如日之出海,后如日之落山。要参诗禅,便参这四句"被之僮僮,夙夜在公。被之祁祁,薄言还归"。这真的是美的作品,特别是声音,写得蓬勃。我们欣赏,要追求作者的"意象"。

一篇作品的内涵(内含,content),就如河里的水一样。河里的水竭力攻击堤岸,堤岸又竭力地约束水。河水浅了,当然不打堤岸,没有决堤的危险,但这样的水无水利,不能行船,不能灌田;若是水势太猛,泛滥成灾,更是不能交通,不能灌溉。现在的作家不是太弱、太空虚,就是泛滥而无归。"被之僮僮""被之祁祁",他的意象是水,他的文字是堤岸,水极力拍打堤岸,堤岸极力约束水,由此便生出了"力"。

孔夫子说：

七十而从心所欲不逾矩。(《论语·为政》)

水之拍打堤岸，堤岸之约束水，即所谓“从心所欲不逾矩”。若单说到了七十，快死的人了，倚老卖老，谁还不能原谅，根本也不想、也不欲了，如此还向上做什么？待死而已。可老夫子是什么人物？他永远是向上的！这是情操，操练得成熟，操守才坚固，这不是夸口。(普希金[Pushkin][①]见壁上苍蝇唤仆人拿枪，一枪便将苍蝇打入壁上——这是操练得熟。)写出“被之僮僮”“被之祁祁”，这不只是天才，还有操练。操练得多，自能出之。当然瞎猫也可以碰上死老鼠，守株也可以待兔，但是太靠不住。

篇三　草虫

喓喓草虫，趯趯阜螽。

未见君子，忧心忡忡。

亦既见止，亦既觏止，我心则降。

陟彼南山，言采其蕨。

未见君子，忧心惙惙。

亦既见止，亦既觏止，我心则说。

陟彼南山，言采其薇。

未见君子，我心伤悲。

亦既见止，亦既觏止，我心则夷。

---

① 普希金(1799—1837)：俄国浪漫主义文学主要代表，俄国现实主义文学奠基人，被誉为“俄国文学之父”“俄国诗歌的太阳”。著有《叶甫根尼·奥涅金》《渔夫与金鱼的故事》等。

《草虫》三章，章七句。

《草虫》字义：

首章："喓喓草虫"，"喓喓"，声音，无义。"喓"，作要音，以状声故加"口"。疑是造字，在《草虫》之前恐未必有此字，如后来之"哗啦"一词亦随手造字。"草虫"，蚱蜢之属。

"趯趯阜螽"，"趯趯"，毛传："躍也。"按："趯"即躍字，如《诗》曰"躍躍毚兔"(《小雅·节南山·巧言》)。

"忧心忡忡"，"忡忡"，毛传："犹冲冲也。"《广韵》[①]："憧憧，忧也。忡，憧之省。"

次章："忧心惙惙"，"惙惙"，毛传："忧也。"按：惙、忡双声，故义亦同。

"言采其蕨"，"蕨"，不知究为何状。宋人诗有"蕨芽初长小儿拳"(黄庭坚《绝句》)句(这诗人可谓有感觉)，"小儿拳"之意有三：(一)拳曲，(二)白，(三)嫩。

三章之中均有"亦既见止，亦既觏止"之句，"止"，同只，毛传："词也。"如《诗》曰"乐只君子，福履绥之"(《周南·樛木》)。"止"为句尾语助词，又"狂童之狂也且"(《诗经·郑风·褰裳》)之"且""天实为之，谓之何哉"(《诗经·邶风·北门》)之"哉"，皆句尾语助词。"于以""曰为""粤若""维"，皆句首语助词。若句首语助词曰"引词"，则句尾语助词应是"止辞""终辞"。语助词，可由声而得义。"于""曰""维""若"，句首语助词，读其音可觉其"引长"之义；"只""止""且""哉"，句尾语助词，音一出便被舌挡回去切断，其音有"阻"

① 《广韵》：北宋初年陈彭年、邱雍等人对陆法言《切韵》进行修订，并更名为《大宋重修广韵》，简称《广韵》。

义；今所用之“止辞”——“哇”“呀”“了”，没有此种阻断之发音。“亦既觏止”，“觏”，毛传：“遇也。”觏，虽可作遇解，但此处不合。若然，“亦既见止”当在此句之后，绝不会先见后遇。郑笺：“觏，已婚也。”则觏即婚媾之“媾”。此说为得（虽郑笺多不如毛传，但此处予以郑笺为长）。

“亦既见止，亦既觏止”之后，首章云“我心则降”。“降”，毛传：“下也。”对“忧心忡忡”之“忡忡”而言。“忡忡”，“忡”通冲——有动意。古诗“肠中车轮转”（《汉乐府·悲歌》），恰是“忡忡”之意。“忡忡”如是之热烈，则“降”如是其和平。诗人用两个字“忡忡”“则降”，便形容尽了婚前与婚后的心情。古今中外的作品说此，能超过“未见君子，忧心忡忡”“亦既觏止，我心则降”这两句吗？“则降”“则说”“则夷”，“说”，毛传：“服也。”“夷”，毛传：“平也。”无论何种兴趣，不能永在兴奋情形，故“则降”“则说”“则夷”。

《草虫》三章，字句甚仿佛，但换一个字便不同。如上言各章末句“我心则降”“我心则说”“我心则夷”之“降”“说”“夷”，真能用恰当的字表现其意象。

《草虫》诗旨：

《诗序》：“《草虫》，大夫妻能以礼自防也。”按：作序者揣诗之意不能归之夫人，故曰大夫妻耳；且诗中亦并无礼防之意也。郝懿行[①]《诗问》：“两年事尔。君子行役当春夏间，涉秋未归。故感虫鸣而思之。至来年春夏犹未归，故复有后二章。”说为得之。

毛传曰：“卿大夫之妻，待礼而行，随从君子。”所谓“行”，疑指嫁

---

① 郝懿行（1757—1825）：清朝学者，字恂九，号兰皋，山东栖霞人。著有《尔雅义疏》《山海经笺疏》等。

娶,犹《诗经》云"女子有行"(《鄘风·蝃蝀》)之"行"。故郑笺云:"男女嘉时,以礼相求呼。"二氏之说,《序》之所由出也。至欧阳修及朱熹遂皆以为大夫行役,其妻思之而咏此诗矣。

篇四　采蘋

于以采蘋,南涧之滨。于以采藻,于彼行潦。

于以盛之,维筐及筥。于以湘之,维锜及釜。

于以奠之,宗室牖下。谁其尸之,有齐季女。

《采蘋》三章,章四句。

《采蘋》字义:

首章:"于彼行潦","潦",雨水,无根水。

次章:"于以湘之","湘",黄晦闻先生曰:"韩诗作鬺,即《说文》之鬺字,煮也。""维锜及釜",毛传:"有足曰锜,无足曰釜。"《释文》[①]:"锜,三足釜也。"疑"锜"有奇义,故曰"三足"。

三章:"谁其尸之","尸",毛传:"主。"主祭之义。按:祭无女子为主之礼,而此篇曰"有齐季女",故方玉润以为是女子出嫁告庙之诗也。"有齐季女","有",词也,语词也,非"有无"之"有"。"齐",毛传:"敬。"《玉篇》[②]"齐"字下引《诗》"有齐季女"。《说文》:"齐,材也。"《广雅》《广韵》皆训"好"。余以为从《广雅》《广韵》较好。"季女",少女也。

---

① 《释文》:即唐朝陆德明《经典释文》,为解释儒家经典文字音义之书。

② 《玉篇》:古代一部按汉字形体分部编排之字书,为中国第一部楷书字典,南北朝梁顾野王所著。

篇五　甘棠

蔽芾甘棠，勿翦勿伐，召伯所茇。

蔽芾甘棠，勿翦勿败，召伯所憩。

蔽芾甘棠，勿翦勿拜，召伯所说。

《甘棠》三章，章三句。

毛传："美召伯也。"

"蔽芾甘棠"，因树思人，此所说是永久的、普遍的人性，诗人的心无分古今中外。

"召伯所茇"，"茇"，《说文》："草根。"又："废，舍也。"引《诗》"召伯所废。"（舍本名词，可以遮阴者曰舍。）茇，白字，通假。

"召伯所憩"，"憩"，毛传："息也。"按：《说文》无憩字。"愒"字下注"息也"。又《诗经·小雅》"不尚愒焉"（《鱼藻之什·菀柳》）、《大雅》"汔可小愒"（《生民之什·民劳》），毛传皆训"息"。是"愒"为本字，"憩"为或体。

"勿翦勿拜"，"拜"，郑笺谓拜言拔也，《广韵》引作"扒"。

篇六　行露

厌浥行露，岂不夙夜，谓行多露。

谁谓雀无角，何以穿我屋。谁谓女无家，何以速我狱。

虽速我狱，室家不足。

谁谓鼠无牙，何以穿我墉。谁谓女无家，何以速我讼。

虽速我讼，亦不女从。

《行露》三章，首章三句，余二章六句。

《行露》字义：

首章:“厌浥行露”,“厌浥”,毛传:“湿意也。”此亦声形字。余乡音“湿”曰“□□[①]”,或即此意。“岂不夙夜”,“夙夜”,只“夙”义。中国常有用二字而实取一义者,如是非、利害、长短。“夙夜”亦然。“谓行多露”,“谓”,通畏。马瑞辰说:“凡诗上言‘岂不’、‘岂敢’者,下句多言‘畏’。”(《毛诗传笺通释》)如《王风・大车》:“岂不尔思,畏子不奔。”

二章:“谁谓雀无角,何以穿我屋”,人谓为兴也。兴也,不知兴什么,当是比。但凡是所谓比,应是无论在形象或意义上有联络才是,此处则毫无联络。想古人当时必有一番道理。“谁谓女无家,何以速我狱”,“女”,读本音,后“女”读汝。方玉润想必讲不通,又不敢推翻古人的作品,乃曰:“贫士却婚以远嫌也。”(《诗经原始》)

《行露》诗旨:

《诗序》:“强暴之男,不能侵陵贞女也。”《韩诗外传》:“夫行露之人许嫁矣,然而未往也。见一物不具,一礼不备,守节贞理,守死不往。”《列女传》:“召南申女者,申人之女也。既许嫁于酆,夫家礼不备而欲迎之。……遂不肯往。夫家讼之于理,致之于狱。女终以一物不具,一礼不备,守节持义,必死不往。”至清方玉润乃曰:“贫士却婚以远嫌也。”(《诗经原始》)而后世文言小说则每以“行露”代奔女,以“雀角鼠牙”代表二人兴讼。

篇七　羔羊

羔羊之皮,素丝五纥。退食自公,委蛇委蛇。

---

① 刘在昭笔记此处原标有注音符号,今无法辨认,或为 qīlin 二音。

羔羊之革，素丝五緎。委蛇委蛇，自公退食。

羔羊之缝，素丝五总。委蛇委蛇，退食自公。

《羔羊》三章，章四句，亦三章字句甚仿佛者。

《羔羊》字义：

三章之首句："羔羊之皮""羔羊之革""羔羊之缝"。"革"，毛传："革犹皮也。"非是，皮带毛，革无毛（毛已磨光）。"缝"，革已裂开见缝。

三章之次句："素丝五纶""素丝五緎""素丝五总"。"纶"，毛传："数也。"不通。"纶"，《释文》作"它"，别本又作"佗"。马瑞辰谓："'纶'即古'他'字。他者，彼之称也，此之别也。由此及彼，则其数为二。"若然，则"纶"犹今言二合线矣。"緎""緵"，吴均[①]所作《西京杂记》[②]（假托班固作，四库丛刊有影印本）谓："五丝为䋴，倍䋴为升，倍升为緎，倍緎为纪，倍纪为緵。"马瑞辰谓"总"即"緵"之转也。

首章之后二句："退食自公，委蛇委蛇[③]"。"退食自公"，郑笺："退食，谓减膳也。自，从也；从于公，谓正直顺于事也。"马瑞辰曰："'退食自公'谓自公食而退。"（《毛诗传笺通释》）此较朱熹《诗集传》以退食为"退朝而食于家"之说为善。板起面孔讲《诗经》，于诗的尊严未必增加，于诗之美则必然减少。

"委蛇委蛇"，"委蛇"，传曰："行可从迹也。"笺曰："委曲（从容）自得之貌。"《鄘风·君子偕老》篇有"委委佗佗，如山如河"之语，传

---

① 吴均（469—520）：南朝时梁文学家，字叔庠，吴兴故鄣（今浙江安吉）人，诗文自成一家，尤擅书信，有《与施从事书》《与朱元思书》《与顾章书》等。

② 《西京杂记》：旧本题晋葛洪撰。吴均一说，始于唐朝段成式《酉阳杂俎·语资篇》。

③ 蛇：音 yí。

曰:“委委者,行可委曲纵迹也。佗佗者,德平易也。”按:此之“委佗”即《羔羊》之“委蛇”,声形词也。《君子偕老》之“委委佗佗,如山如河”二句,真好!写其美,不写其面貌、衣服、形象,而写其动作,不动如泰山,动如河水——是活人。真好!后世诗人掏空了心,巧虽巧,但不好,外不得物象,内不得意象。

“委它”,叠韵,委可作“倭”,它可作“佗”,“倭佗”叠韵,“委蛇”叠韵。

A=委　　B=蛇

AB—委蛇

ABAB—委蛇委蛇

AABB—委委蛇蛇

首章“退食自公,委蛇委蛇”、次章“委蛇委蛇,自公退食”、三章“委蛇委蛇,退食自公”,略变句法,真巧,真漂亮,写得淋漓尽致。

《羔羊》诗旨:

《诗序》谓:“在位皆节俭正直,德如羔羊也。”何以见“节俭正直”?不可解。毛传曰:“《羔羊》,《鹊巢》之功致也。召南之国,化文王之政,在位皆节俭正直,德如羔羊也。《鹊巢》之君,积行累功,以致此《羔羊》之化,在位卿大夫竞相切化,皆如此《羔羊》之人。”《诗序》既不可通,则毋宁从毛传。

篇八　殷其雷

殷其雷,在南山之阳。何斯违斯,莫敢或遑。

振振君子,归哉归哉。

殷其雷,在南山之侧。何斯违斯,莫敢遑息。

> 振振君子，归哉归哉。
>
> 殷其雷，在南山之下。何斯违斯，莫或遑处。
>
> 振振君子，归哉归哉。

《殷其雷》，三章，章六句。

“殷其雷，在南山之阳”，“南山”，当然在作者的南边，“在南山之阳”，是说雷在南山之南，此时还远。“在南山之侧”，在其侧，是正要从山边转过来。“在南山之下”，在其下，是已转到山之北了。郑笺云：“雷以喻号令。于南山之阳，又喻其在外也。召南大夫以王命施号令于四方，犹雷殷殷然发声于山之阳。”此说实有损诗美。

“何斯违斯”，“斯”，毛传：“此。”训解可通。其实二“斯”字皆作语词即可。

“莫敢或遑”，“或”，《小尔雅》《广雅》并云：“或，有也。”按：此“有”字乃“有时”之有，语词也，与“有无”之有为动词者不同。（语词在前者可称“引词”，引词有为引一字者，有为引句者，如：“有国”“有人”，引字也；“粤若稽古”“曰为改岁”，引句也。）“时或”，时也，有时也（时与或有关；不时，常）。“遑”，休息；“或遑”，间或的休息也。

此篇每章末二句不用《羔羊》倒字法，三章皆是“振振君子，归哉归哉”。

佛经说“万法归一”，万法完成而有真美善。然未归一之前仍是万法，如入海之前，江、淮、河、汉，各自存在。怎样作法要用你自己心的天平去衡量。何以《羔羊》句法变化好，因是“委蛇委蛇”，这样变化正表现其心理之“舒徐”。若“振振君子，归哉归哉”，作者心理是“迫切”的，顾不得玩花样。此正所谓“文无定法，文成而法立”。

篇九　摽有梅

摽有梅，其实七兮。求我庶士，迨其吉兮。

摽有梅，其实三兮。求我庶士，迨其今兮。

摽有梅，顷筐塈之。求我庶士，迨其谓之。

《摽有梅》三章，章四句。

《摽有梅》字义：

"摽有梅"，"摽"，毛传："落也。"赵岐[①]《孟子章句》引《诗》曰"莩有梅。"《说文》："𠬪，物落，上下相付也。读若《诗》'摽有梅'。"段[②]注以毛诗"摽"字为"𠬪"之假借。

"顷筐塈之"，"塈"，毛传："取也。"《玉篇》引《诗》曰"顷筐概之"。

"迨其谓之"，"谓"，毛无传，惟曰："礼未备则不待礼会而行之。"段懋堂曰："毛意'谓'即'会'也"。《尔雅·释诂》："谓，勤也。"郭[③]注引《诗》"迨其谓之"。黄晦闻先生曰："言勤求也。"(《诗旨纂辞》)

《摽有梅》诗旨：

《诗序》言此诗乃"男女及时也"，殊牵强，以情理度之不合。"求我庶士"，"我"者"士"自我也。而此篇却又不讲作求贤，是民歌，是恋歌。余以为当是男子作。若曰是女子自作则似不合，若曰是男子托言则未免无聊。

---

① 赵岐(108？—201)：东汉经学家，初名嘉，字邠卿、台卿，京兆长陵(今陕西咸阳)人。著有《孟子章句》。

② 段：段玉裁。段玉裁(1735—1815)：清朝学者，字若膺，号懋堂，江苏金坛人，师事戴震，研究文字、训诂、音韵之学。著作有《说文解字注》《六书音均表》《毛诗故训传定本》等。

③ 郭：郭璞。郭璞(276—324)：东晋学者、训诂学家，字景纯，河东闻喜(今属山西)人。著有《尔雅注》。

篇十　小星

嘒彼小星，三五在东。肃肃宵征，夙夜在公。寔命不同。

嘒彼小星，维参与昴。肃肃宵征，抱衾与裯。寔命不犹。

《小星》二章，章五句。

《小星》字义：

“嘒彼小星”，“嘒”，传曰：“微貌。”《广韵》“嘒”下曰：“《小星》诗亦作‘嘒’。”《玉篇》“嘒”下注：“众星貌。”《说文》于“嘒”下只注“小声”，如言蝉声嘒嘒、鸾声嘒嘒。《诗》中《云汉》篇有“有嘒其星”句（《大雅·荡之什》），传曰：“嘒，众星貌。”然则嘒当是“嘒”之假，其义为明。

“三五在东”，“三五”，毛传训为星名。不必如此讲。

“抱衾与裯”，“裯”，毛传：“禅被也。”禅与袒有关，“禅被”盖贴身之被。兼士先生有文考之。“禅”通“刬”字。刬，光脚穿鞋曰“刬穿”。又元曲中马不用鞍而乘之曰“刬马”（或写“栈马”）。又如后主[1]词“刬袜步香阶”（《菩萨蛮》）中“刬袜”乃但穿袜不着鞋。又如内衣古称“禅衣”，见《礼记》，又作“襢”。又《汉书》“但马”即“刬马”也。“但”有“徒”之意、“光”之意；又如“旦”，有“不隔”之意，又转为“诚”意，如“坦”字。

《小星》诗旨：

《诗序》曰：“惠及下也。”又曰：“夫人无妒忌之行，惠及贱妾，进御于君，知其命有贵贱，能尽其心矣。”《韩诗外传》曰：“任重道远者，

---

① 李煜（937—978）：南唐后主，初名从嘉，字重光，号钟隐，史称李后主。李煜精书画，通音律，以词成就最高，被誉为“词中之帝”。

不择地而息;家贫亲老者,不择官而仕。故君子矫褐趋时,当务为急。传云:不逢时而仕,任事而敦其虑,为之使而不入其谋,贫焉故也。《诗》曰:'夙夜在公,实命不同。'"其后明朝章俊卿[①]作《诗经原体》,遂直以为小臣行役之诗,盖依韩说而不依《诗序》也。

《小星》二章,章五句,两章末句言"寔命不同""寔命不犹"。《论语》有云:

> 不知命,无以为君子也。(《尧曰》)

什么是"命"?遗传造成的你的性格,环境造成的你的生活,这就是你的命。人无论如何不能不承认这个"命",便以此安身立命也好。

吾辈知识阶层除了物质的需要,还要有生活的工具——有一把能通开生活中各种门户的钥匙。若不能如此,简直还不及苦力幸福;因为苦力生活简单,衣食饱暖一切便都能解决。有知识的则否。痛苦、烦恼、悲哀,只能减少生活的兴趣、生活的力量,使人感觉生活是一种压迫。虽然知道生活是一种义务而非权利,但这样便难活下去。果能"安之若命"(《庄子·人间世》),则虽遇艰难亦能安然肩负,能鼓起生活的兴趣与力量。认命,消极地说可以,积极说也可以,不知这样解释能得夫子原意否?

《论语》说:

> 子罕言利与命与仁。(《子罕》,"仁"字大无不包、细无不举。)

---

① 章俊卿:疑是章潢。章潢(1527—1608):明朝学者,字本清,南昌(今属江西)人。著有《诗经原体》《书经原始》等。

夫子深知说道德要小心,不然则生恶劣影响。夫子所谓“命”便犹佛家所谓因缘,是科学的非玄学的,是理智的非迷信的。常所谓在劫难逃,都认为是玄的,那相去已远;若当作迷信,则去之弥远。人能知命则能“洁身自好”,再则更能“乐天进取”。读书人皆当洁身自好,这是消极的;乐天进取,则是积极的。有人着围棋,曰“胜固欣然,败亦可喜”(苏轼《观棋》),这便是乐天进取。夫子“可以仕则仕,可以止则止”(《孟子·公孙丑下》),“可以”二字有力量。

《诗序》所言“惠及下也”四字考语,胡说白道。《韩诗外传》讲得好,无论对否,他想的是。假如此诗中意思可算为思想的话,则此思想影响中国人甚大。鲁迅先生以为中国五千年历史可分二时期:一为暂时做稳了奴隶的时期,一为欲做奴隶却不得的时期。(《坟·灯下漫步》)中国历史除最早一页尚可称光荣外——逐有苗离黄河流域(有苗之后,有殷之鬼方、周初之猃狁、周中叶之犬戎、秦至六朝唐之胡),其后渐不能敌。中国人爱和平,故敌不住外来力量,此精神一直遗传。即以“三百篇”言之,只见温柔敦厚,无热烈感情。此确是悲惨、是失败,然非耻辱,是光明的。因“三百篇”所表现乃最富于人性、人味的生活。兽+神=人。(此虽曰神,与佛道宗教无关。)中国人无兽性、神性,只剩下人性。

研究民族性,最好看其历史及诗。

人皆以中国为玄,其实中国最重实际,如西洋人之为宗教牺牲者甚少,即衣、食、住三项小节,亦以中国最舒服,故中国人已失掉兽性,同时也失去神性,谓之为爱和平可,谓之为没出息亦可。

中国人不但没热烈精神,甚至连伤感意味都没有。中国人是安分安命,于是认苦非苦而视为当然。实际生活有缺陷(憾),然后发生不满，而结果趋于安命。此“安”即中国之爱和平、温柔敦厚、有人味，甘为奴隶或为奴隶而不得的原因。

篇十一　江有汜

江有汜，之子归，不我以。不我以，其后也悔。

江有渚，之子归，不我与。不我与，其后也处。

江有沱，之子归，不我过。不我过，其啸也歌。

《江有汜》三章，章五句。

此首诗，真好！

“三百篇”四言句多，而此篇多为三言，每章末一句虽为四字：“其后也悔”“其后也处”“其啸也歌”，而“也”字为音节，如今唱二簧之垫字。三字句较四字句急促，故其结果当为紧张；而此首虽为三言，然音调并不急促，并不紧张。此其表现技术之高者一。

又：后一句原亦可但为三字：“其后悔”“其后处”“其啸歌”，而加一“也”字，加得好。若用新式标点，当为：

其后也——悔

其后也——处

其啸也——歌

如老谭《卖马》[①]所唱“提起了此马”后声音拉长，表示其心中对马之爱。此其表现技术之高者二——虚字传神。

又：三章中分别重“不我以”“不我与”“不我过”为二句。何以

① 《卖马》：又名《天堂县》《当锏卖马》，谭鑫培代表剧目。叙秦琼解配军至潞州天堂县投文，困居客店。店主索房饭钱，秦琼忍痛欲卖黄骠马，遇单雄信借马而去。秦琼再欲卖锏，遇王伯当、谢映登资助，并代索回文。

重？重得好。

“不我以”“不我与”至第三章“不我过”：不和我回去，不与我同走，连看我都不看。所重二句，一句结上，一句启下。如辛稼轩之《采桑子》：

少年不识愁滋味，爱上层楼。爱上层楼，为赋新词强说愁。

稼轩此一首即用“三百篇”此章句法。稼轩真是英雄，拔山扛鼎，词亦排山倒海。而其内中究有中国传统精神，结果亦是“而今识尽愁滋味，欲说还休。欲说还休，却道天凉好个秋”，纯剩人性。

“其后也悔”，是说“之子”，并非说“我”，因为你跟我不好，所以你将来不会好。“其后也处”，“处”，毛传：“止也。”如处节、居处。“其后也处”，彼此不相干涉，此意尚通。郑笺言“悔过自止”，真是添字注经。中国之君子“明于礼义而暗于知人心”（《庄子·田子方》）[①]；注诗者亦然，明于礼义而暗于知诗心。悔当是希望其悔，故最后以歌自慰。“其啸也歌”，不热烈亦不感伤，不好讲而真好。

《江有汜》与前首之《小星》不能说他无忧，但不是伤感，不是悲哀。高叟谓《小弁》为小人之诗，因其怨也。孟子讥其“固”[②]，然而高叟亦确有其见处。看《小星》《江有汜》，绝不愉快，但几乎看不出一点怨来。因知命，则安心，则能排忧乐、了死生、齐物我（鲁迅先生或者要骂这是奴隶的道德），但余总承认这是一种美德。在此时期、此时代，这种道德也许是不相宜，犹如在强盗群里讲仁义、说道德。但

---

① 《庄子·田子方》：“温伯雪子曰：‘吾闻中国之君子，明乎礼义而陋于知人心，吾不欲见也。’”

② 《孟子·告子下》：“公孙丑问曰：‘高子曰：《小弁》，小人之诗也。’孟子曰：‘何以言之？’曰：‘怨。’曰：‘固哉！高叟之为诗也。’”高子，高叟，齐人。

曰其不识时务、不知进退则可，谓其非道德则不可。当然也许是无用的。如果只以有用与否而决定之，则吾无言矣。《周南》《召南》不夸大，所以中正和平。若其他国风即不然，其伤感与悲哀的色彩是浓厚的、是鲜明的（其中正和平确不及“二南”）。此“二南”之所以不可及也。

篇十二　野有死麕

野有死麕，白茅包之。有女怀春，吉士诱之。

林有朴樕，野有死鹿。白茅纯束，有女如玉。

舒而脱脱兮，无感我帨兮，无使尨也吠。

《野有死麕》三章，一、二章四句，三章三句。

《野有死麕》字义：

次章：“白茅纯束”，“纯束”，毛传：“犹包之也。”郑笺：“纯读如屯。”按：纯、屯古通。《史记·苏秦列传》“锦绣千纯”，《索隐》[①]引《国策》高[②]注：“音屯，屯束也。”

三章：“舒而脱脱兮”，“而”与“如”“然”在形容词或副词中意同；若不通用，只是习惯的缘故，意义上并无不通。It is custom, no reason. 蠢如、安如即蠢然、安然。而、如，“舒而”即舒然。“脱脱”，形容舒，亦舒意。

《野有死麕》首章仍是《关雎》句法，前二句为兴。次章前三句相连，只余“有女如玉”一句。末章忽换了一个人，换了一种口气，变平常之四言句法用“兮”“也”，故音调也变了：

---

① 《史记索隐》：唐朝司马贞撰，共三十卷。

② 高：东汉高诱。

舒而脱脱兮，无感我帨兮，无使尨也吠。

音调舒徐，好。若改为四字句也可以，“舒而脱脱，无感我帨，无使尨吠”，但诗的美都失去了。

《野有死麕》诗旨：

《诗序》曰：“恶无礼也。天下大乱，强暴相陵，遂成淫风。被文王之化，虽当乱世，犹恶无礼也。”此说甚牵强。吾人自诗中看不出无礼。方玉润《诗经原始》谓：“此必是高人逸士，抱璞怀贞，不肯出而用世。”此属穿凿。详诗之意，首二章当是男子之歌词，而三章则女子所答也。

《野有死麕》首章“有女怀春，吉士诱之”是其主题。讲诗者以为这是坏事，我们虽非赞同，但承认人情中本有此事。

篇十三　何彼襛矣

何彼襛矣，唐棣之华。曷不肃雍，王姬之车。

何彼襛矣，华如桃李。平王之孙，齐侯之子。

其钓维何，维丝伊缗。齐侯之子，平王之孙。

《何彼襛矣》三章，章四句。前二句一事，后二句一事，仍是《关雎》句法。

首章：“何彼襛矣”，“襛”，或作“秾”。《说文》：“襛，衣厚貌。”韩诗作“茙”。《说文》无“茙”字，“茸”下曰“草茸茸貌”。如此，则“襛”当是“茙”之假。

“曷不肃雍”，即“肃雍”也。“曷不”即“何不”，加重语气，如京剧“想起了当年事好不惨然”（《四郎探母》杨四郎）、“叫孤王想前后好不伤悲”（献帝），“好不惨然”“好惨然”，“惨然”也；“好不伤悲”“好伤悲”,“伤悲”也。“肃雍”,“肃”,庄严,敬也;“雍”,雍容,和也。不用一字形容而用二字,有道理。这二字相反而又相成,好。

“王姬之车”,《礼仪疏》:“齐侯嫁女,以其母王姬始嫁之车远送之。”是也。“王姬”,即公主。

次章:“平王之孙,齐侯之子”,毛传:“平,正也。武王女,文王孙,适齐侯之子。”马瑞辰曰:“诗中凡叠句言某之某着,皆指一人言。”又曰:“平王之孙乃平王之外孙。”(《毛诗传笺通释》)毛传有成见,以为《周南》《召南》皆是文王时作,故必将平王讲成文王,他三家俱不如此,《关雎》即以为是康王时作,不必文王也。马瑞辰讲得好。

篇十四 驺虞

彼茁者葭,壹发五豝,于嗟乎驺虞。

彼茁者蓬,壹发五豵,于嗟乎驺虞。

《驺虞》二章,章三句。

《驺虞》字义:

“壹发五豝”,“发”,毛传:“虞人翼五豝,以待公之发。”按:“发”,当是纵意,虞人发纵五豝以待公之猎耳。“于嗟乎驺虞”,“驺虞”,毛传:“义兽也。白虎黑文,不食生物。”三家诗皆以为天子掌鸟兽之官。

《驺虞》两章皆用“于嗟乎驺虞”作结,还是好——“于嗟乎驺虞”!

第四讲

说“邶鄘卫”

《汉书·地理志》:“河内本殷之旧都,周既灭殷,分其畿内为三国,《诗·风》邶、鄘、卫国是也。邶,以封纣子武庚;鄘,管叔尹(尹,古君字)之;卫,蔡叔尹之:以监殷民,谓之三监。故《书序》曰:武王崩,三监畔。周公诛之,尽以其地封弟康叔,号曰孟侯,以夹辅周室;迁邶、庸之民于洛邑。故邶、庸、卫三国之诗相与同风。”

篇一　邶风·柏舟

汎彼柏舟,亦汎其流。耿耿不寐,如有隐忧。

微我无酒,以敖以游。

我心匪鉴,不可以茹。亦有兄弟,不可以据。

薄言往愬,逢彼之怒。

我心匪石,不可转也。我心匪席,不可卷也。

威仪棣棣,不可选也。

忧心悄悄,愠于群小。觏闵既多,受侮不少。

静言思之,寤辟有摽。

日居月诸,胡迭而微。心之忧矣,如匪澣衣。

静言思之,不能奋飞。

《柏舟》五章,章六句。

《诗序》曰:“《柏舟》,言仁而不遇也。卫顷公之时,仁人不遇,小人在侧。”毛传说同,皆讲得通。

《柏舟》字义:

首章:“汎彼柏舟”,“汎”,《说文》:“浮貌。”又:“泛,浮也。”段玉裁云:“上汎谓汎,下汎当作泛。”(《说文解字注》)故“汎”,形容词(adj),浮的样子;“泛”,动词(v)。“耿耿不寐”,“耿耿”,毛传:“犹儆儆也。”《广雅》:“耿耿,警警,不安也。”楚辞“夜耿耿而不寐”(楚辞《远游》),王逸注引《诗》曰:“‘耿耿不寐’,耿一作炯。”(《楚辞章句》)“如有隐忧”,“如”,马瑞辰谓“如”“而”古通用,“如有”即“而有”之意。“以敖以游”,“以”,且也。

次章:“我心匪鉴”,“鉴”,镜子。“不可以茹”,“茹”,毛传:“度也。”按:此“度”字即《诗》“他人有心,予忖度之”(《小雅·节南山之什·巧言》)之度。

三章:“我心匪石”“我心匪席”,石,坚;席,平。“不可转也”“不可卷也”,“也”字用得好。“不可选也”,“选”,毛传:“数也。”朱穆《绝交论》[1]引诗作“算”。《说文》:“算,数也。”选,或是算之假。

---

① 朱穆(100—163):字公叔,南阳郡宛(今河南南阳)人,东汉桓帝时任侍御史,以文章名世。朱穆有感时俗浇薄,曾著《绝交论》倡导交往以公。

四章:“忧心悄悄”,忧生又不能不活。“愠于群小”,被动语态(passive voice)。“寤辟有摽”,“寤辟”之“寤”,大概是语词,如寤言、寤歌、寤辟。“摽”,形容□[①]貌。“寤辟有摽”,这大概是当时的白话。

五章:“胡迭而微”,“迭”,《广雅》:“迭,代也。”韩诗作“臷”,注:“常也。”与“迭”之训“代”者不同。

《柏舟》很好:一说是作得好,一说是很明显地可以看出其与“二南”不同。

诗首章“汎彼柏舟,亦汎其流”,不管其有意、无意,这就是诗人自己为命运所支配,犹之柏舟泛流,写得沉痛但是多么安闲;次章言“我心匪鉴”,镜子能照见影子然无感情,但我不是镜子自不能不动感情,“我心匪鉴,不可以茹”,亦沉痛,但写来安详;诗第三章言“我心匪石,不可转也。我心匪席,不可卷也”,感情到了抛物线的最高点;至诗之末四句“心之忧矣,如匪澣衣。静言思之,不能奋飞”,真忍受不得。然忍受不得的情感,经诗人一写出来,读之就能忍受了。诗中也有急的地方,但是没有叫嚣、急迫。中国俗话说有见面之谊,彼此便要有面子、不好意思。这如不是美德,也只是中国人的传统。诗人把世俗的事美化了,已经是奇迹(miracle);再把迫切的事写得这么安闲,又是奇迹;然而安详的文字又可以把迫切的心情表现出来,这又是奇迹。“邶”“鄘”“卫”中之诗尤其如此。(只《邶风·绿衣》较差。)后人作诗唯恐不深刻,要能这么好,真是深入浅出,此乃“二南”所无之作风。夫子曰:

---

① 按:原笔记“容”字下缺一字。

人而不为《周南》《召南》，其犹正墙面而立也与？（《论语·阳货》）

《周南》《召南》确是中正和平之音，但也有点偏。但言者不得其实，听者不餍于耳。吾人喜欢小说、戏曲，都是如此。说话夸大惹人厌，但在文学上夸大是许可的，而且可算一种美德。如小泉八云（L. Hearn）[①]说，中古时代欧洲女子之喜用麝香，用得不多不少是好的。《周南》《召南》也有夸大处，然而甚少。《柏舟》用得甚恰当，所以好。这真是中正和平，绝无半点儿矫揉造作。

古人是用活的语言写其自己心里的感觉，故写出来是活泼泼的。现在我们写诗是利用古书，用古人用了的字，若果能写出一点自己的意思，尚可以；恐怕连这点意思还是古人的。写得不说他不好，只是不像现代人写的。

《柏舟》真好。细看诗人的情感也同我们一样，但我们不能把它作成诗，作成诗亦不能那么美。

诗人即是把他的情感和想说的美化了。残忍的、鄙俗的，我们不能见，但是诗人不是不写。（张士诚[②]之弟令倪云林[③]为之作画，

① 小泉八云（1850—1904）：原名拉夫卡迪奥·赫恩（Lafcadio Hearn），英国人，后归化日本，从妻姓，曰小泉八云。著有《日本：一个解释的尝试》《文学的解释》《西洋文艺论集》等。

② 张士诚（1321—1367）：元末明初农民起义军领袖、地方割据势力之一，字确卿，泰州白驹场（今江苏大丰）人。

③ 倪瓒（1301—1374）：元朝画家，初名珽，字泰宇，后改字元镇，号云林，江苏无锡人。

云林不听，张令人打之，倪不语。人问之，倪曰：开口便俗。[①] 真好。）如杀人的事、老年父母哭其子女，或者是残忍的、鄙俗的事，虽然多半的诗人不敢写；而如杜工部他也写，写出诗来不但硬，而且使我们能忍受、使我们能欣赏。大诗人真能夺造化之功。而如：

> 夜黑杀人地，风高放火天。

又如险语：

> 八十老翁攀枯枝，井上辘轳卧婴儿，
>
> 盲人骑瞎马，夜半临深池。[②]

虽非诗，也近于诗。若此等事是吾人不忍见的，但是诗人胸有锤炉、笔夺造化，把不美的事美化了。李义山的思想没什么，但是他的诗没人看着不美，就是他能把事物美化了。“八十老翁，盲人瞎马”，这虽是六朝人的诗，但似是自老杜所出，有力量，他能以力量征服人。古诗是和平中正的，从不以力量征服人，所以说老杜在中国诗的传统上是变调。

《柏舟》以安详的文字表现迫切的心情，好虽好，然太伤感。忧能伤人，怎么能活？诗人抱了这种心情，固然可以写很好的诗，但是这样怎么能活？非像屈原投水自杀不可。余性急躁，不宜讲“三百

---

① 明朝顾元庆《云林遗事》记载“元处士倪云林先生知天下将乱，一日弃田宅去，孤舟蓑笠载竹床茶灶，飘遥五湖三泖间，多居琳宫梵宇，人望之，若古仙异人。张士诚招之不往。其弟士信致币及绢百匹，冀得一画，云林裂其绢而立返其币。一日，士信偕诸文士湖游，闻异香缕缕出自菰芦中，搜得云林，箠之。几死，终不开口。一时文士在士信左右者力救得免。人问曰：‘何以无一言。’曰：‘开口便俗。’”

② 刘义庆《世说新语·排调》：“桓南郡与殷荆州语次，因共作了语……次复作危语。桓曰：‘矛头淅米剑头炊。’殷曰：‘百岁老翁攀枯枝。’顾曰：‘井上辘轳卧婴儿。’殷有一参军在坐，云：‘盲人骑瞎马，夜半临深池。’”

篇”，犹杨小楼[1]不肯唱《独木关》[2]。

篇二　邶风·绿衣

绿兮衣兮，绿衣黄里。心之忧矣，曷维其已。

绿兮衣兮，绿衣黄裳。心之忧矣，曷维其亡。

绿兮丝兮，女所治兮。我思古人，俾无訧兮。

絺兮绤兮，凄其以风。我思古人，实获我心。

《绿衣》四章，章四句。

《绿衣》字义：

首章："心之忧矣，曷维其已"，毛传"曷维其已"解作"何时可止"。毛传讲得不能说错，但是还有什么味？

三章："绿兮丝兮，女所治兮"，"丝"，当犹前之"衣"，丝织品。"女"，毛传：女，读如字；郑笺：女，读汝。从郑说。"治兮"犹言"作"也。今我看"绿兮衣兮，绿衣黄里""绿兮衣兮，绿衣黄裳"，触物思人；"绿兮丝兮，女所治兮"，想此衣为女所治。

"我思古人"，"古人"，郑笺："古人谓制礼者。"殊牵强！真真"明于礼义而暗于知人心"（《庄子·田子方》）！《邶风·日月》篇："逝不古处。"毛传："古，故也。"马瑞辰曰："古者，故之消假。"

古、故　通。

古，　对今而言；

故，　对新而言。

① 杨小楼(1878—1938)：京剧演员，工武生，武技动作灵活，似慢实快，姿态优美，有"武生宗师"之美誉。

② 《独木关》：京剧剧目，叙写唐薛仁贵从军，隶张士贵部下，屈抑难伸。张士贵兵次独木关，为敌将安殿宝所困。薛仁贵扶病出战，刺死安殿宝。

“古”“故”通，然则“古人”云者，犹言“故人”耳。若古人即故人，则又别有新解。古人——故人，一义指旧相识，又一义指逝者(故去、作故)。今二义皆可通，余则侧重后一义。因既痛逝者，行自念也。“俾无訧兮”，“无訧”，不相负(反背)——彼此没有对不起的事。

四章：“絺兮绤兮”，真好，益证前章。“凄其以风”，“凄其”犹言凄然、凄如。“凄其以风”，盖夏日着夏布不觉怎样，到秋风一起，着夏布便禁不起，故换“绿衣”，因而益思故人。(“绿兮衣兮”“絺兮绤兮”，何以前文与后句联不上？绿衣非夏日著，絺绤必夏日著。)本来怕想穿絺绤，实不得已，一穿绿衣便又想起，故“心之忧矣”“曷维其已”“曷维其亡”。“我思古人，实获我心”，“实获我心”四字，铁证如山，安能得比“获我心”更好的字？万事万物之为什么好？皆因“获我心”。(人为什么同我们好，因获我心。)

《绿衣》，伤感之圣矣乎！

伤感与悲哀不同。伤感是暂时的刺激；悲哀是永久的，且有深浅厚薄之分。《绿衣》纯写伤感，但是真好。虽然只伤感是不成的，但是人如果不像小孩子那样天真，又不了解一点悲哀，则其人不足与言、不足与共矣。《柏舟》与《绿衣》虽是伤感的，已甚近于悲哀。

《绿衣》句子短，字甚平常，而感人如是之深。较之《离骚》上天入地、光怪陆离，嫌其太费事。抒情诗最要紧是句法简单、字面平常，这是最好的。如老杜：

有弟皆分散，无家问死生。

(《月夜忆舍弟》)

遥怜小儿女，未解忆长安。

(《月夜》)

>>> 抒情诗最要紧是句法简单、字面平常,这是最好的。如杜甫的《月夜》等,一点都"不隔"。图为佚名《杜甫像》。

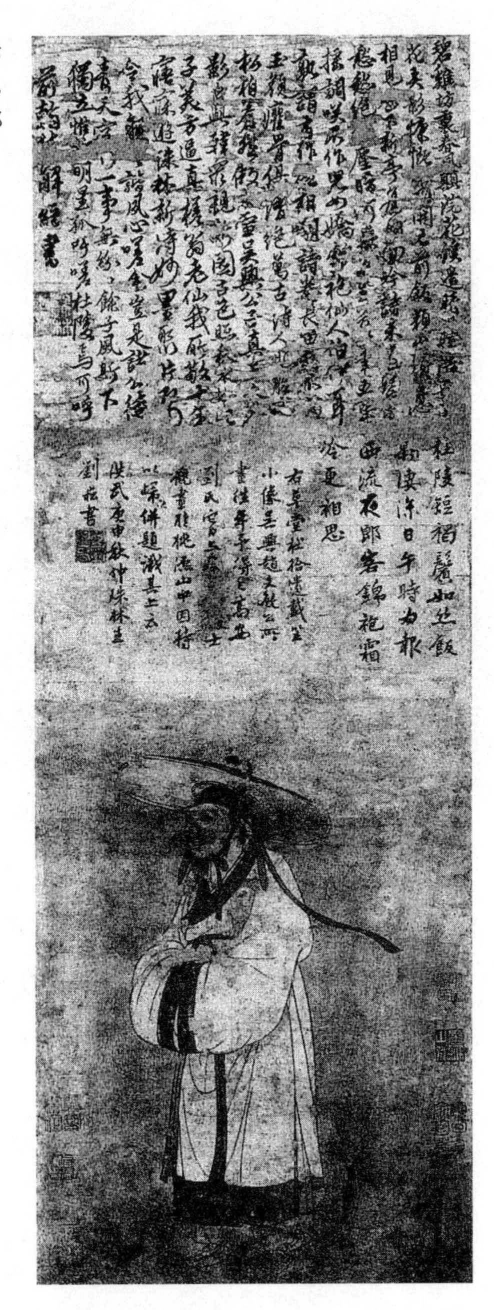

如此诗句，一点“不隔”。若句法艰深、字面晦涩，结果便成了“隔”。如山谷、后山[①]之作，并非无感情、不真，乃是字句害了他的作品。彼等与老杜争胜一字一句之间，自以为是成功，却不知正是文字破坏了作品的完美。

古谚云：

> 绚烂之后归于平淡。（绚烂，文采、光彩）

这话说得并不好。英国亦有谚语云：

> The highest art is to conceal art.（conceal，遮蔽）

这说得费力。中国常说“自然而然”，试译作：

> To be as it should be.

海棠是娇丽，牡丹是堂皇富贵，是大自然的作品，是 to be as it should be。我们觉得就该如此，没别的办法。艺术当然比人工高得多，然而也还是人创造的。看《绿衣》“绿兮衣兮，绿衣黄裳”，真是写得好，读了觉得就应当那么写，不能有别的办法。大诗人创作就犹如上帝创造天地，飞潜动植，各适其适。《绿衣》，多舒服，自然而然，各适其适。“绿兮衣兮，绿衣黄裳”，两句话传了这么久，而且现在这样有意义、这样新鲜，这代表中国传统的民族性。这让我们不能不有阿 Q 的骄傲，虽然中国失败也在这里。

《绿衣》诗旨：

《诗序》：“卫庄姜伤己也。妾上僭，夫人失位而作是诗也。”郑

---

① 陈师道（1053—1102）：字履常，一字无己，号后山居士，彭城（今江苏徐州）人，“苏门六君子”之一，江西诗派重要作家，有“闭门觅句陈无己”之称。

笺:“庄姜,庄公夫人,齐女,姓姜氏。妾上僭者,谓公子州吁之母,母嬖而州吁骄。”此说不通。黄晦闻先生说:“诗言絺绤,当暑所服,而以当寒风,孰知我心之苦者,唯有古人耳。言古人则绝望于其夫可知。”此说亦难通。若说不满意其夫,乃思古人,真是“岂有此理”!绝望于其夫可也,用古人之谓何?从毛郑到黄晦闻先生,虽各有理由,皆难通。细绎此诗,当是悼亡之作。“绿兮衣兮,女所治兮”,当然是追念女性。

静安先生在《人间词话》中说创作者有两种动机与心情:(一)忧生,(二)忧世。前者小我,后者普遍,而其为忧也则一。

多半诗人是忧生,只有少数的伟大诗人是忧世。故说中国的诗缺乏伟大,除非在说个人时也同时是普遍的。但不要藐视忧生的人,他了解悲哀和痛苦,故虽然只是忧生,也能作出很好的诗来。人若要是混沌的、麻木的,不要说做事,连做人的资格也没有。这种人除非是白痴,即如阿Q也不是完全混沌、麻木的,不然他何以会进城、会造反、饿了到庙里偷东西,他也有悲哀、痛苦。忧生的诗人能把自己的悲哀、痛苦写得那样深刻,能不说他是诗人吗?而且伟大的忧世的诗人也还是从忧生做起,因为他了解自己的痛苦、悲哀,才会了解世人的痛苦、悲哀。虽则似乎二者有大小优劣之分,实是同一出发点。看“邶”“鄘”“卫”开头之《柏舟》《绿衣》即忧生的人,但此就其动机言之。而今日读其诗犹与之发生心的共鸣,虽是只说他自己的悲哀,但能令人受感动,故可说没有真的忧生的诗不是忧世的。而忧世的出发点亦即是忧生,后来扩大了、生长了,不然不会有那样动人、那么好的忧世的诗。

篇三 邶风·燕燕

燕燕于飞,差池其羽。之子于归,远送于野。

瞻望弗及,泣涕如雨。

燕燕于飞,颉之颃之。之子于归,远于将之。

瞻望弗及,伫立以泣。

燕燕于飞,下上其音。之子于归,远送于南。

瞻望弗及,实劳我心。

仲氏任只,其心塞渊。终温且惠,淑慎其身。

先君之思,以勖寡人。

《燕燕》四章,章六句。

《燕燕》诗旨:

《诗序》:"《燕燕》,卫庄姜送归妾也。"《列女传·母仪》篇:"卫姑定姜者,卫定公之夫人,公子之母也。公子既娶而死,其妇无子。毕三年之丧,定姜归其妇,自送之,至于野。恩爱哀思,悲心感恸,立而望之,挥泣垂涕,乃赋诗。"

《燕燕》字义:

首章:"燕燕于飞","燕燕",毛传:"鳦也。"看下"颉之颃之",似非一个。中国好将一字重说。"差池其羽","差池",犹言低昂上下,与"颉之颃之"相似。

诗人最要能支配本国的语言文字。现在的文字是古人遗留的,语言则是活的;恐怕在"三百篇"时语言较文字重要,因为他们用的活的语言,所以生命饱满。我们不成。西人说,要做自然的儿子,不要做自然的孙子。何谓也?——直接写自己的感觉,不要写人家感觉之后所写的。杜诗写燕子:

轻燕受风斜。

(《春归》)

言其羽之美，非燕子不如此。别的鸟飞时保持平衡，斜了不好看。

次章："颉之颃之"，"颉颃"，毛传："飞而上曰颉，飞而下曰颃。"段玉裁曰："当作'飞而下曰颉，飞而上曰颃'。"(《说文解字注》)《文选·甘泉赋》"鱼颉而鸟盼。"李善[①]注："颉盼，犹颉颃也。""颉之颃之"，就其飞状言；"上下其音"，就其鸣声言。恰！二"之"字，与"之子""将之"之"之"皆不同，此"之"是语气的完成。

"远于将之"，"将"，有"同"义，今相将犹结伴。(山东人说"拿过来"是"将过来"。)"远于将之"，不忍分离。"伫立以泣"，较"泣涕如雨"更深，泣涕如雨是暂时的事。"伫立以泣"，毛诗讲得好，"久立也"；"以"犹"且""而""与"，皆并且(and)之义。

第二章比首章更深厚。

三章：首章言"远送于野"，郊外；次章言"远于将之"，远了；至此言"远送于南"，更远的一个地方。首章言"泣涕如雨"、次章言"伫立以泣"，这是感情的难过；至此言"实劳我心"，这是心灵的损伤，"劳"字好。

心灵的压迫、负担，永远放不下，不能休息，真是劳，真是"实"。后人说"实"总觉其不实，古人的句子多沉着，如抛石落井，"扑通""扑通"都落在我们心上。

四章："仲氏任只"，"任"，毛传："大。"按：壬，象人大腹，即后妊。壬，当作任，故任训大。郑笺："任者，以恩相亲信也。"郑氏根本不

① 李善：唐朝人，淹贯古今，人称"书簏"，著有《文选注》。

懂。“其心塞渊”,“塞”,毛传:“瘗。”“渊”,毛传:“深也。”讲不通。马瑞辰曰:“‘塞’,当作寋,实也。毛传‘瘗’乃‘寋’之误。”“仲氏任只,其心塞渊”,余意“仲氏”乃诗人(次或指姊或妹),“任”是大。“任”与“塞渊”相贯,因为“任只”,所以“塞渊”。

“任只”是概念,“塞渊”是说明;“终温且惠”,是描写。“温”“惠”(gentle、kind)。郑笺:“温,谓颜色和也。”凡《诗》中“终……且……”,“终”皆训“既”,犹“both ... and ...”。

文学与科学不同,但其章次步骤的分明是与科学相同。在层次分明、步骤谨严处上看,这不是软性的,一点儿糊涂不得。瞧此第四章“淑慎其身”,总结以上三句而言,这真是中国的理想人物,也可以说是标准的人格。这种人哪里去找?“高山仰止,景行行止”(《诗经·小雅·车舝》),虽不能至,然心向往之。后来都将诗与人打成两截。中国说“诗教”,也不是教作诗,是使做好人。我虽不识一个字,也要堂堂地做个人!不会诗、不识字,都不要紧,难道不能温柔敦厚吗?“淑慎其身”,“身”,士君子立身行己之身,持身之身,整个的人格,精神的、抽象的,非指血肉之身言。“淑慎其身”,多么温柔敦厚,无淑不慎,无慎不淑,无怪乎诗人之“劳心”也。至此诗人犹嫌不足,再云“先君之思,以勖寡人”,味长。其人好是好,然好你的,与我何干;犹柳树虽好看,与我何干?然只顾自己是自了汉,故云:“先君之思,以勖寡人。”“先君”,故去之父;“寡人”,诗人自己;“勖”,勉也。此必同胞姊妹送同胞姊妹。“先君之思”仍是由“任”“塞渊”“温惠”“淑慎”而来的,由此以上的“瞻望”、哭泣,便不是空虚的了。同胞姊妹有如是可敬的人物,送之非哭不可。后人写销魂、写断肠,总觉得是夸大、是空虚。

《燕燕》一诗,前三章说的是一事,第四章忽然调子变了、章法变了,如此使我在感情上受更大的刺激,意义上有更深的了解。第四章是说明,但不是死板的,而是含了许多情感的。

篇四　邶风·日月

日居月诸,照临下土。乃如之人兮,逝不古处。

胡能有定,宁不我顾。

日居月诸,下土是冒。乃如之人兮,逝不相好。

胡能有定,宁不我报。

日居月诸,出自东方。乃如之人兮,德音无良。

胡能有定,俾也可忘。

日居月诸,东方自出。父兮母兮,畜我不卒。

胡能有定,报我不述。

《日月》四章,章六句。

首章"逝不古处","逝",毛传:"逮也。"按:逝在句首,诗中每做语词用。如《魏风·硕鼠》篇之"逝将去汝"、《大雅·桑柔》篇之"逝不以濯",皆语词也。

毛传郑笺讲法太不科学,重出叠见之字前后应有关联,彼等不管,以意为之。

篇五　邶风·终风

终风且暴,顾我则笑。谑浪笑敖,中心是悼。

终风且霾,惠然肯来。莫往莫来,悠悠我思。

终风且曀,不日有曀。寤言不寐,愿言则嚏。

曀曀其阴,虺虺其雷。寤言不寐,愿言则怀。

《终风》四章，章四句。

《终风》字义：

首章：首句“终风且暴”，凡诗中“终……且……”，终犹既，终、既皆有了意。终、既、已三字意同。“终风”，韩诗：“西风也。”非是。“终风且暴”，曰兴也。别处兴文二句，如“关关雎鸠，在河之洲”（《周南·关雎》）；此处一句，来得突兀。次句“顾我则笑”，文法亦不完全。谁笑？没有句主。笑，或者温和的笑，或者礼貌的笑，或者从心里生出的亲爱的笑。（礼貌的笑，犹西洋之 beaming，虽不及温和的笑、亲爱的笑那么有意义，然而是必要的，表示彼此无隔阂。）今“顾我则笑”的“笑”非温和、亲爱的笑，是冷笑、恶意的笑。人宁愿听呵骂，遭凶暴，而不愿见冷笑、恶意的笑。下句“谑浪笑敖”（敖，同傲、遨，肆也），“笑”本好字，放在这里多难看。这真令人伤心。故四句“中心是悼”。凡诗中用“中心”者，皆写得极真实。“悼”字好，“伤”字太鲜明。悼，沉甸甸的如石头压在心上，“哀”字、“伤”字皆不成。

次章：“终风且霾”，“霾”，雨土也。（可知地在北方。）“惠然肯来”，“肯来”之肯，问语，肯犹之敢（岂敢）。“莫往莫来”，往，自我之彼；来，自彼向我。（南方人往、来二字每分不清。）“悠悠我思”，无论空间、时间皆不能断。

三章：“不日有曀”，“有”，郑笺：“有，又也。”有、右、又，一也。“寤言不寐，愿言则嚏”，“寤言”“愿言”，“愿”，思也，郑笺以为思、想之意。“言”，王引之以为语词；马瑞辰谓并当为言语之言；毛传训我。马说不及王说，不好讲；毛传更不好讲。“嚏”，毛传：“跲也。”

“跆”,《说文》与“踬”互训。王肃[①]曰:“疐,劫不行也。”《说文》:“人欲去,以力胁止曰劫。”“跆”“疐”,皆有止意。“愿言则嚏”,想起来就算了,没有希望了;前之“是悼”,还有望。

四章:“愿言则怀”,毛传:“‘怀,伤也。”李善训“愿”为思,犹言思之心伤耳。郑笺:“怀,安也。女思我心如是,我则安也。”说与毛异。毛说无论对否尚能自圆其说,郑氏简直连自圆其说都不能。“寤言不寐,愿言则怀”,平行句,应是一个主词,否则应当举明何以首句是第一身、次句(subj)[②]是第二身。《尔雅》:“怀,止也。”《论语》“老者安之,少者怀之”(《公冶长》),“怀”与“安”对举,亦有止义。“愿言则怀”,诗句之意或亦犹“亦已焉哉”之义耳。“亦已焉哉”,中国的中庸之道,不彻底,然而也正是人情。如人死不能不悲哀,悲哀就别忘,可是不久就忘了。

《终风》诗旨:

《诗序》说《终风》是庄姜伤己也。总之,乃女子为夫所弃也。

写愉快的或悲哀的心情,皆容易写出好的诗来,唯写沉重的这种感情不易写成好诗。因为诗人作诗时是放下了重担、解脱了束缚的。人尚在心的负担、精神的束缚中作出诗来,是什么样?其诗之音节绝不会“舒以长”,也不会“哀以思”(化国之日舒以长,亡国之音哀以思),很容易成了呼号。老杜是了不得的诗人,然而其诗有时不像诗,显得嘈杂,看起来不及义山——是舒以长、哀以思——因为在沉重的负担下、结实的束缚中,喘都喘不过气来,如何写诗?

---

① 王肃(195—256):三国时期魏经学家,字子雍,东海(今山东郯城)人。曾遍注群经,编撰《孔子家语》等书。

② Subj:英文,subject 的缩写。

这篇真是多么重的负担,在此种沉重的压迫之下,当然是要呼号嘈杂,然而这诗仍然是“舒以长、哀以思”。除了温柔敦厚,还能赞美什么?在愉快时温柔敦厚不算什么;在精神受了重压之下,气都喘不出,而还能如此温柔敦厚,真比不了。

篇六 邶风·击鼓

击鼓其镗,踊跃用兵。土国城漕,我独南行。

从孙子仲,平陈与宋。不我以归,忧心有忡。

爰居爰处,爰丧其马。于以求之,于林之下。

死生契阔,与子成说。执子之手,与子偕老。

于嗟阔兮,不我活兮。于嗟洵兮,不我信兮。

《击鼓》五章,章四句。

此诗五章五样,不似他篇句法、字句之相似。因为在抒情的作品中,每章句法易于相似。无论烦恼、失望、悲哀、欢喜,所抒之情只此一个,故反复咏之,如“终风且暴……终风且霾……终风且曀”。若是叙事,则必有一事情或一故事,故事是进展的、变化的(发生、经过、结尾),既如此,当然句法、字法便不能相似。

自此篇以下,记事作品乃多。

首章:“击鼓其镗”,“其”,等于 so:(一)代名词,如“彼其之子”;(二)指示词,如“其人、其物”,今人不用“其”而用“该”,该人、该物、该时、该地,不好;(三)副词。“击鼓其镗”,敲鼓敲得那么响。“击鼓其镗,踊跃用兵”,首二句不是欢喜,至少也应是激昂。

“土国城漕”,“土”,动词(v);“国”,状语(adv)。“土国城漕”,在国中做土工或在漕中做城,当然不止一个人。“我独南行”,一“独”字,便是不高兴。

次章:“从孙子仲”,将名。“平陈与宋”,陈宋不和,卫从孙子仲率兵武装调停。《春秋》:“宋人及楚人平。”“平”亦和意,然用“平”不用“和”。春秋时两国打仗用“战”“伐”“克”等字,用字有分寸。《左氏传》不太追究老夫子的意思,只把事铺张起来作文章;公、谷[1]追究老夫子的意思,追究为什么用某字,有时也觉琐碎。“不我以归”,不以我归也,受事之宾语(obj)常在动词(v)前。本是出“征”,结果变成“戍”(驻防),想来陈宋虽和,而仍以兵监视之。“忧心有忡”,毛传:“犹言忧心忡忡。”“有”,语词。

三章:“爰居爰处”,“爰”,郑笺:“於也。”於,于也,语词。如“于以采蘩”(《召南·采蘩》)、“燕燕于飞”(《邶风·燕燕》)。郑以爰为前词,非是。“爰居爰处”,犹曰居曰处。“爰丧其马”,“于以求之,于林之下”。诗人,特别是大诗人,在悲哀的心情之下,往往写出很幽默的句子来。马是兵的性命,看得很重;现在懒散着,马都丢了,可见精神恍惚迷离。好玩儿!

魏王肃曰:“爰居”以下三章,卫人从军者与其室家诀别之辞。按:此说非是,当从方玉润说,作戍卒思归之词。王说第四、五章尚可,第三章讲不通。若只看下二章,王说亦有理;但前三章一气下来,下二章忽然变了,讲不来。最好合起来:戍卒思归,想起与其家诀别之辞。

第四章最好用新式标点:

“死生契阔。”与子成说。执子之手:“与子偕老。”

---

① 公、谷:指传《春秋》的公羊高与谷梁赤。公羊高,战国时期齐国人,谷梁赤,战国时期鲁国人,相传二人师从子夏治《春秋》。

如此，叙事活现，清楚。十六个字真精神。“成说”，即《离骚》“初既与余成言兮”之成言（说定了）；诀别之辞是“死生契阔”“与子偕老”，诀别之情形是“与子成说”“执子之手”。然而下一章不是了。

五章：“不我活兮”，毛传：“不与我生活也。”马瑞辰以为“活”当读如“曷其有佸”（《王风·君子于役》）之“佸”。“佸”，毛传：“会也。”“不我信兮”，“信”，郑笺如字讲；毛传训极；马瑞辰以为信、申、伸一也，故可训极，犹言“曷其有极”（《王风·君子于役》）也。

“于嗟阔兮，不我活兮。于嗟洵兮，不我信兮。”盖前虽如是说，今未必果如愿。此章如言“远了恐怕你不相信，而我必始终无变”。

好诗太多，美不胜收，不得不割爱。“邶风”中《凯风》篇略、《雄雉》篇略、《匏有苦叶》篇略。

篇七　邶风·谷风

习习谷风，以阴以雨。黾勉同心，不宜有怒。

采葑采菲，无以下体。德音莫违，及尔同死。

行道迟迟，中心有违。不远伊迩，薄送我畿。

谁谓荼苦，其甘如荠。宴尔新昏，如兄如弟。

泾以渭浊，湜湜其沚。宴尔新昏，不我屑以。

毋逝我梁，毋发我笱。我躬不阅，遑恤我后。

就其深矣，方之舟之。就其浅矣，泳之游之。

何有何亡，黾勉求之。凡民有丧，匍匐救之。

不我能慉，反以我为雠。既阻我德，贾用不售。

昔育恐育鞫，及尔颠覆。既生既育，比予于毒。

我有旨蓄，亦以御冬。宴尔新昏，以我御穷。

有洸有溃，既诒我肄。不念昔者，伊予来塈。

以诗史言之，必是先有抒情，之后乃有叙事，再次方是说理（思想），此诗在历史上发展之程序。

“三百篇”大半是抒情诗，夹杂着一部分叙事，说理极少。但是叙事、说理也杂有抒情的成分，才不至成为历史故事和说理的论文。

《谷风》六章，章八句。

《谷风》诗旨：

《诗序》曰：“《谷风》，刺夫妇失道也。”

道者，路也。孟子云：“夫道若大路然。”（《孟子·告子下》）

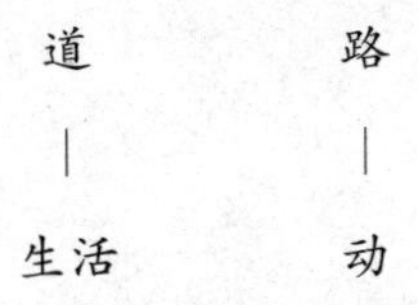

只要动，就得有路；只要生活，就要有道。道有大小、高下、深浅之别，然而绝不能没有。不是有无的问题，只要有人活着便离不开道，无论在物质上、精神上。怎样生活，那就是你的道；若是没有道，便是破碎的生活、不能自立的生活。西洋人译“道”为 truth，不合适，不好译，容易翻成哲学的、宗教的，不是中国的道——普遍的。日本有书道、茶道，很好。“由是而之焉之谓道”（韩愈《原道》）。（韩退之先讲“博爱之谓仁，行而宜之之谓义”，再讲“由是而之焉之谓道”。因为韩退之是儒家思想，先抬出仁义的金字招牌。其实，老、庄说道不与仁义相干。孟子言“尽信书不如无书”[《孟子·尽心下》]，我们文人这般书呆子，太信纸片子，只做纸上功夫。没有实际生活的训练不成，我们应当吃苦，也不妨碰钉子。）

道，只要行得通就成。然道不可传人；道而可传人，莫不传其子。长辈对于晚辈往往不教他怎样做，只等做得不合适便骂。

>>> 中国的隐士与外国的不同，不是为灵魂的得救，只是不愿做主人，也不愿做奴隶，所以有许多人情味。如林和靖，梅妻鹤子，其实他是很悲哀的。图为宋朝马远《梅妻鹤子》。

世间没有"早知道",我辈凡夫凭了经验懂得一点,也只能自己应用在生活上,不能教给别人。如使筷子,虽古人云"教以右手"(《礼记·内则》),然实不能教,但没有不会的。

人生是神秘的,特别是男女两性。看社会史、风俗史,男女总立在敌对的地位。就说自由平等,也许是理想的乌托邦。要平等,必须互相了解、互相尊重,一个人果然能了解他自己吗?很难。一个男子又怎样了解一个女子,一个女子又怎样了解一个男子?古哲说"自胜者强""自知者明"(《道德经》三十三章),说"克己"、说"三省",这还怎么说到了解?又怎么能互相尊重?哪又有道?"夫道若大路然",路在哪儿?只要是两个人,无论夫妇、朋友,没有平等,永远一个是主人、一个是奴隶,至少一个支配、一个被支配。(中国的隐士与外国不同,不是为灵魂的得救,只是不愿做主人,也不愿做奴隶,所以有许多人情味。如林和靖[①],梅妻鹤子,其实他是很悲哀的。)男女两性,不是东风压倒西风,就是西风压倒东风。"唯女子与小人为难养也"(《论语·阳货》),圣人对女子还取敌视态度。

严格的批评,可以成哲学家、道学家,拉长面孔,摆起架子,可敬。(老子有时拉长面孔;孟子好使气;圣人又高不可攀;庄子人情味厚,有风趣,天才高,又不可怕,做朋友真好。)然欣赏的诗人,光明可爱,"胜固欣然,败亦可喜"(苏轼《观棋》)。(又有玩世不恭之犬儒[Cynic][②],脸上带着讥笑。)哲学家就是要批评,诗人是欣赏。(Cynic,

---

① 林逋(967—1028):北宋初年隐士,字君复,谥号和靖先生,钱塘(今浙江杭州)人。林逋种梅养鹤,一生未娶,人称"梅妻鹤子"。

② 犬儒学派(Cynic):古希腊四大哲学学派之一,代表人物有创始人安提斯泰尼(Antisthenes)、第欧根尼(Diogenes)。该学派反对柏拉图"理念论",要求摆脱世俗利益,强调禁欲主义,克己自制,追求自然。后期走向愤世嫉俗,玩世不恭。

玩世的，要讽刺。）

《诗序》言《谷风》“刺夫妇失道也”，真是明于礼义暗于知人心。只有《诗经》比较了解女性的痛苦。“金风未动蝉先觉，暗送无常死不知。”（洪楩《清平山堂话本·曹伯明错勘赃记》）诗人是预言者，因为他是先觉。

《谷风》字义：

首章：开端“习习谷风，以阴以雨”，“习习”叠韵，“以、阴、雨”三个双声，“习习”与“以”音节调和。诗人不想批评、不想讽刺，只是欣赏玩味，所以在夫妻决裂感情断绝之后，仍能写出这样平和的诗句。

“黾勉同心”，“黾勉”，《释文》：“犹勉勉也。”亦作僶俛。“采葑采菲”，“葑”“菲”，郑笺：“此二菜者，蔓菁与葍之类也。”《说文》：“葑，须从也。”马瑞辰曰：“菘，即须从之合声，为今之白菜。菲，毛传：‘芴也。’芴，即葍也（芦菔）。”

次章：“行道迟迟，中心有违”，好，音节好，形容情感很确切。先说“行道迟迟”，后说“中心有违”，前句是果，后句是因，想见诗人一面走一面想。

“不远伊迩”，既说“不远”，又说“伊迩”，着重也。

“谁谓荼苦”，“荼”，毛传：“苦菜也。”或作“苦”，“诗”“采苦采苦”（《唐风·采苓》）。今所谓藤荬菜。（《广雅》：“荬，藤也。”）看古人诗很平常，后人想空了心也想不出来，不是远视，就是近视。古人写得好的就在眼前。

“如兄如弟”，兄弟者，姊妹也，如“弥子之妻与子路之妻，兄弟也”（《孟子·万章上》）。“宴尔新昏，如兄如弟”，言彼新妇而汝错爱，由不识结合而犹故人也。夫妇由未识而结合而能相好，甚可怪。

爱情是盲目的，一点儿不差，不然说不到(love)爱。西人说有一人妻子缺一目，而彼甚爱之，曰："吾不觉其少一目，只觉人多一目。""谁谓荼苦，其甘如荠"，亦此意。

讲毛诗，真如孔子修《春秋》不敢质一词，季札观乐①不敢论他乐。

写诗，虽然写伟大的叙事好，最好是写琐事而有远致，如《孔雀东南飞》《木兰辞》("将军百战死，壮士十年归")。老杜尚有此本领，如其写《北征》《自京赴奉先县咏怀五百字》。

此《谷风》一篇真是写琐事而有远致。

三章："泾以渭浊，湜湜其沚"，泾水浊，《汉书·沟洫志》："泾水一石，其泥数斗。""以"，使。"湜湜"，彻底清。"沚"，止也。

"不我屑以"，即不屑以我。"以"，"之子归，不我以"之"以"，同也。

"毋逝我梁，毋发我笱"，"梁"，毛传："鱼梁。"即今所谓码头、栈桥。"水落鱼梁浅，天寒梦泽深"(《与诸子登岘山》)，孟浩然用"鱼梁"，即码头。

此章一义我顾不了东西，一义其夫绝不会恤其所留之物。

至第四章主人公表己之功，突然而来。

叙事诗不要只给人事实，要给人印象，故需要一点儿技术，要有天外奇峰，特别是写长篇的大文章要有此本领。白乐天《长恨歌》乏此本领，只能按部就班地说，不敢乱脚步，故非第一流伟大作品。好的长篇叙事诗要前说、后说、横说、竖说甚至乱说，然而层次井然，读

---

① 《左传·襄公二十九年》："吴公子札来聘。……请观于周乐。"

之才能特别受感动。如说书,净街王[1]说书不成,要能惊心动魄如柳敬亭[2]才算会说。然叙事诗往往过于平板,虽《长恨歌》未能免此。而老杜写诗尚有此"天外奇峰"之本领。如老杜《北征》叙家事,再涉及国事,以小我作根基,以时势为目的,但不止于此。中有写道路、写山果:

> 菊垂今秋花,石戴古车辙。
> 青云动高兴,幽事亦可悦。
> 山果多琐细,罗生杂橡栗。
> 或红如丹砂,或黑如点漆。

此数句"题外描写",真能增加诗意。而当写到国事:

> 不闻夏殷衰,中自诛妹妲。
> 周汉获再兴,宣光果明哲。
> 桓桓陈将军,仗钺奋忠烈。
> 微尔人尽非,于今国犹活。

简直不是诗。老杜写道路、写山果,风行水流,乃因诗人伟大的心,至少是宽容的心、余裕的心。

无论多么愤慨、悲哀、烦恼,绝不能狭小,狭小的心绝不能成为一个成功的诗人,特别是伟大的诗人。当感情盛时,可以愤怒、伤

---

① 净街王:指评书艺人王杰魁。

② 柳敬亭(1587—1670):明末评话艺术家,原姓曹名永昌,后变姓柳,改名逢春,号敬亭。因面多麻子,人称"柳麻子"。明朝张岱《陶庵梦忆·柳敬亭说书》曰:"余听其说景阳冈武松打虎白文……其描写刻画,微入毫发;然又找截干净,并不唠叨。哱夬声如巨钟,说至筋节处,叱咤叫喊,汹汹崩屋。武松到店沽酒,店内无人,蓦地一吼,店中空缸空甓皆瓮瓮有声。闲中著色,细微至此。"黄宗羲《柳敬亭传》引莫后光之语评柳敬亭之说书:"子言未发而哀乐具乎其前,使人之性情不能自主,盖进乎技矣!"

感，但不能浮躁，一浮躁便把诗情驱除净尽，绝写不出诗。写诗，非有余裕不可；如此，方能风行水流。（周作人《散文钞》中有《莫须有先生传序》一文，中讲文章、风、水讲得好，风没有不吹的，水没有不流的。[①]《莫须有先生传》是废名[②]所作。）

然老杜《北征》这点儿手段，尚非所论于《谷风》。盖老杜只是写实的描写，不是象征，手段不高不低。

《谷风》"就其深矣"一章，突来之笔，真好。

"何有何亡，黾勉求之"，郑说：亡求其有，有求其多。不必这样讲。"何有何亡"就是"何亡"，如"患得患失"只是个患失、"惹是非"只是惹非。

"凡民有丧，匍匐救之"，"丧"，凡有不幸皆曰丧。"匍匐"，奔走慌忙之貌。《诗问》："瑞玉曰：'匍匐救郑丧，恐非妇人事。'余曰：'喻言尔。'"（瑞玉，郝懿行妻，有问则郝答之，故曰《诗问》。）岂止此为喻言，前之"毋逝我梁，毋发我笱"以及"就其深矣，方之舟之""就其浅矣，泳之游之"，皆喻言耳。（备舟尚可，游泳当时恐尚无有。）主人公不但助其夫，且凡民有丧，皆救之。有此伟大之同情心、有此真诚热烈，岂有对其夫不好之理？此乃象征，真是伟大。

以文体而论，此章就特别。其实无此章，前后文亦接得上，所以说是"天外奇峰"。在文章中有一段"没有也成，非有不可"的，这就

---

① 周作人《莫须有先生传序》："能作好文章的人他也爱惜所有的意思、文字、声音、故典，他不肯草率地使用它们，他随时随处加以爱抚，好像是水遇见可飘荡的水草要使他飘荡几下，风遇见能叫号的窍穴要使他叫号几声，可是他仍然若无其事地流过去吹过去，继续他向着海以及空气稀薄处去的行程。"

② 废名（1901—1967）：原名冯文炳，湖北黄梅人，现代具有田园风格的乡土抒情作家。

是诗,是文学。不吃饭不成,没茶、没烟、没糖、没点心满可以,然而非有不可。人要没有这个,凭什么是人?凭什么是万物之灵?无论精神、物质、具体的、象征的,都要有"没有也成,非有不可"的东西,大而至于文明、艺术,皆如此也。不然,和禽兽有什么区别!这不是思想,不是意识,只是感觉。诗人特别富于此种感觉,"如饥思食,如渴思饮"(明朝温纯《与李次溪制府》)。别人看着"没有也成",而诗人看着"非有不可"。若不如此,及早莫谈学问,正如俗说"不是那个芯儿,不钻那个木头"。再看王羲之[①]的字,下边心字都大,如垂绅正笏、盘膝打坐。若只说字,其实不大也是字呵!若讲写字,便非如此不可,"不大也成,非大不可"!

《谷风》第四章正是"没有也成,非有不可"。

英国 Geroge Moose,居法多年,归国后几乎都忘了英语,又重新用功。他批评英国人物很严厉,像鲁迅先生。他说某人写作"有个字没说出来",也就是我们常说"搔不着痒处"之意。

诗第五章"不我能慉","慉",毛传:"养也。"非。"慉"同"畜",好也。《孟子》:"畜君者,好君也。"(《梁惠王下》)《说文》"慉"下引作"能不我慉",似更好。"能",乃也、而也。(能、乃、而,三字一声之转。)"反以我为雠","反",而意。

"昔育恐育鞫",自来注释有二义:一谓生计、谓养生也,二谓生育、谓养子也,前说较长。"育恐育鞫",有好多讲法。郑笺说:育乃生育子女之育;鞫,穷也。恐怕不是此意。《诗问》曰:"昔者相与谋生计,恐生计穷。"郝懿行讲得好,只是句子笨。

---

① 王羲之(303—361):东晋书法家,字逸少,琅琊临沂(今属山东)人,有"书圣"之称。曾为会稽内史,领右军将军,人称"王会稽""王右军"。

此一章写实之中尚有其体例,还是象征。

六章:“我有旨蓄”,“蓄”,有藏意,疑是腌菜、干菜之属。“有洸有溃”,“洸洸”,武也;“溃溃”,盛也。

“伊予来塈”,“伊”,语词;又,谁也。“予”,我。“来”,王先谦曰:“是也。”来是“是”,却不是是非之“是”(right),也不是是否之“是”(to be),乃是 to。在动词前面的符号,本身并无义,与“式微”之“式”通,如“是则是效”(《小雅·鹿鸣》)。全《诗》“来”字多与“是”同义。“塈”,毛传:“息也。”马瑞辰谓为㤅之假借,㤅,大篆之爱字。“伊予来塈”,维予是爱(句式同“维君马首是瞻”)。郑笺云:“君子忘旧,不念往昔年稚我始来之时安息我。”郑氏讲不通。

此一章因有“伊予来塈”,又有“有洸有溃”,即如此,才更痛苦。

篇八　邶风·式微

式微式微,胡不归。微君之故,胡为乎中露。

式微式微,胡不归。微君之躬,胡为乎泥中。

《式微》二章,章四句。

“式微”,“微”,非微君之“微”,乃衰也,有生活困难意。诗的主人公飘零潦倒,生活困苦。胡不归?

“胡为乎中露”,“中露”,毛传:“卫邑。”似穿凿,想当然耳。《列女传》作“中路”。《诗》中“中林”即“林中”“中道”即“道中”,此处“中露”即“露中”。前章用“露中”与后章“泥中”相对也好(露天地,无遮蔽也)。“泥中”讲作卫邑,也不必。从毛诗本文“中露”“泥中”,恰当。

《诗序》言:“黎国为狄人所破,黎侯出居于卫,其臣劝之归,而作《式微》。”岂有此理?不通!归到哪里去?

诗有言中之物、物外之言。胡适之主张要“言中有物”。[①] 然物或有是非、大小、深浅、善恶之分，但既有言就有物。我们不治哲学，这倒还可放松，要紧的是“物外之言”。大诗人说出来的，正是我们所想而却说不出的，而且能说得好——那即是“物外之言”，是文采、文章之“文”。

最初的文学作品疑是伤感的文字，但渐渐进步就不限于此。若一诗人作品全是伤感，可以说是浮浅，因为伤感是人人共有的情感。一诗人固不能自外于人情，却又不可甘居于常人之列。有些怪诗人之不伟大，即以他自外于人情。世界一切都是矛盾的，文学告诉我们美丑，我们的理想是美、是真，而社会是丑、是伪。一个大诗人、大艺术家就是从矛盾得到调和，在真伪、美丑之间得到调和。人若没有伤感，不是白痴，就是圣人。“至人无梦，愚人无梦”，庄子常以“大人”与“婴儿”并言，盖其得于天之全德一也。“太上无情，太下不及情，情之所钟，正在我辈。”（刘义庆《世说新语》记王戎语）因为我辈是平常人，所以伤感也多。一个大诗人不甘居于庸人之列，故不仅写伤感。

篇九　邶风·旄丘

旄丘之葛兮，何诞之节兮。叔兮伯兮，何多日也。

何其处也，必有与也。何其久也，必有以也。

狐裘蒙戎，匪车不东。叔兮伯兮，靡所与同。

琐兮尾兮，流离之子。叔兮伯兮，褎如充耳。

《旄丘》四章，章四句。

---

① 胡适《建设的文学革命论》：“不作言之无物的文字。”

《旄丘》一首真是写得登峰造极，“至矣，尽矣，蔑以加矣”（严羽《沧浪诗话·诗辩》）。好就是好在物外之言，是“文”，文采、文章之“文”。此一首虽是伤感的诗，但写得极好——音好、物外之言。

《旄丘》真有弹性，多波动。江西派真是罪魁祸首，把诗之“韧”——音之长短、诗之“波”——音之上下都凿没了，把字都凿死了。

余有诗云：

> 一盏临轩已断肠，寻花谁是最癫狂。
> 年年抱得凄凉感，独去荒原看海棠。
> （《春夏之交得长句数章统名杂诗云尔》其三）[①]

有友人说，余此小诗极好——音好。

《旄丘》字义：

首章：“何诞之节兮”，“诞”，毛传：“阔也。”《葛覃》之“覃”，毛传：“延也。”延、阔俱有长义，是“诞”犹“延”也。

次章：“必有与也”“必有以也”，《诗正义》曰：“言‘与’言‘以’者，互文。”按：“与”之为言“同”，“以”之为言“因”，恐非互文。（《江有汜》“不我以，不我与”者，是互文。但这里不作互文讲更好。）

三章：“狐裘蒙戎”，“蒙戎”，毛传：“以言乱也。”按：只是狐裘之貌，不必有乱意。《左传》作“龙茸”，有“狐裘龙茸，一国三公”之句。“狐裘蒙戎，匪车不东。叔兮伯兮，靡所与同”，是说诗人自己，抑是“叔兮伯兮”呢？余意以为是诗人说我不是没有衣服、没有车子，只

---

① 《春夏之交得长句数章统名杂诗云尔》其三（1944）：见《顾随全集》卷一，石家庄：河北教育出版社 2014 年，第 454 页。

是没有同伴。

四章:“琐兮尾兮”,“琐”“尾”,毛传:“少好之貌。”《说文》:“尾,微也。”琐、微俱有小义。“流离之子”,“流离”,小鸟,极小,疑是指此。传说此鸟结巢用人发如摇床,甚巧。“流离之子”,更小了。“褎如充耳”,“褎”,《说文》:“俗作袖。”“褎如”,犹言褎然,毛传训盛服。“琐尾”(poor);“褎如”(rich),对举。“充耳”,或者是“瑱”。瑱,填也,耳塞。毛传:“盛饰也。”郑笺:“人之耳聋,恒多笑而已。”毛、郑都可通,意思差不了什么,从毛似更好。

《旄丘》写得真是小可怜儿。可怜的诗人、无能的诗人、伤感的诗人,但在伤感中得到最大成功,即因为有弦外之音。

《旄丘》诗旨:

《诗序》说此篇与《式微》意同,《式微》忧黎侯,《旄丘》责卫伯不助黎侯返国,余意不然。《诗经》中凡言“叔”“伯”,俱赞美男子之称,如“叔于田,巷无居人“(《郑风·叔于田》)、“自伯之东,首如飞蓬”(《卫风·伯兮》),故《诗序》所言此点可疑。无论是朋友、是男女,此诗人是怯懦的,而对方颇有抛弃之嫌。

篇十　邶风·简兮

简兮简兮,方将万舞。日之方中,在前上处。

硕人俣俣,公庭万舞。有力如虎,执辔如组。

左手执籥,右手秉翟。赫如渥赭,公言锡爵。

山有榛,隰有苓。云谁之思,西方美人。

彼美人兮,西方之人兮。

《简兮》四章,前三章四句,末一章六句。

此首前面音节短促,字句锤炼,结尾之末章太好。

前三章写舞者:次章先以“有力如虎,执辔如组”句写舞者,言其雄壮。真是虎虎有声气,音好,有物外之言。至第三章又以“左手执籥、右手秉翟”句写舞者,言其儒雅。“右手秉翟”,“秉”,[illegible],手执禾;“翟”,所执以舞者。人的脑子固然要紧,手也要紧,人之所以为万物之灵,也因为他有手。何以上帝为人造了两只手,就是要他做些什么。若无所支持、无所作为,手最不好安放。长袖善舞是女子,此处是男子,故“左手执籥”“右手秉翟”。至三章末句,始由以上五句挤出此一句,也可以说是从第一章便赶此一句——“公言锡爵”。“锡爵”,赐酒也。因为他是那样的人,故其君爱之。

末一章言美人:“西方美人”之“美人”,“三百篇”、楚辞兼之两性而言,不限女性。

《简兮》前三章字句非常锤炼,此一章一唱三叹;前三章都是凝重的,此一章至“云谁之思,西方美人”也还如此,末二句“彼美人兮,西方之人兮”亦并非缥缈,只好说是忽地悠扬起来了。

天下最美的是云,最难解释的也是云。云,太美了。中国人爱点香,是否因它给我们一个美的启发?日光在杨叶上跳舞,不是看的日光,也不单是看杨叶,是看的另外的东西。这才是诗人的眼,这样活着才有意思。云,便是能给我们启发,托尔斯太(Tolstoy)[1]《艺术论》因许多诗人赞美云而大怒,真是老小孩。他笨,不懂得云的美,也不知人家懂得。

---

① 托尔斯太(1828—1910):今译为托尔斯泰,俄国伟大的批判现实主义作家,著有长篇小说《战争与和平》《安娜·卡列尼娜》《复活》,批评著作《艺术论》等。

禅宗的话:“圣谛亦不为”(青原行思语)[①]、“丈夫自有冲天志,不向如来行处行”(真净克文语)[②],如此才能成为创作。

一个伟大的作家是不能影响后人的,因为别人没他那样的才禀,哪能学得来呢?能影响后世者是因为它好学。陶渊明从当时人颜延之[③]为之作诔、昭明太子[④]为之作序起,已是推崇备至。唐宋元明以下,莫不众口一词地推美,但哪个受了影响?白乐天、苏东坡学得像什么?王、孟、韦、柳不过写些清幽之境,有些恬淡之情,貌似。因为陶的生活态度太好,真是“大而化之之谓圣”(《孟子·尽心下》)。他才是真正的诗圣。渊明对人生、生活的态度好,不过他的时代和我们不同。诗人要说真话;我们生在虚伪的年代,不能说真话,这简直就把作诗人的机会齐根截断了。环境不许可,虽有天才也难为力。

有人说现在理智发达、科学发达,故诗不能发达。不然也。此真是“又从而为之辞”(《孟子·公孙丑下》)矣!“辞”,遁辞、曲辞。

---

① 青原行思(673—740):法号行思(一说慈应),唐朝禅宗高僧,六祖惠能之法嗣。因住于吉州青原山静居寺,世称青原行思。《五灯会元》卷五记载:“(行思禅师)闻曹溪法席,乃往参礼。问曰:‘当何所务,即不落阶级?’祖曰:‘汝曾作甚么来?’师曰:‘圣谛亦不为。’祖曰:‘落何阶级?’师曰:‘圣谛尚不为,何阶级之有!’祖深器之。”佛法有世谛、圣谛之别,世谛指世俗之理事,圣谛指圣者所见之真理。

② 真净克文(1025—1102):北宋临济宗黄龙派高僧,法号克文,死后赐号“真净”,后人习称“真净克文”。《古尊宿语录》记载:“(真净克文)良久乃喝云:‘昔日大觉世尊,起道树诣鹿苑,为五比丘转四谛法轮,惟憍陈如最初悟道。贫道今日向新丰洞里,只转个拄杖子。’遂拈拄杖向禅床左畔云:‘还有最初悟道底么?’良久云:‘可谓丈夫自有冲天志,不向如来行处行。’喝一喝下座。”

③ 颜延之(384—456):南朝宋文学家,字延年,琅琊临沂(今属山东)人。与谢灵运并称“颜谢”,著有《陶徵士诔并序》。

④ 萧统(501—531):字德施,小字维摩,南兰陵(今江苏常州西北)人,梁武帝萧衍长子,谥号昭明,故后世又称“昭明太子”。编纂有《文选》《陶渊明集》。

今所谓"理智发达、科学发达",是这里的"辞","从而为之辞"的"辞"。人能自省,真要大胆,所以真需要知、仁、勇。我们想说的话有多少不是"遁辞""曲辞"!渊明很理智,他有他的经验与观察,他简直是有智慧,比理智好得多。(老杜有时糊涂,太白浪荡。)理智绝不妨害诗。

古代生活简单,不需要许多虚伪的应酬,所以人一说出就是那样。虽然简单,但是真实,故隽永、耐咀嚼。后来的诗人只渊明能少存此意。《简兮》篇至"云谁之思,西方美人",话已说完了,但还要说"彼美人兮,西方之人兮"。此后九字即前八字,这不是冷饭化粥吗?但是,不然。它绝不薄。因为他真实而隽永,因他本有此情,故有韵味。今日所谓"味",即渔洋[①]之所谓神韵之"韵"。"味",就是诚于中形于外,心里本没有就不会有味。老谭唱戏有味,因为他唱《卖马》就是秦琼,因他诚,故唱得有味。诗人之情未尽,需要再说,故说了真实、隽永,大有《庄子》所谓"送君者自厓而返,而君自此远矣"(《山木》)之境界。

篇十一　鄘风·君子偕老

君子偕老,副笄六珈。委委佗佗,如山如河。

象服是宜。子之不淑,云如之何。

玼兮玼兮,其之翟也。鬒发如云,不屑髢也。

玉之瑱也,象之揥也。扬且之晳也。

胡然而天也,胡然而帝也。

---

① 王士禛(1634—1711):清朝诗人、诗论家,字贻上,号阮亭,别号渔洋山人,山东新城(今桓台县)人,论诗主"神韵"。

瑳兮瑳兮，其之展也。蒙彼绉絺，是绁袢也。

子之清扬，扬且之颜也，展如之人兮，邦之媛也。

好诗太多，不得不割爱。《鄘风》之《柏舟》篇略，《墙有茨》篇略。

《君子偕老》三章，首章七句，次章九句，三章八句。

《君子偕老》诗旨：

《毛诗大序》谓“风”为“上以风化下，下以风刺上”。“风”，讲坏了；“讽”，失了上古的忠厚和平。

《君子偕老》与《卫风》第一篇《淇奥》合看，可知上古的男性美和女性美，分言之为男女两性，统言之为人。

《君子偕老》一诗里的女性写得有点贵族性，别的诗虽也描写到，但无此详细。

古代的神话故事，多写英雄美人，即写常人也有他不平常处，如同凤凰之于飞鸟、麒麟之于走兽、圣人之于人。因他精神上有特出之点，故他是贵族性的。故事中写帝王、后妃、官吏、英雄，都是贵族性的；神，也还是贵族性的。真正平等有没有？成问题。人为什么崇拜贵族？因为人有向上的心，人的理想的人格是那样。人没的崇拜了，便创造出一个来，故希腊的神甚多，佛教的佛甚多，创造出许多来。人是要如此，才活得有劲。天下伤心事甚多，但莫甚于父母对于其子女失望，因为活得没劲了。乡下人自己用土和颜色做了神像，然后磕头礼拜。

知此而后读此诗。

《君子偕老》字义：

首章：“副笄六珈”，“副”，自有一份，又来一份，故曰副。“笄”，毛传：“衡，笄也。”“衡”，横；“笄”，簪。“珈”，玉属首饰。郑玄作笺时，已不知什么是“副笄六珈”。余意“副”乃发网之类，以横簪别住。“副笄六珈”，从头上写起。盛妆从头上表示出来，故先写头。

“委委佗佗，如山如河”，写得真美，自然，毫不勉强。“委委佗佗”，即委佗委佗。“如山如河”，山凝重，河流动，坐如山，行动如河。自然的山河最真实不过，后来的诗写得假，故不美，只有讨厌。最自然、最真实，故最美。且此二句所写是官，身份恰当。

“子之不淑”，此句不懂。黄晦闻曰：古淑同叔（尗），而叔又同弔（弔），故误为“淑”，实当为“弔”（《小雅·节南山》有“昊天不弔”之句）——“子之不弔”。此是悼亡之诗。如是“不淑”（不好），则是讽刺。而若是讽刺，不该写得这样美、这样好。此诗前以“委委佗佗，如山如河”二句赞美人物，那还近于客观描写，乃就外表观察对象之风格；而此后则更以“胡然而天也，胡然而帝也”二语说出“如天如帝”之赞美，此二句乃是主观，诗人心中生出的印象。以如此之风格丰神，如何能是讽刺？只好用晦闻先生说。

余不甚同意晦闻先生“不淑”作“不弔”解，但无更好讲法。总之作悼亡诗较作讽刺为善，故以黄先生之说为长。

次章：“玼兮玼兮”之“玼”，毛传：“鲜盛貌。”三章“瑳兮瑳兮”之“瑳”，无传，是玼、瑳同义也。又《邶风·新台》诗“新台有玼”，“玼”，毛传：“鲜明貌。”亦显文。

“其之翟也”，句中“其”与“之”古皆音基，义同，二字作一义用。又《王风·扬之水》有“彼其之子”之句，句中“之”字之于“子”，为语词或指示“子”；指示词“之”“其”义同，如其人与之人、其物与之物；故“彼”“其”“之”三字一义，“彼其之子”即“之子”。出以四字，因语气之故。

“玉之瑱也”,“瑱”,毛传:“塞耳也。”瑱之为言填也。“象之揥也”,“揥”,䯰,毛传:“所以摘发也。”揥、摘,形、音、义皆相近也。余疑摘发即搔头。

“扬且之皙也”,“扬”,毛传:“扬,眉上广。”马瑞辰释为美,于义较长。“且”,语词,与“哉”为一声之转。

“胡然而天也,胡然而帝也”,“而”“如”古通,皆可作像或语词用,如“泣涕连如(而)”。“天”,古语谓:莫之为而为者,莫之致而致,天也。[①] 晋悼公[②]云:“孤始愿不及此。虽及此,岂非天乎!”(《左传·成公十八年》)庄子则认为:得于天者全也。中国称“天”与宗教称天不同,其微妙不可测,故曰天;其尊严不可犯,故曰帝。“胡然而天也,胡然而帝也”二句,其美如云,写人物如天如帝之风神,宜于与“君子偕老”。

三章:“其之展也”,“展”,《周礼》郑注:“展衣,白衣也。”展、襢通,又或作禅,《尔雅·释名》:“襢,坦也。”展、襢、坦、袒、徒,五字义近。展,诚(坦白);亶,诚。展、亶本一字,亶其然乎?

“是绁袢也”,“绁袢”,毛传:“当暑袢延之服也。”《说文》引诗作“亵袢”。郝懿行谓袢是半衣。总上三章所言之服:“象服”,礼服之总名;“翟”“展”“绁袢”,礼服之各名。

末句“邦之媛也”,“媛”,美女。

篇十二 鄘风·相鼠

相鼠有皮,人而无仪。人而无仪,不死何为。

---

① 《孟子·万章上》:“莫之为而为者,天也;莫之致而致者,命也。”

② 晋悼公(前586—前558):春秋中期晋国杰出君主,姬姓,晋氏,名周,又称周子、孙周。

相鼠有齿，人而无止。人而无止，不死何俟。

相鼠有体，人而无礼。人而无礼，胡不遄死。

《相鼠》三章，章四句。

《诗序》："《相鼠》，刺无礼也。"《白虎通·谏诤》篇以为"妻谏夫之诗"。既曰"谏"，与责不同，此篇简直是骂，而夫妻感情尚未决裂。

《相鼠》首章："相鼠有皮"，"相"，平声，有二义：视、互。毛传："相视也。""相鼠"，礼鼠也，即拱鼠，后腿能坐，前腿拱抱，余家乡称之大眼贼。杜诗有"野鼠拱乱穴"（《北征》）之句。"人而无止"，"止"，郑笺："容止。"好。

《相鼠》三章重句重得好：首章末句言"何为"；次章末句言"何俟"，"何俟"较"何为"更重；至第三章"胡不遄死"更重。（稼轩《采桑子》[1]中间故重，恐偷此。后人仿之。）

这篇似真有恨了，恨之极，切齿道出。《诗经》写恨，只此一篇，还看不见报复，虽不像西洋热烈，已超出哀怨。

篇十三　卫风·淇奥

瞻彼淇奥，绿竹猗猗。有匪君子，如切如瑳，如琢如磨。

瑟兮僩兮，赫兮咺兮。有匪君子，终不可谖兮。

瞻彼淇奥，绿竹青青。有匪君子，充耳琇莹，会弁如星。

瑟兮僩兮，赫兮咺兮。有匪君子，终不可谖兮。

瞻彼淇奥，绿竹如箦。有匪君子，如金如锡，如圭如璧。

宽兮绰兮，猗重较兮。善戏谑兮，不为虐兮。

---

① 《采桑子》：即《丑奴儿》。稼轩《采桑子》当指《丑奴儿·书博山道中壁》一首。

《淇奥》三章，章九句。

《君子偕老》所写是理想的、标准的女性——美女；

《淇奥》所写乃理想的、标准的男性——君子。

中国“三百篇”、《离骚》所谓美人，不仅是 beautiful，兼内外灵肉而言，内外如一乃灵肉调和的美，兼指容貌德性。

梁任公以为“君子”两字乃中国特有。君子之美有多方面，文字犹嫌不足以形容之。古人之说尧之德曰：“荡荡乎，民无能名焉。”（《论语·泰伯》）说孔夫子曰：“博学而无所成名。”（《论语·子罕》）此即无恰当之文字可以名之。

《淇奥》字义：

三章之首二句：“瞻彼淇奥，绿竹猗猗”“瞻彼淇奥，绿竹青青”“瞻彼淇奥，绿竹如箦”，兴也，亦比也。外国人不了解竹石之美，中国以竹象征男性之美。（花与竹与柳皆可以比。）竹可表现德性美，其所给予人的是坚贞、沉静；然“沉静”二字尚太浅，有“学问”“道德”“思想”“感情”的人多是沉静的。故品格高尚的人多喜欢竹子，以其为美德之象征。（象征与譬喻不同。）

首章下言“有匪君子”，“匪”，韩诗作“邲”，《广韵》：“邲，好貌。”《一切经音义》[1]引诗作“斐”，《论语》“斐然成章”（《公冶长》），皆“美好”之意。三章之第三句皆为“有匪君子”，“匪”作“斐”，《说文》：“斐，分别文也。”文采分明，自是表现于外；然品格乃诚于中形于外。

中国诗笼统总合，西洋是清楚分别，中国流弊是模糊不清。而

---

① 《一切经音义》：唐朝贞元、元和间释慧琳所撰，凡开元录入藏之经典两千余部，皆为之注释。

吾国祖先如“三百篇”所写，真清楚，感觉锐敏，分析、观察清楚。

“如切如瑳”，“瑳”，治牙曰“瑳”，今作“磋”。《说文》有“瑳”无“磋”。磋与玼、泚同，鲜明也，可作 adj 又可作 adv，故以瑳为 adj、以磋为 adv，实皆瑳也。“如琢如磨”，“磨”，治石曰磨。切、瑳、琢、磨是治骨、治牙、治玉、治石，骨、牙、玉、石此四物皆坚，故曰德性坚定。不分男女，皆当如此。

“瑟兮僩兮”，“瑟”，毛传：“矜庄也。”《白虎通·礼乐论》：“瑟者，啬者，闭也。”啬、闭，有谨慎、恭敬之意，即矜庄。“僩”，毛传：“宽大也。”《邶风·简兮》篇，“简”，大也。“僩”“简”通。太矜庄则小，故又曰宏大。“赫兮咺兮”，“咺”，毛传：“威仪容止宣著也。”韩诗作“宣”，《说文》“愃”下引诗“赫兮愃兮”。“瑟”“僩”“赫”“咺”以写君子之美，一字不足用四字形容之。前数句所写偏于含蓄，故此曰“赫咺”。含蓄既多，必能表现于外。

“终不可谖兮”，“谖”，忘也。并不曾想不忘，是想忘都忘不了。“终不可谖兮”，此首章、次章之末一句将诗人心中徘徊动荡之思皆写出，真好。

次章：“绿竹青青”，“青青”，菁菁，茂盛。“充耳琇莹”，玉之瑱也。“会弁如星”，“会”，有总结之意，《说文》引诗作“髺”，毛传：“所以会发。”黄晦闻先生谓“会”即《君子偕老》摘发之“揥”。恐非。会，会发，“束发冠”，其音即表义；“揥”，摘发、“搔头”。彼为美女此为君子，男女有别，首饰亦自不同；且会发与摘发亦不容混也。

三章：“绿竹如箦”，“箦”，毛传：“积也。”亦茂义。后之“如金如锡，如圭如璧”，圭方璧圆，皆玉作，乃经人工琢磨而后成了圆璧方圭，人以言天才既高又有修养。对于“如金如锡，如圭如璧”的人，高尚如神，人固然可以敬而畏之，却非亲之爱之，太严肃。

“猗重较兮”，“较”，旧注是车；“重较”，毛传：“卿士之车。”大谬。仍是大意。陈玉澍[1]《毛诗异文笺》以为卿士之车是后人所妄加，“重较”只是宏大之义。《左氏传》：“夫子觉者也。”杜预注：“觉，较然正直。”按：“不为虐兮”之下，毛传亦有“宽缓弘大”之语，“宽缓”是释前“宽兮绰兮”，而“弘大”则释“猗重较兮”也。“猗”，或作“倚”，大谬。“猗”是赞美之词，如“猗欤休哉”，故与“重较”联，犹言“美哉其重较也”。“宽兮绰兮，猗重校兮”，又亲切又可爱，如《水浒》中鲁智深，非常可爱。

为诗，短言之不足长言之，长言之不足咏叹之，方能情韵悠长。

情韵与性灵、机趣不同。性灵与机趣是短暂的——是外物与我们接触的一刹那，是捕鼠机似的一触即发，而且稍纵即逝。后来诗人多是如此，只仗了哏、巧、新鲜。古人是有“情韵”，一唱三叹，悠长的，愈旧而弥新，其味愈玩味而弥长。这种情韵终朝每日盘桓在作者的心头，并不曾想不忘，是想忘都忘不了，此即所谓酝酿、涵养。就好比酿米为酒，故其情韵悠长，感人之力量亦至深；但绝非刺激，却如饮醇酒。

诗云“终不可谖兮”，君子在诗人心中盘桓已久，自然忘不了。东坡云“作诗火急追亡逋，清景一失后难摹”（《腊日游孤山访惠勤惠思二僧》），就此便知他非大诗人。余平生见过几次好山川，虽不能写其清景，而十余年后思之仍然如在目前，因为它是“终不可谖兮”。“三百篇”、楚辞不能在当时描写，因为在当时也许太伟大、太沉重了，“不识庐山真面目，只缘身在此山中”（苏轼《题西林壁》），要在脑

---

① 陈玉澍（1853—1906）：近代文学家、学者，原名玉树，字惕庵，盐城上冈人。著有《尔雅释例》《毛诗异文笺》。

中盘桓、酝酿过一个时期。与朋友写信容易,若作篇诗文赋父母的恩情却作不来,因它太沉重、太伟大,顾此失彼,挂一漏万。若作之,紧不得、慢不得,慌不得、忙不得,要使之在心中徘徊、盘桓。

“诗三百篇”是窖藏多年的好酒,醇乎其醇。(老杜的诗有时都是坏酒。)中国的醇酒,并非西洋的酒精,中国常所谓酒曰“陈绍”、曰“女贞”(最好的绍酒),极醇厚。一个民族的文明如何,看他造的酒味道如何即可。舌端、喉头、胃囊及至发散到全身四肢是什么味道,只有自己感觉去。

诗和酒,都要自己 to taste,方觉其醇厚、悠长,真真一唱三叹。

《考槃》《硕人》二篇略去。

篇十四　卫风·氓

氓之蚩蚩,抱布贸丝。匪来贸丝,来即我谋。
送子涉淇,至于顿丘。匪我愆期,子无良媒。
将子无怒,秋以为期。
乘彼垝垣,以望复关。不见复关,泣涕涟涟。
既见复关,载笑载言。尔卜尔筮,体无咎言。
以尔车来,以我贿迁。
桑之未落,其叶沃若。于嗟鸠兮,无食桑葚。
于嗟女兮,无与士耽。士之耽兮,犹可说也。
女之耽兮,不可说也。
桑之落矣,其黄而陨。自我徂尔,三岁食贫。
淇水汤汤,渐车帷裳。女也不爽,士贰其行。
士也罔极,二三其德。
三岁为妇,靡室劳矣。夙兴夜寐,靡有朝矣。

言既遂矣，至于暴矣。兄弟不知，咥其笑矣。

静言思之，躬自悼矣。

及尔偕老，老使我怨。淇则有岸，隰则有泮。

总角之宴，言笑晏晏。信誓旦旦，不思其反。

反是不思，亦已焉哉。

《氓》六章，章十句。

《氓》与《谷风》相似。

人与人之间(不但两性)既不易了解，即不会有感情，不会有平等，彼此之间只是斗争，一个主人、一个奴隶。

此诗为彼女性自作，抑一男性诗人代作呢？若果男性所作，则诚伟大矣。“无我”很难作，客观的代言体最“无我”，以他人的思想感情为思想感情，以他人的心为心，以他人的言语为言语。叙事体诗不能好，即是不能如此。

无我

我——→小我——→自私

诗的发源由于“我”，障碍也由于有“我”。“有我”是抒情诗的源泉，但写客观性的叙事诗难。中国诗人的使酒骂座、目中无人、不通人情也为此，其好是真，不好是支离破碎、鲁莽灭裂。(文人、才子、名士、无赖，“名士十年无赖贼”[舒铁云《金谷园》]，品斯下矣。)“无我”二字的意义其中至少有一部分是牺牲、同情，这是台阶。王渔洋说“神韵”固好，但半天起朱楼，没台阶。中国诗人最没有牺牲、同情，抒情诗人都犯此病。代言体的叙事诗，非有同情不可。要把“我”字放在一边，要“通情”，才能同情，不同情哪有牺牲？不牺牲哪能无我？

此篇若是女子作，则道其自己的悲哀痛苦，亦道尽千古大多女子的悲哀痛苦，故是伟大的女诗人。若男性代作，便更伟大，他“通情”“无我”。

女子生活失败，其结果是悲哀、是痛苦，不能忍受，但没有愤怒。没有愤怒，虽然是好，但愤怒是中国民族性所缺乏的。中国古圣先贤温柔敦厚的诗教、老庄哲学、印度哲学，都教我们逆来顺受。当然，“诗三百篇”的时代尚无老庄哲学、印度哲学，但诗教已是温柔敦厚，故中国诗文中无“恨”，只是“怨”。《谷风》和《氓》只是哀怨，没有愤怒。“非人”不好，“超人”好，这种感情是超人的，真是伟大。

《氓》字义：

首章：“氓之蚩蚩”，“蚩蚩”，毛传：“敦厚、老实之意。”这是心理的描写，这是通人情、知人心的诗人写的。男女朋友相悦，要紧的是老实可靠、不贰心、不变心，“蚩蚩”也就是最好了。这样第一个印象就写出来了。

二章：“以望复关”，“复关”，毛传：“君子所近也。”非是。王先谦《诗三家义集疏》：“妇人所期之男子，居在复关，故望之。”君子何所自来？是也。（陈奂为毛辩，殊无理。）“体无咎言”，卜筮之结果，吉兆也。

三章：“桑之未落”，“桑”，毛传：“女功之所起。”此章以桑作譬喻。为什么用桑作譬？因对它最熟悉，印象最确切。后来诗人只求美，说花说柳，而古人只要表现真。“桑之未落，其叶沃若”与下一章“桑之落矣，其黄而陨”，《毛诗正义》曰：“女取桑落与未落，以兴己色之盛衰。”“色之盛衰”，应是说两人感情之盛衰。“沃若”之“若”，用在形容字后之语尾,通“然”“如”(《邶风·旄丘》“褎如充耳”)。“其叶沃若”,真是桑叶,绿得发乌,亮得发光。“于嗟女兮,无与士耽。士之耽兮,犹可说也。女之耽兮,不可说也。”——千古之恨。男性专制,被征服者无自由。为什么彼轻此重?传统习惯,习惯成自然,无理由。此数句哀怨到了沉痛,恐怕男诗人作不出。

第三章,题外文章。这真是神韵、神来之笔。要紧地方说不要紧的话,不要紧的话成为最要紧的文章,突起奇峰。这是“断”。《长恨歌》能“连”,而不能“断”。

四章:自来注经者皆以“淇水汤汤、渐车帷裳”二句为赋实,“以我贿迁”,时水正涨。但余以为不然。前已言“自我徂尔,三岁食贫”,故此二句乃象征:水如故,人情已改。(人事无殊,举目有山河之异。[①])“二三其德”,此与“蚩蚩”之单纯最相反。人心最不可靠,极极端。

五章:《氓》之此章可与《谷风》之第四、五章参看。以叙事论,则《谷风》比较详尽;以抒情论,则《氓》较为哀伤。

“靡有朝矣”,郑笺说是已非一日。

“言既遂矣”,犹《谷风》之“既生既育”;“至于暴矣”,犹《谷风》之“比予于毒”。

“兄弟不知,咥其笑矣”,在“静言思之,躬自悼矣”之前,可见别人之讥笑比自己的痛苦更难忍受。“兄弟不知,咥其笑矣。静言思之,躬自悼矣”,四句说尽了弱者的悲哀。人在悲哀、痛苦中最需要别人的帮助和同情;而若不然,只得到了别人的冷漠和讥笑,则在悲

---

① 刘义庆《世说新语·言语》:“过江诸人,每至美日,辄相邀新亭,藉卉饮宴。周侯中坐而叹曰:‘风景不殊,正自有山河之异’!皆相视流泪。”

哀和痛苦之上又加上了悲哀、痛苦。尤其是弱者,更容易感受到这种悲痛,忍受不了这种悲痛。

六章:“总角之宴,言笑晏晏”,“宴”,安;“晏”,迟。宴、晏古通。陈奂谓“宴”当读为“宴尔新婚”之“宴”,宴者,安也。宴,又通“燕居”之“燕”(宴会、燕会、醼会),“总角之宴”或即安居之意。“言笑晏晏”,“晏晏”,毛传:“和柔也。”“信誓旦旦”,“信誓”,毛传、郑笺讲成一个,余分讲。“信”,信物;“誓”,誓言。“旦旦”,诚也。古曰:“信誓之诚,有如皎日。”(旦、展、亶,皆舌头音,意同。)

“不思其反”“反是不思”,二句不好,穿凿。黄晦闻先生曰:“思,句中语助也;其,亦句中语助。‘不思其反’,言‘不反’也。”又曰:“当时信誓曾矢言不反,今是不反乎?”此说太勉强。

恨,阳刚,积极;怨,阴柔,消极。中国所谓怨恨,恐怕是有怨而无恨。若《谷风》《氓》,恐怕“怨”都少,而是“哀”;怨尚可及于他人,哀只限于自身。恨较怨更进一步,最积极。恨,报复。《旧约全书》所谓“以牙还牙,以眼还眼”,即报复。“恨小非君子,无毒不丈夫”(《水浒传》第一百三回),与西洋的报复同。在西洋可以看出复仇的文学来,中国不然。在中国通俗小说中尚可见报复之事,但一到知识阶层成为士大夫,就“量小非君子”了。太史公有言曰:“怨毒之于人,甚矣哉!”(《史记·伍子胥列传》)太史公颇有恨意,其作《项羽本纪》《平原君列传》《魏公子列传》《鲁仲连王列传》《游侠列传》,皆有怨毒在内。

诗,在文学中是最上层,诗教是温柔敦厚,教人忠厚和平。

第五讲

说“小雅”

觉、悟，应当分开说。觉——感觉，悟——反省。

悟与不悟是学道与学文的分水岭，诗人不悟。如老杜：

> 许身一何愚，窃比稷与契。
>
> 致君尧舜上，再使风俗淳。
>
> （《奉赠韦丞丈二十二韵》）

老杜即是不悟之人，反省不足。

篇一　节南山之什·正月

> 正月繁霜，我心忧伤。民之讹言，亦孔之将。
>
> 念我独兮，忧心京京。哀我小心，癙忧以痒。
>
> 父母生我，胡俾我瘉。不自我先，不自我后。
>
> 好言自口，莠言自口。忧心愈愈，是以有侮。
>
> 忧心惸惸，念我无禄。民之无辜，并其臣仆。

哀我人斯，于何从禄。瞻乌爰止，于谁之屋。

瞻彼中林，侯薪侯蒸。民今方殆，视天梦梦。

既克有定，靡人弗胜。有皇上帝，伊谁云憎。

谓山盖卑，为冈为陵。民之讹言，宁莫之惩。

召彼故老，讯之占梦。具曰予圣，谁知乌之雌雄。

谓天盖高，不敢不局。谓地盖厚，不敢不蹐。

维号斯言，有伦有脊。哀今之人，胡为虺蜴。

瞻彼阪田，有菀其特。天之扤我，如不我克。

彼求我则，如不我得。执我仇仇，亦不我力。

心之忧矣，如或结之。今兹之正，胡然厉矣。

燎之方扬，宁或灭之。赫赫宗周，褒姒灭之。

终其永怀，又窘阴雨。其车既载，乃弃尔辅。

载输尔载，将伯助予。

无弃尔辅，员于尔辐。屡顾尔仆，不输尔载。

终逾绝险，曾是不意。

鱼在于沼，亦匪克乐。潜虽伏矣，亦孔之炤。

忧心惨惨，念国之为虐。

彼有旨酒，又有嘉肴。洽比其邻，昏姻孔云。

念我独兮，忧心慇慇。

佌佌彼有屋，蔌蔌方有穀。民今之无禄，天夭是椓。

哿矣富人，哀此惸独。

《正月》十三章，八章章八句，五章章六句。

《正月》之第六章："谓天盖高，不敢不局。谓地盖厚，不敢不蹐""哀今之人，胡为虺蜴"（虺蜴，公共厌物），此乃诗人之感觉，感觉锐敏。

人生在世不能一刻离开宇宙、脱离人类。严格地说，自食其力根本做不到，是要靠着互助，以有易无而生活。互助，是人类的美德。即令上高山入深林看破红尘遁入空门衣食自给，也脱不出人类、宇宙。而诗人非要说“谓天盖高，不敢不局。谓地盖厚，不敢不蹐”“哀今之人，胡为虺蜴”，岂不是自苦？这样生活，不是享受，而是受罪。在世上，诗人是最无能的，是人生的失败者，其所以愤慨是乞丐的“哀号”。这种是生活失败的“呼号”、苦痛的“呻吟”。

《正月》之末三章：

第十一章：“鱼在于沼，亦匪克乐。潜虽伏矣，亦孔之炤。忧心惨惨，念国之为虐。”所谓“安生”，“安”有平安、完全之意。而文言成了白话，意思就浅了。“国之为虐”，“虐”，迫害。诗人常常是最大“迫害狂”，以为人人都同他过不去。

第十二章：“彼有旨酒，又有嘉肴。洽比其邻，昏姻孔云。念我独兮，忧心慇慇。”“洽”，《左传》作“协”。叶、协古通，训和、合。马瑞辰谓：“合、协，古音同（二字皆晓母）。”（《毛诗传笺通释》）“比”，连也。“云”，毛传：“旋也。”陈奂《诗毛氏传疏》：“《说文》：‘云，象回转之形。’旋即回转之义。”《诗》中“旋”“还”皆通，如“言旋言归”（《鸿雁之什·黄鸟》）。“旋”即还，还，往还。）

此一章中，“洽比其邻”，言朋友；“昏姻孔云”，言亲戚往还；唯“念我独兮，忧心慇慇”，小可怜，可以原谅他，但不是好。

《正月》末三章，真乃千古穷诗之祖。诗人一来就说穷，发财的人作诗说说富贵，岂不好？穷人说富固然不到家，富人说穷也不会好。但中国诗人成了传统——一作诗就说穷。《正月》,写穷写得到家。

文章作得越长,越无法收拾。该看《史记》中之"太史公曰"[①],结得真好。看起来似乎稀松平常,然而真不容易,要学!写短诗可以靠感兴(inspiration),长篇的须要惨淡经营,起合转折,结尤难。

《正月》之第十三章,看他怎样结。

《正月》第十三章:"佌佌彼有屋,蔌蔌方有穀。民今之无禄,夭夭是椓。哿矣富人,哀此惸独。""佌佌",毛传:"小也。""蔌蔌",毛传:"陋也。"(陋,浅薄无知之人。)历来训诂皆尊此解。余以为:"佌佌""蔌蔌",仅也,状屋与谷,非言人也。"方有穀",《后汉书·蔡邕传》注引诗作"速速方穀"。马瑞辰谓上之"佌佌彼有屋"与下之"民今之无禄"相对成文,"蔌蔌方穀"与"夭夭是椓"相对成文(《毛诗传笺通释》)。词、曲中此名隔句对。"夭夭",毛诗作"夭夭",王先谦《诗三家义集疏》曰:"鲁诗作'夭夭'。""夭夭是椓",毛传:"君夭之,在位椓之。"说"在位",哪里出来的?不通,想当然耳。"桃之夭夭"(《周南·桃夭》)、"棘心夭夭"(《邶风·凯风》),"夭",训少好、训盛,引申作"少壮"解。"椓",破。"夭夭是椓",少壮之人皆被毁灭、摧残。

"哿矣富人","哿",毛传:"可。"《孟子》赵岐注:"哿,可也。"与毛同。"哀此惸独","惸",《孟子》作"茕",赵注:"茕,孤也。""惸独",穷老之人,承"夭夭是椓"而来。欧阳修《诗本义》曰:"国君既不能恤矣,彼富人尚可哀此惸独而恤之也。"此亦可备一说。

---

① 太史公曰:《史记》中司马迁评价历史人物与事件的标志语。

长诗文要波澜起伏，东坡率意，山谷才短，皆不成。波澜起伏越厉害，收煞越难。《正月》一首，起，写一己之心情、见解；结，写国家、社会之情状。此篇结是收，但又扩大了。善于结者，收中有放。

篇二　节南山之什·十月之交

十月之交，朔日辛卯。日有食之，亦孔之丑。

彼月而微，此日而微。今此下民，亦孔之哀。

日月告凶，不用其行。四国无政，不用其良。

彼月而食，则维其常。此日而食，于何不臧。

烨烨震电，不宁不令。百川沸腾，山冢崒崩。

高岸为谷，深谷为陵。哀今之人，胡憯莫惩。

皇父卿士，番维司徒。家伯维宰，仲允膳夫。

棸子内史，蹶维趣马。楀维师氏，艳妻煽方处。

抑此皇父，岂曰不时。胡为我作，不即我谋。

彻我墙屋，田卒汙莱。曰予不戕，礼则然矣。

皇父孔圣，作都于向。择三有事，亶侯多藏。

不慭遗一老，俾守我王。择有车马，以居徂向。

黾勉从事，不敢告劳。无罪无辜，谗口嚣嚣。

下民之孽，匪降自天。噂沓背憎，职竞由人。

悠悠我里，亦孔之痗。四方有羡，我独居忧。

民莫不逸，我独不敢休。天命不彻，我不敢傚我友自逸。

《十月之交》八章，章八句。

中国诗的传统就是穷，就是悲哀，就是伤感。伤感如伤风，最富传染性。其实“大雅”“小雅”中也有很好的写愉快的诗。诗写惊悸的少。

>>> 写荒凉易归于衰飒，写荒凉而能有力表现出壮美者，唯有曹操。图为傅抱石《观沧海》。

首章:“十月之交,朔日辛卯。日有食之,亦孔之丑。”我们心上还有传统,生理还有遗传。日食对于我们引起的虽非畏惧,亦是惊悸。

此首诗中,诗人表现最好的是第三章。此第三章写惊悸:

> 烨烨震电,不宁不令。百川沸腾,山冢崒崩。
>
> 高岸为谷,深谷为陵。哀今之人,胡憯莫惩。

“烨”与晔、暈,同义,字形也有关。“崒”,郑笺云:“崔嵬(巍)也。”又云:“山顶崔嵬者崩,君道坏也。”汉人的诗心、诗情都让书压瘪了。“崒”者,碎也。“崒”亦作卒。清儒马瑞辰谓:“卒,碎之谓。”(《毛诗传笺通释》)

曹孟德的诗出于“变雅”,在“三百篇”以后异军突起。魏武帝《步出夏门行》:

> 东临碣石,以观沧海。水何澹澹,山岛竦峙。
>
> 树木丛生,百草丰茂。秋风萧瑟,洪波涌起。
>
> 日月之行,若出其中。星汉灿烂,若出其里。
>
> (《观沧海》)

写荒凉易归于衰飒,写荒凉而能有力表现出壮美者,唯有孟德。京剧舞台上,黄三[①]号称“活曹操”,唱《华容道》[②]满口“君侯饶命”,而横劲不减、气概不减。杜工部有一部分是得力于孟德诗,如:

---

① 黄润甫(1845? —1916):因行三,人称“黄三”,清末京剧净角,工架子花脸,因演连台本戏《三国志》而获“活曹操”之美誉。

② 《华容道》:京剧剧目,叙曹操兵败赤壁,狼狈北逃华容道。曹探知华容道为蜀将关羽把守,且知关羽重于信义,乃苦苦哀求。关羽果为所动,义释曹操。

浮云连阵没，秋草遍山长。

闻说真龙种，仍残老骕骦。

哀鸣思战斗，迥立向苍苍。

（《秦州杂诗二十首》其五）

黄季刚[①]先生说，后来人的修辞能力高于前人，但未必佳于前人。一部"三百篇"其共同色彩是笃厚，孟德是峭厉。"向上一路，千圣不传"（圆悟克勤禅师语）[②]。

余今所说皆是"第一义"[③]（《大集经》）。

《十月之交》是圆的，孟德诗不圆。东方美以圆为最。愉快、伤感，甚至衰飒，晚唐人皆能写得圆美。恐怖的诗颇难写得圆美，恐怖而写得圆美者，唯此《十月之交》第三章。恐怖一般不能写得圆美，但诗人能，因为他是非常人。宗教中这样说："唯佛能知。""唯有上帝知道。"我们说：有些事，唯诗人能知。杜甫诗：

子规夜啼山竹裂，王母昼下云旗翻。

（《玄都坛歌寄元逸人》）

"山竹裂""云旗翻"，诗人的联想。联想，有⟶有；幻想，有⟶无。其实凡说的出来的就有。龟毛、兔角，龟、兔有；毛、角亦

---

① 黄侃（1886—1935）：音韵训诂学家，字季刚，晚年自署量守居士，湖北蕲春人。著有《说文略说》《文心雕龙札记》等。曾任教于北京大学。

② 圆悟禅师（1063—1135）：宋朝临济宗杨岐派代表人物，字无著，法名克勤。高宗赐号"圆悟"，世称"圆悟克勤"。《碧岩录》卷二："垂示云：杀人刀、活人剑，乃上古之风规，亦今时之枢要。若论杀也，不伤一毫；若论活也，丧身失命。所以道：向上一路，千圣不传，学者劳形，如猿捉影。"

③ 《大集经》："甚深之理不可说，第一义谛无声字。"第一义，佛教用语，指无上甚深、彻底圆满的妙理。

有，极旧的东西，联得好，就新鲜。

世纪末(fin de siècle)[①]。《十月之交》因日食而觉凶兆，此诗人之直觉，世纪末之感觉。如余之友人写母亲的死：

守着在爆裂的蜡烛，似是永远的黑夜。

亦是直觉的。人称鲁迅是中国的契柯夫(A. Chekhov)[②]，他骂人时都是诗，但Chekhov无论何时其作品中皆有温情。鲁迅先生不然，其作品中没有温情。《呐喊》不能代表鲁迅先生的作风，可以代表的是《彷徨》，如《在酒楼上》，真是砍头扛枷，死不饶人，一凉到底。因为他是在压迫中活起来的，所以有此作风，不但无温情，而且是冷酷。但他能写成诗。《伤逝》一篇，最冷酷，最诗味。《朝花夕拾》比《野草》更富于人情味，因乃幼年的回忆。

我们研究诗人的心理，就看他的感觉和记忆。诗人都是感觉最锐敏而记忆最生动的，其记忆不是记账似的、死板的记忆，是生动的、活起来的。诗人之所以痛苦最大，亦在其感觉锐敏、记忆生动。

篇三　节南山之什·小弁

弁彼鸒斯，归飞提提。民莫不穀，我独于罹。

何辜于天，我罪伊何。心之忧矣，云如之何。

踧踧周道，鞫为茂草。我心忧伤，惄焉如捣。

假寐永叹，维忧用老。心之忧矣，疢如疾首。

维桑与梓，必恭敬止。靡瞻匪父，靡依匪母。

---

① fin de siècle：法文，意译为“世纪末”。

② 契柯夫(1860—1904)：今译为契诃夫，俄国批判现实主义作家、短篇小说大师，代表作品有《变色龙》《套中人》等。

不属于毛，不离于里。天之生我，我辰安在。

菀彼柳斯，鸣蜩嘒嘒，有漼者渊，萑苇淠淠。

譬彼舟流，不知所届。心之忧矣，不遑假寐。

鹿斯之奔，维足伎伎。雉之朝雊，尚求其雌。

譬彼坏木，疾用无枝。心之忧矣，宁莫之知。

相彼投兔，尚或先之。行有死人，尚或墐之。

君子秉心，维其忍之。心之忧矣，涕既陨之。

君子信谗，如或酬之。君子不惠，不舒究之。

伐木掎矣，析薪杝矣。舍彼有罪，予之佗矣。

莫高匪山，莫浚匪泉。君子无易由言，耳属于垣。

无逝我梁，无发我笱。我躬不阅，遑恤我后。

《小弁》八章，章八句。

《小弁》诗旨：

（一）孟子说

公孙丑问曰："高子曰：《小弁》，小人之诗也。"

孟子曰："何以言之？"

曰："怨。"

曰："固哉，高叟之为诗也！有人于此，越人关弓而射之，则己谈笑而道之；无他，疏之也。其兄关弓而射之，则己垂涕泣而道之；无他，戚之也。小弁之怨，亲亲也。亲亲，仁也。固矣夫，高叟之为诗也！"

曰："《凯风》何以不怨？"

曰："《凯风》亲之过小者也；《小弁》亲之过大者也。亲之过大而不怨，是愈疏也；亲之过小而怨，是不可矶也。愈疏，不孝

也;不可矶,亦不孝也。孔子曰:'舜其至孝矣,五十而慕。'"(《孟子·告子下》)

《邶风·凯风》:"母氏圣善,我无令人。""有子七人,莫慰母心。"

(二) 赵岐说

《孟子》赵岐注:"《小弁》,《小雅》之篇,伯奇之诗也。怨者,怨亲之过,故谓之小人。"伯奇,尹吉甫之子。周宣王时人,贤大夫。伯奇作《履霜操》,吉甫射杀后妻。

(三) 诗序说

《毛诗序》:"《小弁》,刺幽王也,大子之傅作焉。"

(四) 朱子说

朱熹《诗集传》:"幽王娶于申,生太子宜臼,后得褒姒而惑之,生子伯服,信其谗,黜申后,逐宜臼。而宜臼作此诗以自怨也。序以为太子之傅述太子之情以为是诗,不知其何所据也。"

《小弁》,不必怨亲,此只是乱世诗人的悲哀,而《凯风》之悲哀小。

《小弁》字义:

"弁",毛传:"乐也。"《说文》:"昪,喜乐也。"

首章:"弁彼鸒斯","鸒斯"之"斯",同"螽斯""鹿斯""柳斯"之"斯"。

次章:"踧踧周道",本应是车马喧阗,而却是"鞫为茂草"(鞫,穷也,荒凉)。"我心忧伤,惄焉如捣","捣",韩诗作"疛"(疛,病也)。"假寐永叹,维忧用老","假",韩诗作"寎"。"用",以(而)也。

诗人孤独、寂寞。太白有诗云:"君平既弃世,世亦弃君平。"(《古风》其十三)人弃世乃为世弃,愈弃世,愈世弃;愈世弃,愈弃世。屈原曰:

哀吾生之无乐兮，幽独处乎山中。

（《九章·涉江》）

民初鲁迅先生在教育部做佥事[①]，一句话不多说，回到会馆抄古碑。这真是精神上的活埋，悲哀。苏轼云：

万人如海一身藏。

（《病中闻子由得告不赴商州三首》之一）

屈原行吟泽畔，被发佯狂，“哀吾生之无乐兮，幽独处乎山中”，打掉了门牙往肚子里咽，打折了胳膊袖子里装。而“万人如海一身藏”，是自喜。这藏与不藏做甚？比不了“哀吾生之无乐兮，幽独处乎山中”。渊明“结庐在人境，而无车马喧。问君何能尔，心远地自偏”（《饮酒二十首》其五），是自得，“哀吾生之无乐兮，幽独处乎山中”又比不了。渊明所说乃见道之言。《论语》言：

一箪食，一瓢饮，人不堪其忧，回也不改其乐。（《雍也》）

此是哲人之见道，与诗人不同，是乐不是喜。自得与自喜不同，渊明是诗人而见道。老杜“岂有文章惊海内，漫劳车马驻江干”（《宾至》）与元好问[②]“空令姓字喧时辈，不救饥寒趋路傍”（《再到新卫》），二者亦不同。

人的情感无论哪一种都能向上或向下，可以升华也可以堕落，可以成高兴的事也可以成丑恶的事。七情六欲，引起反抗而后能改

---

① 佥事：民国时期各部所设职官，荐任，分掌各厅、司事务，常兼任科长，地位则略高于科长。

② 元好问（1190—1257）：金末元初文学家、批评家，字裕之，号遗山，世称遗山先生，太原秀容（今山西忻州）人。仿杜甫《戏为六绝句》体例作有《论诗三十首》。

革。中国只是到世弃、弃世而已，这样与己无益、与世无用。西方颇多与社会挑战者，这样世界才能有进步，鲁迅先生即有此精神。中国有见道的、自得的陶渊明，却少有挑战精神，总以为帝王将相既惹不起，贩夫走卒又犯不上。鲁迅先生不管这些，猫子、狗子也饶不过。

《小弁》第三章："维桑与梓，必恭敬止"二句，毛传："父之所树，己尚不敢不恭敬。"桑梓，父母之邦，今犹以称故里、故乡。马瑞辰《毛诗传笺通释》引《旧五代史》曰："桑以养生，梓以送死。"《孟子》曰："五亩之宅，树之以桑。"(《梁惠王上》)《诗》曰："树之榛栗，椅桐梓漆。"(《鄘风·定之方中》)"必恭敬止"，"止"，只、哉、且，犹"了"，语词。

"靡瞻匪父，靡依匪母。不属于毛，不离于里"四句，毛传："毛在外，阳，以言父；里在内，阴，以言母。"陈奂《诗毛氏传疏》曰："靡，无。匪，非。"今靡、莫双声，无、微双声，故靡、莫、微皆通转。陈氏又曰："非父则无所瞻视，非母则无所附离。父者，属于毛，非父则不得附属矣。母者，属于里，非母则无所附离矣。"朱子《诗集传》曰："言桑梓父母所树，尚且必加恭敬；况父母至尊至亲，宜莫不瞻依也。"马瑞辰曰："《甘棠》，美召伯，思其人，因爱其树也。《桑梓》，怀父母，睹其树因思其人也。故上言'必恭敬止'，下即继以'靡瞻匪父，靡依匪母'也。思其人而不见，处处仿佛遇之。"舜食则见尧于羹、卧则见尧于墙，实在没有尧；[①]"靡瞻匪父，靡依匪母"，实在因为没有父母。"不属于毛，不离于里"，"离"，有时作"黏附"讲。毛诗作"罹"，唐石经[②]作"离"。朱子《诗集传》从唐石经。"不属于毛，不离于里"，孤立，出世。第三章末句"天之生我，我辰安在"，令人心死。中国诗古

---

① 范晔《后汉书·李固传》："昔尧殂之后，舜仰慕三年，坐则见尧于墙，食则睹尧于羹。"

② 唐石经：即开成石经。开成石经以楷书刻《易》《书》《诗》《三礼》等十二经，始刻于唐文宗大和七年(833)，成于开成二年(887)。

来表现即如此。

诗人对人生有几种态度：

（一）自由。学道可得自由。烦恼由何而来？由牵扯而来。如能割断一切牵扯，即断烦恼，可得解脱，故曰“寸丝不挂”（《楞严经》）[①]、“万仞峰头独立足”（天衣怀偈语）[②]。此道气。

（二）强有力。世界上最强的人即是最孤立的人。个人奋斗，西方诗人常有此种表现。奋斗，挑战，“举世而非之而不加沮”（《庄子·内篇·逍遥游》），此乃入世。屈原的伤感胜过其奋斗的色彩，与其说是奋斗的诗人，不如说是伤感的诗人。鲁迅先生的挑战也是由伤感而来。反常为贵。（而反常亦可为妖，此西洋味。）

（三）蜕化。“结庐在人境，而无车马喧”（陶渊明《饮酒二十首》其五），即是。此既非挑战，亦非奋斗，也不是出世，最人情味。然恐怕这样一般人以为苦恼胜过欢喜。“富贵非所愿，帝乡不可期”（陶渊明《归去来兮辞》），出世、入世打成一片。此真诗味。

（四）寂寞。诗人欣赏他自己的寂寞。如：“终日昏昏醉梦间，忽闻春尽将登山。因过竹院逢僧话，又得浮生半日闲。”（唐李涉《题鹤林寺僧舍》）这是自喜。“结庐在人境，而无车马喧”，此为自得。“无车马喧”，不是自己找的；而“得半日闲”，他这样得找，要“过竹院”“逢僧话”。此为假诗人。

（五）悲伤。前几种都有点造作，唯此种最人情味。如：“知我如此，不如无生”（《小雅·鱼藻之什·苕之华》）、“我生之初，尚无

---

① 《楞严经》：“寸丝不挂，竿木随身。”

② 天衣怀禅师（993—1064）：名义怀，宋朝云门宗禅师，因卓锡越州天衣山，人称“天衣义怀”。《五灯会元》卷十六载天衣义怀事：“寻为水头，因汲水折担，忽悟，作投机偈曰：‘一二三四五六七，万仞峰头独足立。骊龙颔下夺明珠，一言勘破维摩诘。’”

为。我生之后，逢此百罹。尚寐无吪”(《王风・兔爰》)，真是人情味。没父母的小孩，脸上最寂寞，这是人情。此种虽最有人情味，却不振作、没出息，中国古来就如此。

人须“群”。最能繁殖的动物是最合群的动物，如蜂、如蚁；最强的一定是最不合群的，如狮、如虎。有人说将来最大的动物是骡马。狮、虎、象虽然大，它不合群，终于要被淘汰。现在狼都少了，况狮、虎？诗“可以群”(《论语・阳货》)[①]。

《邶风・柏舟》言：

> 汎彼柏舟，亦汎其流。耿耿不寐，如有隐忧。

真是诗。悲伤无边无岸，正是《小弁》第四章所言“有漼者渊，萑苇淠淠。譬彼舟流，不知所届”。

后来人作诗怕俗、怕弱，这就是意识的了。“后台意识”(Arrière Pensée)[②]。古人的诗没有(Arrière Pensée)，想说什么就说什么，然说出来并不俗、不弱，因为它“真”。

《小弁》第五章：“鹿斯之奔，维足伎伎”，“伎伎”，毛传：“舒貌。”《释文》：“本亦作‘跂’。”《淮南子》高诱注：“跂跂，行貌。”按：伎伎，即跂跂，只是鹿奔貌，不必依毛传训“舒”。(舒、徐双声，字义亦相通。)朱子为之说曰：“宜疾而舒，留其群也。”(留，迟、待。)“雉之朝雊，尚求其雌”，鹿合群，雉求侣。

“譬彼坏木，疾用无枝”，“用”，以、因。(因此，以是、用是。)

---

① 《论语・阳货》：“子曰：‘小子何莫学夫诗。诗，可以兴，可以观，可以群，可以怨。迩之事父，远之事君，多识于鸟兽草木之名。’”

② Arrière：法文，意译为后面的；Pensée：法文，意译为思想。

庾信[1]《枯树赋》"此树婆娑，生意尽矣"正是"譬彼坏木，疾用无枝"。宋陈去非诗云："枯木无枝不受寒。"(《十月》)诗人和哲人，反省是一样的，而结果不一：诗人反省是欣赏自己、暴露自己的缺点；哲人反省是发现、矫正自己的缺点。贾宝玉以白杨树自比，人异其不自重，宝玉云，不知愧的人才去比松柏呢。[2] 这是诗人味。

篇四　节南山之什·巷伯

萋兮斐兮，成是贝锦。彼谮人者，亦已大甚。

哆兮侈兮，成是南箕。彼谮人者，谁适与谋。

缉缉翩翩，谋欲谮人。慎尔言也，谓尔不信。

捷捷幡幡，谋欲谮言。岂不尔受，既其女迁。

骄人好好，劳人草草。苍天苍天，视彼骄人，矜此劳人。

彼谮人者，谁适与谋。取彼谮人，投畀豺虎。

豺虎不食，投畀有北。有北不受，投畀有昊。

杨园之道，猗于亩丘。寺人孟子，作为此诗。

凡百君子，敬而听之。

《巷伯》七章，四章四句，一章五句，一章八句，一章六句。

---

① 庾信(513—581)：字子山，南阳新野(今属河南)人，南朝梁诗人庾肩吾之子，南北朝文学集大成者。庾信一生以公元554年出使西魏并从此流寓北方为标志，分为前后两期。因其官至骠骑大将军、开府仪同三司，故称"庾开府"。

② 《红楼梦》第51回宝玉评王太医药方时说："这才是女孩儿们的药，虽然疏散，也不可太过。旧年我病了，却是伤寒内里饮食停滞，他瞧了，还说我禁不起麻黄、石膏、枳实等狼虎药。我和你们一比，我就如那野坟圈子里长的几十年的一棵老杨树，你们就如秋天芸儿进我的那才开的白海棠，连我禁不起的药，你们如何禁得起。"麝月等笑道："野坟里只有杨树不成？难道就没有松柏？我最嫌的是杨树，那么大笨树，叶子只一点子，没一丝风，他也是乱响。你偏比他，也太下流了。"宝玉笑道："松柏不敢比。连孔子都说：'岁寒，然后知松柏之后凋也。'可知这两件东西高雅，不怕羞臊的才拿他混比呢。"

“小雅”中，节南山之什写乱世最多。

诗人怎样生活呢？诗人在乱世中生活，取何态度？孔夫子说：

> 邦无道，危行言逊。（《论语·宪问》，“孙”是本字）

“三百篇”说：

> 不敢暴虎，不敢冯河。人知其一，莫知其他。
> 战战兢兢，如临深渊，如履薄冰。
> （《小雅·节南山之什·小旻》）
> 温温恭人，如集于木。惴惴小心，如临于谷。
> 战战兢兢，如履薄冰。
> （《小雅·节南山之什·小宛》）

中国诗人放纵，但也是在可能范围中放纵。中国诗人还没有到挺身与社会挑战，而多是站在云端里看厮杀、上了高山看虎斗、隔岸观火或者隔山骂知县，多是明哲保身，骂黑街。骂黑街的诗人没什么了不起，无非痛快痛快，出口怨气；亦如下泪是悲哀的发泄，哭过后反而得到安慰、获得平静。西方诗人认真，干上没完。（易卜生[Ibsen][①]看报时其实是看着镜子里的人。）

和平是国民性。中庸之道也是从国民性中来，非凭空而出。孔圣人、释迦牟尼、耶稣基督也不是天上掉下来的。我们只看见树上结了个极大的果实，而没见那树上生枝、出叶、开花。此是渐，非偶。

诗人如何处身于乱世？

---

① 易卜生（1828—1906）：挪威戏剧家、诗人，欧洲现代戏剧的奠基人之一，被誉为“现代戏剧之父”，代表作品有《社会支柱》《玩偶之家》《人民公敌》《群鬼》《培尔·金特》等。

其一，持躬——在己，约束（不使过火）。

此须有反省。学道的进德修业，不从此路进不去。学道的反省，发现在精神上或身体上有许多缺陷，便想怎样补充、怎样完成以求完美。诗人则不然。诗人反省之后，不是要修正完成，而是将其缺陷暴露出来。这就牵扯到变态心理。变态心理近于疯狂，常人精神真正完全正常的很少，都不免有变态心理，而不一定近于疯狂。变态心理中有暴（裸）露狂。诗人由此与学道之人分开了。他发现了自己的缺点，就将其暴露出来，其怯懦无能——这是弱点，但是诚实，虽消极。

宗教的忏悔是意识的，发现了自己的缺陷、罪恶，跪在长老面前忏悔，是精神上的惩罚、灵魂上的鞭打。诗人的暴露不如此，他是无意识的（下意识的），不禁不由、自然而然的。

人是矛盾的，在矛盾中找到调和就是诗人；在矛盾中找不到调和，学道将成矣。

诗人在乱世永远是如此。一失足成千古恨，再回首已百年身。科学告诉我们，没有投胎转世，再回头已没有了。我们从火中炼出来就是钢，炼不出来就化灰了。“如集于木”“如临于谷”，也还可以；唯“如履薄冰”真是连据点也没有了，小心也不成了。如果是适时势的英雄，可以拨乱而反正、转危而为安。乱世才正是英雄出头之日，还有能趁火打劫、浑水捞鱼的人也好。我们的诗人真可怜，上而不是英雄，下而不是趁火打劫的光棍，不要说他不肯，他也不能，压根儿无此本领。所以只是暴露其无能而已，可怜可爱。

“诗人无能，但可爱。”（《可爱的人》，契柯夫作、周岂明[1]译）拿不

---

[1] 周岂明：即周作人，岂明为其笔名。

是当理说、使酒骂座，此是诗人优越感，许他不许别人。人的许多缺点有时让人觉得可爱，如小孩子说话不清楚，使人觉得可爱。《小宛》之末章一、三、五句“温温恭人”“惴惴小心”“战战兢兢”，是写实；二、四、六句“如集于木”“如临于谷”“如履薄冰”，是形容。“温温恭人”，士君子(gentleman)。“温温恭人”与“如集于木”二句接到一块儿，像什么？若是小孩子上树不算什么，“温温恭人”在尊贵场合很好，但是把他蹲在树上就完了。

其二，处世——对人。

其实“如履薄冰”，亦即其处世。

《巷伯》之第五章云：

> 骄人好好，劳人草草。苍天苍天，视彼骄人，矜此劳人。

“好好”，毛传：“喜也。”(喜，悦也。)“草草”，毛传：“劳心也。”按：“草草”，一作“慅慅”，“草”乃假借字，当作“慅”。“忧心悄悄”(《邶风·柏舟》)，亦当是“慅慅”。诗人还不是“集木”“临谷”“履冰”，但还有不如是的时候，他是劳心，无时无刻不如是。

观察(observe、observation)，向外，检点；反省，向内，反照。对外界的事事物物经过一番检点了，然后才能反省，才能有所对照。诗人、哲人没有第一步观察、第二步反省的功夫，是不会成功的。

近代文学太重观察而忽略了反省。没有反省只有观察，这样的诗人是肤浅的；没有观察只有反省，这样的诗人是狭隘的，合起来才是伟大的、深刻的。观察、反省是合一的，诗人有观察、反省，才想到人生的寂寞、生趣的缺乏，如坏木之少生机。有思想的人皆是对于生活肯用心的人：佛见人世间生老病死之苦尔后出家修行，子在川上曰“逝者如斯夫，不舍昼夜”(《论语·子罕》)。凡哲人皆有观察与反省。但诗人与哲人的观察不同，诗人与哲人的反省亦不同。

至第三步:哲人是修正、完成,大同——“大道之行也,天下为公”(《礼记·礼运·大同》);诗人是享乐、“法悦”“法喜”(ecstasy)。虽然“惴惴小心”“战战兢兢”(《诗经·小雅·小宛》)是苦,但诗人写出来之后,便是满足,便是快乐。人若没有饿了想吃饭、困了想睡觉的精神,做事不会得好,非是为自己得到满足才成。诗人也是为求满足,所以他写出那样的诗。我们看着很苦,而他自己则得到了法喜、法悦。“麻鞋见天子,衣袖露两肘”(杜甫《述怀》),老杜写时不是苦而是满足。第三步是哲人、诗人之分野。

至第四步满足,诗人、哲人则一也。诗人写坏的结果也是满足,这像发酵(此指酒而言):

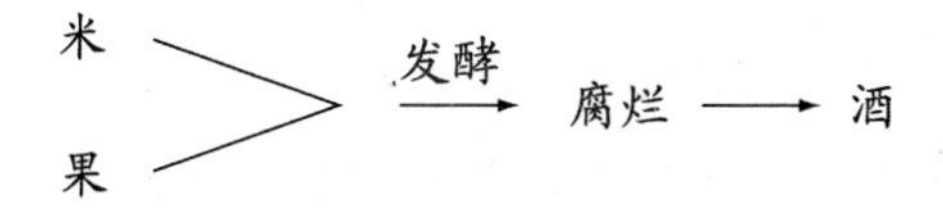

腐烂的成功,腐朽化为神奇(庄子语)[1],酒成天下之美禄。我们的东西不熟还生,所以不成。“腐朽化为神奇”,这套功夫不容易,但非有不成。山谷的诗可以从中得到东西,如公式可以推出道理。本来,理是不错,但不让人爱。小孩子说话不对,但可爱。张平子[2]《四愁诗》,亦公式文学。好的诗是发酵文学。

“骄人好好,劳人草草”之后,诗人呼“苍天苍天”,视彼骄人,矜此劳人。自己没办法,呼苍天,敬天、畏天、尊天。此一章五句,话说得有分寸,不是放纵的,是约束的。

凡艺术都是有约束、有限制的。到革新时,革掉旧的约束,新的

---

① 《庄子·知北游》:“臭腐复化为神奇,神奇复化为臭腐,故曰通天下一气耳。”

② 张衡(78—139):字平子,南阳西鄂(今河南南阳)人。东汉时期文学家,长于辞赋,著有《二京赋》《归田赋》及诗作《同声歌》等。

又来了,此文学史上的公式。“天下大势,分久必合,合久必分”(《三国演义》第一回),是不错。无论是破坏、是阔大,总有个新的范围。艺术是恰好,如打网球,出线不成,不过网不成,让人接着也不成,在此诸端下球打得正是地方,这就是艺术,一毫也不能差。《孟子·万章下》有云:

> 由射于百步之外也,其至,而力也;其中,非而力也。(由,犹。)

“其中非而力”也,这就是艺术,是限制。“骄人好好,劳人草草”数句,说得有分寸,真是“其中非而力也”。

《巷伯》至第六章言:

> 彼谮人者,谁适与谋。取彼谮人,投畀豺虎。
> 豺虎不食,投畀有北。有北不受,投畀有昊。

这是诅咒。中国文学缺乏恨(hate,hatred)。恨是憎恶、厌恶,进而诅咒;平常说“恨”只是悲哀,如“商女不知亡国恨”(杜牧《泊秦淮》)。凡对于旧的,若没有“恨”,则改革便不会彻底,恨它不死。中国诗中无此表现。中国文学经过六朝太柔美了,缺乏壮美。《巷伯》之“彼谮人者,谁适与谋”八句是诅咒。“豺虎不食,投畀有北”,“有北”,毛传:“荒凉不毛之地。”《封神榜》中赵公明下山,姜太公扎草人拜他[①]——此即诅,恨他不死。真阴狠。

其实,有本领出来打呀,鬼鬼祟祟做甚!

---

① 《封神演义》第四十八回“陆压献计射公明”,写陆压献计曰:“往岐山立一营,营内筑一台。扎一草人,人身上书‘赵公明’三字,头上一盏灯,足下一盏灯。自步罡斗,书符结印焚化,一日三次拜礼,至二十一日之时,贫道自来午时助你,公明自然绝也。”姜子牙依计而行,以钉头七箭书射杀赵公明。

卷　二

《文选》

第六讲

课前闲叙

现在抗战胜利了，人们“举欣欣然有喜色”（《孟子·梁惠王下》），然须记“生于忧患，死于安乐”（《孟子·告子下》）。

北平沦陷时期的1941年，余印行词集《霰集词》（“霰集”与“羡季”谐音，“苦水”是“顾随”之谐音）。《诗经》有句云：“相彼雨雪，先集维霰。”（《小雅·頍弁》）（“相彼雨雪”之“相”，或当是“视”字。）《易经》有句“履霜，坚冰至”（《坤》）与《诗经》二句意同。余当日因汉口被日军占领，惧有他变，因名词集曰“霰集”，意即取《诗经》也。

集中有《临江仙》[1]词云：

> 千古六朝文物，大江日夜东流。秣陵城畔又深秋。云迷高下树，雨打去来舟。

---

① 《临江仙》(1937)：原作见《顾随全集》卷一，石家庄：河北教育出版社2014年，第150页。

“云迷高下树”，无光明；“雨打去来舟”，落花流水。此南京被日军侵占后之作。又有《江神子》[1]词云：

渡过湘江行更远，千里路，万重山。

此亦是感慨之词。集中《灼灼花》[2]有句：

纵相逢已是鬓星星，莫相逢无计。

此余最得意之语。此二句前有“南望中原，青山一发，江湖满地”三短句，乃是借思念南下之友，自叙故土收复无望之慨。《临江仙》[3]之“伊人知好在，留命待沧桑”，同是渴望收复失地之意；而《虞美人》[4]中“飞花飞絮扑楼台。又是一年春尽、未归来”，亦是对收复沦陷区失地的渴望。余之词，抗战以来，希图国家好，中国打回来，收复沦陷区，但几乎绝望，且恐已年之不待。

陆放翁之《示儿》云：

死去元知万事空，所悲不见九州同。

王师北定中原日，家祭无忘告乃翁。

此是放翁好诗中之一首，写得真悲哀！（余近日有《病中口占四绝句》[5]，第二首有“病骨支床敌秋雨，先生亲见九州同”句。）此诗个个字皆响。“所”，或作“但”，响。“九州”，中国代名词。

陆游死时年八十余，是诗人中最长寿者（中国诗人不是自杀便

---

① 《江神子》(1938)：原作见《顾随全集》卷一，石家庄：河北教育出版社 2014 年，第 151 页。

② 《灼灼花》(1938)：同上书，第 152 页。

③ 《临江仙》(1939)：同上书，第 154 页。

④ 《虞美人》(1938)：同上。

⑤ 《病中口占四绝句》(1945)：同上书，第 462 页。

是被杀,很少活长的),六十年万首诗。陆游不但写诗,且写文、做官、做事……可见其精力充足之极。

豪气,少年人皆有豪气。但只恃豪气不可靠,精力可恃,豪气不可恃。放翁诗有豪气,然此首诗不以豪气论,乃精力。

放翁之诗有时太恃豪气,如:

> 早岁那知世事艰,中原北望气如山。
>
> (《书愤》)
>
> 老子犹堪绝大漠,诸君何至泣新亭。(绝,断也。)
>
> (《夜泊水村》)

此种诗往好处说是豪气,往坏处说则是书生大言。此固非完全要不得之诗,然此种豪气不可恃。不过,放翁豪气可佩服,有真气。其《示儿》诗尚有豪气,故言其有精力。

中国历史上之南渡有三:一晋("五胡"乱华)、二宋、三明(昙花一现而已),三次南渡都未能北归。此次抗日战争南渡却回来了,打破以往之纪录。(《正报》第一期有俞平伯[①]《南渡归来以后》。)我们受过未曾受过的苦痛,但也见到了中国历史上未有的光荣,故如孟子所言之"举欣欣然有喜色"。

"爱国"二字,因说得太多,现在说的都不爱说、听的也不爱听了,因为说得都烦了腻了。一切口号、主义,若不能日新,苟日新,又日新[②],总是那么一套,此并非过时,而是不新鲜了。

厌故喜新,人之常情,此是人之短处,然也是没有办法之事。如

---

① 俞平伯(1900—1990):现代诗人、散文家,原名俞铭衡,字平伯,浙江德清人,精研中国古典文学。

② 此当为顾随之仿句。《礼记·大学》引《盘铭》:"苟日新,日日新,又日新。"

人生有死,是人之悲哀,亦是无法。人生有许多无可奈何之事,如人之喜新及人生必死是也。对此缺陷无法补救,应将短处发展成为长处,将此缺陷弥补起来。如人在一生的短短几十年中,好好地活着,做一有用之人即是弥补。必死是不能校正,唯有弥补一途。

再如自私。无一人不自私。(去想一种高深之道理,做一件平常之事,皆自私。如冬日脱己袍与人,此种事极易做,然己必冻死,人不肯做,此即自私。)自私亦可发展成长处。一个大学问家想出极高深之道理,也是自私,此种自私是由短处发展成长处。小儿着新鞋,必高兴,再与之换旧鞋,就不肯,此已厌故喜新了。但人若无厌故喜新之心理,则人类之文化不会发生,个人的学问也不会长进。

爱国亦是自私的。如德国,拼命摧残别国之文化,毁坏他国之建筑,而爱其自己之国,此亦自私。此种自私之范围较大。世界未到天下为公、世界大同之时,爱国仍然是一种口号。如果世界大同,则只需爱人不需爱国,爱国口号就不存在。

爱国应从何爱起?若是别人所教之爱,则非真正之爱。如小儿之爱其父母兄姊,并无人给其讲道理,此种爱是天性。(说坏一点儿,则是传统之习惯,是由依赖性养成的。此说未免近于冷嘲。冷嘲[cynic]。)爱国是后天的,是人为的。天性是自然而然的,人为是勉强的,勉强久之,习惯成自然,爱国也成了天性。爱国之情绪(爱国之思想)的养成与发生,必得努力发现本国之可爱(此如机器,催动机器非用热不可),尤其要紧的是视我国比任何国都可爱(但不要成为狂妄)。因为如此我们可以真的爱,是从心里生出的爱。爱国,爱国须努力发现自己国家之可爱,爱国之情绪始可热烈浓厚,而且持久;否则,空口说爱国,是从别人处听来的,或是从书上看来的,不能持久。纳粹民族是狂妄的，只爱自己，摧毁别国。

日本入侵，中国节节败退。有人说："中国不亡是无天理。"（胡适《自信与反省》）[①]说此种话的人，先不必说其病狂丧心，他实在是伤心。因见中国亡国的条件俱备而有此言，故语是伤心之语，人是爱国之士。批评其为病狂心理的人，必是卖国贼。此种人不知黑白、是非、善恶，其卖国不是恨或爱自己的国，乃是自图富贵，此种人真是丧心病狂。如囤积家亦是病狂丧心，只要自己发财，不管别人死活。说"中国不亡是无天理"之话的人，是求爱而不得所爱，此是最大之悲哀。如两性间之失恋而自杀，亦是此理。由求爱而不得所爱，是由希望而绝望。说"中国不亡是无天理"，是绝望之呼声，是爱国志士之呼喊。但吾人不必如此，应努力发现我国之可爱处，然后始能真正的爱。（朋友之情亦如此。）

"什么是中国爱'和平'？是没出息！"[②]鲁迅此言亦是绝望之呼声，是恨国人没出息，希望中国强起来。

敌人使我们保存了旧习惯与旧道德，此易引起我们之反感，因为已失掉我们之自由与意志。

一人对于一件事物发生之关系太久，必有恋恋不舍之情。如伺候病人一二年，此病人忽然死去，则觉无聊。人就如此可怜。

心慈，如耶稣之博爱、释迦之慈悲、儒家之仁。人之为万物之

---

① 胡适《自信与反省》："寿生先生引了一句'中国不亡是无天理'的悲叹词句，他也许不知道这句伤心的话是我十三四年前在中央公园后面柏树下对孙伏园先生说的，第二天被他记在《晨报》上，就流传至今。我说出那句话的目的，不是要人消极，是要人反省；不是要人灰心，是要人起信心，发下大弘誓来忏悔；来替祖宗忏悔，替我们自己忏悔；要发愿造新因来替代旧日种下的恶因。"此文发表于1934年6月3日《独立评论》第103期。

② 鲁迅《华盖集·补白》："爱国之士又说，中国人是爱和平的。但我殊不解既爱和平，何以国内连年打仗？或者这话应该修正：中国人对外国人是爱和平的。"

灵,皆在“慈”。软,则是没劲。“砍去脑袋,碗大疤痢,二十年后又是这么高的汉子!”这真叫“穷凶极恶”,然真有劲,是“真命强盗”之语。美与善无所不在,要在如何去看。如看其“穷凶极恶”,则一方面无美善可言;然在另一方面,则是至死不变,强极!《中庸》所谓“强哉矫”(十章),即至死不变者。

看人、看朋友之真伪,须于处困难(逆境)时见之。中国国民是“球体”,常言“少生气,多养力”,“临渊羡鱼不如退而结网”(《汉书·董仲舒传》);且一个人养尊处优、风平浪静(此种人有“福”),很难见其好坏。处逆境,始见真人,始见真本事。看朋友在生死关头,“一死一生,乃见交情”。

第七讲

散文漫议

散文含义很广，凡不叶韵之散行文皆曰散文。然自狭义方面言之，散文并非散行文字，散文很似西洋之 essay，极似小品文。（近代小品文颇为人攻击。）说散文近似现在之小品文，然未能说出散文与小品文究竟是什么。又说“散文是无韵不骈”[①]，然此仍未能说明散文之定义。（骈文之美发展到最后，成为四六。外国之散文诗，在形式上、音节上，都无中国之骈文美。）在形式上、音节上是散文，在内容上是散文诗（poème en prose，法语），此是中国之散文。小品文亦如此。

---

① 郁达夫《中国新文学大系·散文二集》导言：“散文既经由我们决定是与韵文对立的文体，那么第一个消极的条件，当然是没有韵的文章。”“散文的第一消极条件，既是无韵不骈的文字排列，那么自然散文小说，对白戏（除诗剧以外的剧本）以及无韵的散文诗之类，都是散文了啦；所以英国文学论里有 Prose Fiction，Prose Poem 等名目。可是我们一般在现代中国平常所用的散文两字，却又不是这么广义的，似乎是专指那一种既不是小说，又不是戏剧的散文而言。”

散文既是诗，必以写景、抒情为主。景者，耳之所闻、目之所见……眼、耳、鼻、舌、身、意六根，写景离不开眼、耳、鼻、舌、身五根；意则为抒情，由己心而想而生。中国诗大部分是写景、抒情，故有人说诗中不能杂议论，杂议论则成诗论，只有诗之形式而已。杜诗有“诗史”之称，因其纪事诗特多之故。既然写成文，不论散、韵，纪事、议论、写景、抒情四者，必具其一，或兼而有之，或具有一二项；诗则以写景、抒情为主。狭义之散文、小品文、散文诗般的散文，亦以写景、抒情为主，亦或有议论或纪事，然不占主要，与诗之不以议论、纪事为主同也。简单地说，散文除无韵、不骈之外，须以写景、抒情为主，自然，亦可杂用议论及纪事。（余之散文所走之路子是写景、抒情，纪事文次之，而议论之文则少。）

以上是给散文下一谨严之定义——狭义的，即将其范围缩小。

文章内容：

议论——思想

纪事

抒情

写景

议论：

周秦诸子之文好极了。直到现在，除了翻译之文（一为外国文章之翻译，二为佛经之翻译）无能与之对抗者，而说到行文，翻译之作尚不及周秦诸子。周秦诸子实前无古人后无来者，然周秦诸子其目的在发表思想，即议论也。

所谓议论即判断。议论、判断是人类的特殊本领，人所以为万物之灵，其一即人类有判断力。议论、判断应从思想而出，不应从传统上而来。“传统”一词，极为熟悉。所谓传统就是习惯，包括纵——历史的、横——社会的两方面。（所谓“三纲”，自古如此，如此传下来，便以为不可更改，故“君令臣死，不敢不死”，亦是数千年如此传下来的。）一切的传统的判断，是未经过思想的判断。思想最怕盲从、武断。（人云亦云，随意加评断。）没有一个盲从之人不是武断的，反之亦然。武断由己，盲从由人。盲从之人，由于自己无思想，无思考力，故无判断力；武断之人亦如是。故武断之人喜盲从，盲从之人亦喜武断。

秦始皇“焚书坑儒”，该死。前人文章皆如此骂他，我们作文亦是如此，此是传统。曹操、曹丕是奸臣，曹操“挟天子以令诸侯”，曹丕篡汉，前人戏曲、小说都如此骂他们，我们也骂，此亦是传统。应想秦始皇当时之环境，为之设身处地而想，若己身为始皇，是否“焚书坑儒”？说出理由来。如捉住小贼，打骂之后送往法庭论罪，此固然是对的，但这是传统的。对底下人不严，不使用，是奖其懒惰。在我是仁慈，然底下人并不了解，而认为是应该，甚至支使也支使不动了。此太宽。处世对人真难，脾气暴躁难处；而脾气好也应小心，易为人所欺。那么，人怎么办？做好人呢还是做坏人？所谓“宁得罪君子，不得罪小人”，真使人恨不能变为毒蛇猛兽咬人，使人不敢欺己。对底下人固不必太和气，然也不必做一暴君。对小偷而不责罚是奖励偷盗，责罚是惩罚。然若己身为盗，在三九寒天，身上无衣，腹中无食，且非只一朝一夕，不偷怎办？若己身在此境亦不偷，说出理由来。对小偷若责罚之，是传统的；不责罚应有理由，此即所谓思想——议论，由思想而生之议论。

中国最好的议论文章是诸子，因其对物理、人情下过一番思考，故既不盲从,亦不武断。诸子文章当然有好的,而其意义并不在文,乃为了表现其思想。凡思想清楚之人,其文章必佳,虽然也许不深刻、不伟大。(当然也有深刻、伟大的。)

纪事:

《史记》《汉书》,文章亦极佳。所谓"子""史",皆是很好的文章。凡是写史者皆富于思想,能思考、能判断;否则,写出来的仅是史料而非史书。一切文章亦如此,非思想清楚不可。

没有一部史书不是用极好的文章写出来的,然其意在写往古来今之史实。多读史,史是一面镜子,不但可见到古人,且可照见了自己。《左传》《史记》《汉书》,为人人信任、崇拜,以为学文言文须读此三书。然此三书之文章固是好,而作者之意不在作文乃在纪事。因其为"史",故不能称之为散文(狭义)。

后来之散文,至魏文帝时,其内容并非无议论、纪事,然占次要地位,而抒情、写景占主要的。此是魏文帝提倡的,甚至可以说是魏文帝之散文运动,因在魏文帝前尚无此种纯文艺之散文。

L'art pour la vie.(法语:为人生的艺术。)

L'art pour l'art.(法语:为艺术的艺术。)

子、史是艺术,然其意在人生而不在艺术。议论——诸子,纪事——史汉[①],是为人生的艺术。史是记录人生的,子是改进人生的,不论乐天、悲天……总之,是对现世的不满而希望有一个更合理想的生活。写社会、写人群,是因其恨此社会没出息而希望社会好起来、活泼起来、光明起来。史是记录人生的,写在专制时代。

---

① 史汉:《史记》与《汉书》的合称。

>>>《史记》文章亦极佳。图为明朝张宏《史记君臣故事》。

贤良政治、暴君政治、民主政治……下之人民生活情况，此当然亦是为人生的艺术。

为艺术而艺术，一般人不承认，如几何学上之点是没有面积的。(是的，但没有点，面又安置于何处?)这在道理上是对的，而在事实上又是不可能的。惠施[①]、公孙龙[②]善辩(诡辩派)，惠施谓“一尺之捶，日取其半，万世不竭”(《庄子·天下》)，所说道理很对，而事实上也是不可能。

有人说为艺术的艺术在理由上能存在，而事实上亦不能存在。因为无论怎样一位为艺术而艺术的作家，其所写出之文，不能不反映作者自己的生活，既在其作品中反映出其生活，则还是为人生的艺术，而非为艺术的艺术，故为艺术的艺术亦是为人生的艺术。然为人生的艺术，其反映之人生是多数的(史)、一般的、普通的(子)。为艺术而艺术的散文家，其所反映之人生是个人的，以近代文学上之名词言之，是“自我中心(self-center)”。观察其自身周围与自己有关系的事物，眼光远大，可看得多；否则，看得少。但不论多少，反正是以自我为中心。魏文帝之散文即如此。

prose　poétique　et　musique

散文　　诗的　　和　音乐的

法恶魔派诗人波特来尔(Baudelaire)[③]主张散文——极美的散

---

① 惠施(前370? —前310?)：战国时哲学家、思想家，名家代表人物。

② 公孙龙(前320? —前250?)：战国时哲学家、思想家、辩论家，名家代表人物。提出“白马非马”“离坚白”等命题。

③ 波特来尔(1821—1867)：今译为波德莱尔，19世纪法国诗人，现代派鼻祖，象征派诗歌先驱，代表作有诗集《恶之花》。

文,必须是诗的和音乐的。魏文帝之散文即如B氏所言。

抒情、写景最易成为诗的、音乐的。在诗中写议论、纪事甚难,尤以议论为难,但也须视作者之思想、天才。老子、庄子写思想之散文,几乎是诗。一般议论老、庄者,看其无为思想,而余则注重其文——散文诗。《论语》亦是极好的散文诗。在学习期间,写抒情、写景之文最易,议论、纪事为难。

余之讲"诗",合天地而为诗,讲文亦如此。

> 主语+述语=句
>
> ;:,标点符号

句子须有主语、述语,如"月落""月白"可称为句,"明月"则非句。

不会使用标点符号者必不会造句,不知怎样是一句。然符号不会使用可不必勉强,最要紧的是"。"与","(句与读)。

近代白话文之最大毛病是不能读。

写白话文写得好的人,其对旧文学必有修养。对旧文学用功,不但文言文作得好,白话文也可以作得好,故对旧文学必须吸收。新兴作家要去发掘旧文学的宝藏,托洛斯基(Trotsky)[1]与高尔基(Gorky)俱有此语。在旧文学中有许多文学之技术,没有一种创作(工作)不是需要技术的。

中国旧文学太讲技术上用功而忽略了内容,数千年来陈陈相因,一直是在技术(甚至可以说是技巧)上打滚。现代之作家又太重于思想而忽略于文字的技术,以致最低的文字技术都没有,不能表

---

① 托洛斯基(1879—1940):或译为托洛茨基,原名列夫·达维多维奇·布隆施泰因,苏联政治家、理论家,且具有很高的文学理论造诣,著有《文学与革命》。

现其所说的话，甚至连“骂”与“捧”都分不清。故近代文学家应对旧文学之技术加以用功，旧文学之文句都是千锤百炼而后出的。

胡适在文学上是极肤浅的，对其文章固应当读，但慎勿用功，用功必为其所误。至于看何种书物为上，则唯有看鲁迅之作品。因为看惯了烂面条子似的文章，再看鲁迅硬性之文字，就会啃不动，看不明白。若看了巴金[①]之文再读鲁迅之文，就会看不懂。

《朝花夕拾》，鲁迅之散文集，较好读。《野草》是散文诗，最难读。只读《野草》，易入□[②]角。《呐喊》，小说集，其中有《鸭的喜剧》：

> 俄国的盲诗人爱罗先珂君带了他那六弦琴到北京之后不久，便向我诉苦说“寂寞呀，寂寞呀，在沙漠上似的寂寞呀！”

文章有花开水流之美，自然，流动。此外则如雕刻一般，亦好极，唯幼童不能读。

中国文字，方块、独体、单音，故最整齐。因整齐便讲格律，如平仄、对偶，此整齐之自然结果。整齐是美。美，说起来是一个，分起来则有万端，其中有一种美即是整齐。中国文字太偏于整齐美，故缺乏弹性。西洋文字不整齐，最富弹性。如 give me liberty or give me death（帕特里克・亨利语[③]），有力量；中国译成“不自由，毋宁死”，译得整齐，而无力。

警句。读书要发现警句，作文章应用警句，一篇中至少有一二

---

① 巴金（1904—2005）：现代文学家，原名李尧棠，字芾甘，四川成都人。代表作有《爱情三部曲》《激流三部曲》《随想录》等。

② 按：原笔记“人”字下缺一字。

③ 帕特里克・亨利（Patrick Henry，1736—1799）：美国政治家、演说家，被誉为“美国革命之舌”。1775 年 3 月 23 日，帕特里克・亨利在弗吉尼亚州议会上发表演说《不自由，毋宁死》，结尾之句即是 give me liberty or give me death。

句。所谓警句,即是陆机《文赋》所言“立片言以居要,乃一篇之警策”,即俗语所云“杀人要在咽喉上下刀”。(片铁可以杀人,须在咽喉上。)

读文章不应如吃药一般,应如同吃点心,本质是药而吃起来如点心一般,始佳。而人最爱吃点心,爱吃点心便易闹胃病。有时工夫助病发展。

学作文如学做人一样,没有一个人没有毛病,不过有人之毛病是可憎,有人之毛病则是可爱的。小孩不会掩饰做假,而百分之九十其毛病是可爱的,如说话不清楚越显得可爱。(余为理想派——不是不注重现实,鲁迅是写实派。)

第八讲

与魏文帝笺

正月八日壬寅，领主簿繁钦，死罪死罪。近屡奉牋，不足自宣。顷诸鼓吹，广求异妓，时都尉薛访车子，年始十四，能喉啭引声，与笳同音。白上呈见，果如其言。即日故共观试，乃知天壤之所生，诚有自然之妙物也。潜气内转，哀音外激，大不抗越，细不幽散，声悲旧笳，曲美常均。及与黄门鼓吹温胡，迭唱迭和，喉所发音，无不响应，曲折沉浮，寻变入节。自初呈试，中间二旬，胡欲傲其所不知，尚之以一曲，巧竭意匮，既已不能。而此孺子遗声抑扬，不可胜穷，优游转化，余弄未尽；暨其清激悲吟，杂以怨慕，咏北狄之遐征，奏胡马之长思，凄入肝脾，哀感顽艳。是时日在西隅，凉风拂衽，背山临谿，流泉东逝。同坐仰叹，观者俯听，莫不泫泣殒涕，悲怀慷慨。自左骐史妠謇姐名倡，能识以来，耳目所见，佥曰诡异，未之闻也。

窃惟圣体，兼爱好奇；是以因牋，先白委曲。伏想御闻，必含余欢。冀事速讫，旋侍光尘，寓目阶庭，与听斯调，宴喜之乐，盖亦无量。钦死罪死罪。

《昭明文选》卷第四十"笺"载繁钦[①]《与魏文帝笺》。

繁钦，繁，步何切。魏文帝曹丕，字子桓。

三国时，以魏之文风最盛，因汉以前中国之文明在黄河流域——即所谓中原。魏居中原而继承了中原之文化，故文人最多，文风最盛。"文采风流"，魏晋之文学真可谓之"文采风流"。中国诗教——汉以前——温柔敦厚，此是向内的；文采风流则是向外的。杜工部说曹家是文采风流[②]，的是确论。

魏有"三曹"：魏武帝曹操、魏文帝曹丕、曹植曹子建。（后有魏明帝曹叡[③]。）有人将曹氏父子比六朝之梁氏父子（梁武帝萧衍[④]、昭明太子萧统、简文帝萧纲[⑤]、梁元帝萧绎[⑥]），不过萧氏父子不足为曹氏父子之比。何以？萧氏父子文人气太重，梁代之文学运动中心为萧氏，则梁代文学衰矣，因梁氏父子文章太注意文字之修辞。不注意文字修辞不能表现文章美，人谁不喜欢修饰外表？囚首丧面而谈诗书，不可亲近。然若只注重外表，而无内美，只是虚有其表。此种

---

① 繁钦（？—218）：魏晋建安时期文学家，字休伯，颍川（今河南禹州）人。善写诗赋，长於书牍，代表作为《定情诗》。

② 杜甫《丹青引赠曹将军霸》："将军魏武之子孙，于今为庶为青门。英雄割据虽已矣，文采风流今尚存。"

③ 曹叡（204—239）：字元仲，曹丕长子，能诗文，与曹操、曹丕并称魏之"三祖"。

④ 萧衍（464—549）：字叔达，南兰陵（今江苏常州西北）人，南朝梁政权建立者，谥称武帝。萧衍倾力佛学，长于经史，亦工诗文，有《梁武帝御制集》。

⑤ 萧纲（503—551）：南朝梁文学家，字世缵，萧衍第三子，谥称简文帝。有《梁简文帝集》。

⑥ 萧绎（508—554）：南朝梁文学家，字世诚，自号金楼子，萧衍第七子，谥称元帝。著有《金楼子》。

人是绣花枕头，内是草包；是麒麟楦[①]，内亦草包。固然不能说萧氏父子之文章是虚有其表，而已有此趋势。近代文章有所谓颓废派、颓废美（法语：décadent），此可以秋天为譬喻——“霜叶红于二月花”（杜牧《山行》）。此种美是颓废美，再一步便是凋零了。文学到了衰落期，便有一度是颓废的，有颓废美。六朝末期及唐末之文学，即是颓废美。“夕阳无限好，只是近黄昏”（李商隐《登乐游原》），就是颓废美。此种文学使人爱，不忍释手。

在曹魏、在中原，以曹氏父子三人为中心而形成为文学运动。此与政治有关。曹氏父子，一个是“挟天子以令诸侯”之操丞相，一个是俨然之天子曹子桓，一个是金枝玉叶之曹子建。此三人，登高一呼，从者云集，此不但在当代为文学之中心，对于后代之影响亦大，除其本身价值之外，即因其地位高。乾隆皇帝之字不甚高明，然风气为之一变，书法之坏始于乾隆，因为皇帝故也。一个没有地位之人，可于文学上造就地位，造成势力，然须经一极长期之奋斗。杜甫毕竟不是进士，在唐并不为人重视，韩退之尚为其辩护：

李杜文章在，光焰万丈长。
不知群儿愚，那用故谤伤。
蚍蜉撼大树，可笑不自量。

（《调张籍》）

曹氏父子三人之文学，有朝气，作风清新。而武帝偏于霸气，因其不甘心做一文学家，乃事业家、政治家、军事家。魏文帝有英气，不似霸气之横，英气是文秀的。至于曹子建，并没什么了不起之处。

---

① 冯贽《云仙杂记》卷九引《朝野佥载》：“唐杨炯每呼朝士为麒麟楦。或问之，曰：‘今假弄麒麟者，必修饰其形，覆之驴上，宛然异物。及去其皮，还是驴耳。无德而朱紫，何以异是？’”麒麟楦，喻指虚有其表而无真才之人。

子建之才后人称为“才高八斗”[1]，实不怎样。其文不如曹丕，诗不如孟德，其可取处安在？其诗文有豪气，甚至于可以说是“客气”。客气是假的，豪气则是浊气，较客气犹糟。子建之文，“雷声大，雨点小”，“说大话，使小钱”，足可形容子建之文。

武帝乃军事家、政治家，有文学天才，甚至可说其有文学修养，因其有言曰“老而好学者，唯吾与袁伯业耳”（魏文帝《典论·自序》）。武帝固然天才高于其二子，然有事业在，其精神为事业分去不少，不能专心创作，但究竟是一文人。一般人对曹操印象之坏，在戏剧。唐宋文章对曹操称曹公，宋以降戏曲、小说越发达，曹操之人格越糟。曹操固奸，然文采可佩服。

魏文帝之为人真“妙”。“妙”，可意会而不可言传。（有一种“妙人”，好人固然未必，坏人不知是哪一种，中国多此种人。与人无益，而把自己毁掉完事，此亦“妙人”。）曰“妙”，须说到心理。余常读心理学之书，其因有二：一研读，二创作。佛罗伊德（Freud）[2]之心理分析学，颇有趣，分析别人写小说之心理而养成分析心理之习惯。中国小说与外国小说之最大区别，乃在于中国小说只是事实的记载，西洋则注重心理的描写。《聊斋》好的作品有点儿心理描写，坏的则只是故事之记载，并非小说。好的小说，必定描写人物生活、心理之转变。《水浒》《红楼》，不但写其故事而已，不但表现心理，且将其灵魂裸露出来。好的小说皆是如此。余作小说亦注意此点。科举时代，“不求文章高天下，只求中人试官眼”。《聊斋》文章不通，《阅微

---

① 《南史·谢灵运传》谢灵运称颂曹植：“天下才共一石，曹子建独得八斗，我得一斗，自古及今共用一斗。”

② 佛罗伊德（1856—1939）：今译为弗洛伊德，奥地利精神分析学家、精神分析学派创始人。其精神分析的主要观点包括心理结构观点、人格结构观点、动力观点、心理性欲发展学说、防御机制学说等方面。

草堂笔记》亦不通。(《聊斋》尚有一二篇、一二句好的。)如看《儒林外史》,不如看《水浒》。(余不喜《红楼》。)

文帝在政治上、军事上皆非低能者,固然不如其父之雄才大略;且身为皇帝,地大人多,文才甚盛。而他却不甘心、不安心做一皇帝,政治、军事……皆不能满足其生活的欲望,成功是喜欢,满足是悲哀。文帝之欲望在文学,总觉得文人最好。“文章,经国之大业,不朽之盛事”(曹丕《典论·论文》),政治、军事反不算什么。文帝天才高,功夫深,地位亦高,故成为汉末魏初文学运动之中心人物。文帝也真做到了此步,其文章真好。中国在魏文帝曹丕之前无纯正之散文。

《文选》李善注引《文帝集序》云:“上西征,余守谯,繁钦从。时薛访车子能喉啭,与笳同音。钦牋还与余,而盛叹之。虽过其实,而其文甚丽。”

“而盛叹之”,“叹”有二义:叹惜,叹赏。

繁钦文字在当时并不怎样,而此篇甚佳。

“领主簿繁钦”,“领”,署理,代。

“近屡奉牋”,“奉”,古无“捧”字,奉即捧。《礼记·内则》凡捧皆作奉。奉,今有二义:接到谓奉,下呈上亦谓奉。“牋”,与“笺”通,犹书牍也。《文选》中凡以下对上者皆曰牋。公事有平行、下行、上行三种,平行、下行曰书,上书曰牋。“近屡奉牋”谓屡屡呈书于文帝也。

“不足自宣”,“宣”,表白、表现。

“顷诸鼓吹”,“顷”,近来,亦可作比、近,近日。“鼓吹”,善无注,五臣[①]曰:“音乐也。”疑指乐人而言。

“广求异妓”,“妓”,与伎、技同,今“娼妓”二字已堕落。古之

---

① 唐玄宗朝五臣奉诏重注《文选》,称《五臣注文选》。五臣,即由工部侍郎吕延祚所组织的吕延济、刘良、张铣、吕向、李周翰五人。

“倡”字、“伎”字固不好，然绝非坏意。倡＝唱、伎＝能，所唱为歌，所能为舞。今之娼妓不见得会歌舞。（会歌舞者，艺妓。）

“时都尉薛访车子”，“车子”，见《左传》杜预注：“贱役也。”

“能喉啭引声”，“啭”“转”同。“喉啭”当即转喉之意。“引”，引而长之。“啭引”写尽唱之基本条件，无曲折或声音短，皆不得谓之长。“歌永言”（《尚书·舜典》），永，即引也。永、引，双声。

“与笳同音”，“笳”，五臣注：“箫也。”胡笳，或曰角，或曰号角。

“白上呈见”，五臣注：“上，主上也。文帝时未受禅也。”（按：上，当指武帝而言也。）

“白上呈见，果如其言”以上诸句，简洁。叙述中的轻重难易，在此中有所取舍。轻重难易是客观的，是外面的条件；取舍是主观的，是自己的心思。

中国文字越来越复杂。

未作文时多念书，作文章时忘掉书。人所难言，我易言之；人所易言，我简言之。作文如同做人，不能临阵脱逃，一如《西厢记》中惠明和尚所言：

> 我从来欺硬怕软，吃苦不甘。（第二本《崔莺莺夜听琴》楔子）

作文、做人，俱应如此。

“自然之妙物”，非人为，谓之自然。渊明所谓“丝不如竹，竹不如肉”，是由于渐近自然。[1] “乃知天壤之所生，诚有自然之妙物也”，

---

① 陶渊明《晋故征西大将军长史孟府君传》记载桓温问孟嘉之语：“（温）又问听妓，丝不如竹，竹不如肉，答曰：‘渐近自然。’”

是“断语”，又名案语。断语应在前或后，繁钦此文先下断语，劈头一句。此种作法有力，有“逼人力”，感心动人。

余作文习惯先说客观条件，然后下断语。断语（案语）无论在前、在后，皆视使用之技术也，要紧的是在解释明白。上去就写断语（案语），乃“几何式”之写法。断语（案语）在后，是“代数式”之写法。但要紧的是层次要清楚。文人需要脑筋清楚，有层次、条理、步骤……与科学家不同。

“潜气内转，哀音外激”，“潜”，藏也；“哀”，感人也。魏晋六朝人用“哀”即感动人心之意。“激”，动也。“潜气内转，哀音外激”有因果之关系。若写景之句“老圃花黄，高天雁过”，则无因果之关系。

“大不抗越，细不幽散”，有等级关系。“抗越”，抗，过高；越，过度。

“曲美常均”，“均”“韵”同。五臣注：“均，曲也。”以五臣注为佳。“声悲旧笳，曲美常均”，上一句以“笳”代表一切乐器，下一句以“均”代表一切歌者。

“潜气内转，哀音外激，大不抗越，细不幽散，声悲旧笳，曲美常均”六句三联：

① 潜气内转　② 哀音外激

③ 大不抗越　④ 细不幽散

⑤ 声悲旧笳　⑥ 曲美常均

所谓联，即骈句也。句法相似，平仄相调。六朝之骈体文凡高手所作，两句绝非一回事情。“关山飞越，谁悲失路之人；萍水相逢，尽是他乡之客”（王勃《滕王阁序》），此两句是一意思，六朝人不如此作。

中国字方块单音,易趋整齐。汉之辞赋已注重字之整齐。至魏,尤其曹子桓,利用汉朝辞赋之句法,加入散文中,结果成为骈体。“潜气内转,哀音外激,大不抗越,细不幽散,声悲旧笳,曲美常均”是其例。此当然增加散文之文章美。文章之美并不在形式,然需借重于形式。

古典派文学注重于形式。天地间事事物物,不论自然的或人为的,皆越不过形式,除非其非物(物,广义的)。物有固定形式。上帝造物并无固定形式,然造出后绝对有固定形式。文章无形式如何发表?不过,看其形式如何了,印板文字太重形式。

天下事物只许有一,不许有二,特别是文艺作品。东施效颦,丑不可言。“不可无一,不可有二”,在文学上可受人影响而不可模仿。“削足适履”之作法,使文章一败涂地。捉襟肘露,纳履踵决。

“潜气内转,哀音外激,大不抗越,细不幽散,声悲旧笳,曲美常均”之骈句,精彩妥当,个个字都当工而出,无一不合适之字、勉强之字。“莫之为而为”“莫之致而致”(《孟子·万章上》),瓜熟蒂落,水到渠成,自然而然。

观察事情先于混沌中看出矛盾来。事情并不混沌,而看之人脑子不清楚,故混沌。混沌是黑漆一团,矛盾是彼此不同。长、短是矛盾的,然混合成美,美是调和。文章法如烟海,从何处下手、下口?渐渐于混沌中看出矛盾,得到调和,文章始自然而然而出。

在娱乐上,人类往往以悲哀安慰自己。(本于自己生活之经验所得之思想,乃真正之思想。便是错了,也是有价值的,至少是有意义的。)此乃悲哀之音乐、戏曲、小说易感动人之原因。(有人说《石头记》最够近代小说之价值。)最伟大的作品必是最能感动人的,故戏剧中以悲剧感人最深。

人生满意时少,不满意时多,即悲哀之事多于快乐。人生短短数十年而已,生而复死。“吾力之微,正如帝力之大”(西洋俗谚),此即人类最大之悲哀。人生下来就会哭,而笑尚需转年之后,此即证明人生是受苦的。有许多事情是人力所不能变的:

> 既不能令,又不受命。(《孟子·离娄上》)

“令”,支配人;“受命”,受人支配。人就是如此,这还不是指整个人生而言,只是指局部之事实。(自杀是自己对自己的惩罚,亦是自己宣布自己之力微。)其实整个之人就是如此。“人往高处长,水往低处流”,人若安分,就仅止是茹毛饮血。上古之时,巢居穴处,如果人安于目前生活,则如今仍当如是。上古椎轮大辂,今日则汽车、火车、飞机……这都是物质上之进步。精神上之享受亦如此。人之力量不能改变山、海……越是有感情,有思想、感觉、性情之人,越是不满于现状,此人中之最优秀分子。希望好是前进之思想,而见到处都不好,就不满。“既不能令,又不受命”,因此悲哀就来了。

《论语》有云:

> 举一隅不以三隅反,则不复也。(《述而》)

人喜悲剧,看到悲哀,仿佛看见自己,对悲剧中主角可怜、表同情,乃是同情了自己的、可怜了自己的。俗语云“穷生奸计,富长良心”,此语对不对尚不论;西谚云“倒是不好的环境不可以少,因为可以造就出一两个好人来”,这两种话以哪种为对?都对,也可说都不对。一个人有成为好人之可能性,即使在恶劣之环境之下;一个人亦有成恶性之可能,在富时固不讲良心,若穷时则当生奸计。钢梁磨绣针,功到自然成。若是砖,则无论如何也磨不成针。一个人如果不了解悲哀之价值,则其为人必极肤浅,但不能不承认其快乐。凡是肤浅之人皆快乐。小孩最肤浅、幼稚,而最快乐。在现实社会中,追求快乐者必是极肤浅之人。若认识悲哀,而意气颓唐,生活无力,与肤浅之人同样无聊。而能在了解悲哀之后,生出力量去切实地生活,始有价值,此是第一义。看悲剧而生同情心,可怜悲剧主角即可怜自己,此是第二义。

“及与黄门鼓吹胡温”,“黄门鼓吹”,乐官。

“迭唱迭和”,“迭”,互相。

“曲折沉浮”,“曲折”,以音节之长短论;“沉浮”,以音调之高下论。“气盛则言之短长与声之高下者皆宜”(韩退之《答李翊书》)。

“寻变入节”,“节”,即拍子、板眼。音节变化还落在原来之拍子、板眼上,即曰“寻变入节”。

青年人不能太谨严,因妨害发展。小孩子不加管教,则无法无天;管教太严,则在身心两方面之发展俱有妨害(造成小老头儿、小大人儿)。学文如学做人。鲁迅之文铁板钉钉,叮叮当当,都生了根。非如此作不可(思想深刻当然不必说)。若引其话,非引其原文不可,不如此则无力,如:

> 勇者愤怒,抽刃向更强者;怯者愤怒,却抽刃向更弱者。(《华盖集·杂感》)

鲁迅白话文都到了古典,古典则须谨严。古典派并非用上许多典故,对仗工整,而是谨严,无闲字、废话也。自汉至六朝,文字之清楚、谨严,鲁迅先生即受其影响,特别是魏晋六朝。鲁迅有《魏晋风度及文章与药及酒之关系》(《而已集》),“风度”与“药”及“酒”之关系真清楚。人粗心惯了,就忘掉了粗心;细心细惯了,也是如此。

① 不得不然
② 当然而然 是“一”
③ 自然而然

鲁迅之文也是如此:越写越谨严,故无活泼之气。所以不希望青年人学其文。

魏晋之文章即谨严,特别是以魏文帝为中心之一派。谨严之结果是切实,不夸大。夸大写切实了也不显夸大,如说牡丹花好,只说非常好,则空洞,也就是夸大。若切实地写牡丹花如何之好,则不显夸大。文学上没有不夸大的,要在写得好:

> 增之一分则太长,减之一分则太短。(宋玉《登徒子好色赋》)

没有一定之尺寸,此是何等之夸大,但切实。

“乃知天壤之所生,诚有自然之妙物也。潜气内转,哀音外激,大不抗越,细不幽散,声悲旧笳,曲美常均。及与黄门鼓吹温胡,迭唱迭和,喉所发音,无不响应,曲折沈浮,寻变入节”数句,叮叮当当,个个字响亮。此由于谨严也。

“自处呈试,中间二旬”,“间”,隔也,距离、经。

“尚之以一曲”,“尚”“上”古通,加手其上,超过。

“优游转化”,“优游”,毫无勉强。“转化”,五臣本作“变化”,以五臣本为佳。

“余弄未尽”,“弄”,五臣注:“曲也。”

“咏北狄之遐征，奏胡马之长思”，五臣注：“《北狄征》《胡马思》皆古歌曲。”未举出处。（李善注只注典之出处，对于文辞不加解释，偶加解释，十之九皆误，故其在文学上甚是低能。）

“哀感顽艳”，“顽艳”，五臣注：“顽钝艳美者皆感之。”（顽钝，愚；艳美，智。）“感均顽艳”一语，由“哀感顽艳”来。“凄入肝脾，哀感顽艳”，“哀”对“凄”，“入”对“感”而言，“肝脾”对“顽艳”。句子有并列的、开合的，“肝”“脾”并列，“哀感”“顽艳”是开合的。繁钦之意，艳美者必聪明（艳，聪明之意）。近代出版物“哀感顽艳”讲成形容词，绝不可如此讲。

“日在西隅，凉风拂衽”，二句并不佳，然用于此处则美如葱丝、姜丝之放入鱼中，不早不晚，不多不少，刚刚正好，放入则可增鲜美之味。即不听唱歌，不看跳舞，而处“日在西隅，凉风拂衽”之时，也是百感交集。

“泫泣殒涕”，“泫泣”，流泪。中国字有时因其本身或言语变迁之故，直到现在还使用，如“矢”，用之不觉脏，用“屎”则不成。“殒涕”，涕，用了也不嫌丑。在西洋文中不见此种字。

“悲怀慷慨”，“悲怀”——有感于心，“慷慨”——出之于口。五臣注：“叹息貌。”“泫泣殒涕”——本句对，“悲怀慷慨”——本句对。

科学是训练人之思想，使之清楚、有条理；而文学的创作与哲学的思想也是训练人类之头脑清楚、有条理。

> 警笛鸣过，街心顿呈纷攘紊乱状态。商号高插中美国旗，欢呼畅唤，顷刻已万头攒动，人山人海。

写得乱，一点儿也不清楚，太“生”了。——无论写得多么热闹，作者之心非冷静不可。

> 光阴如驶，忽忽已一学年，感韶华之易逝，愧学业之无成，回朔既往，惄然忧之。

太熟了，放入任何文中皆成，几乎是陈言。（人难得是识羞。）

> 陈言（作旧题目）
> 标语（作新题目）

锐敏你的感觉，启发你的灵感。读古人文章得到灵感甚难，需有感觉，始有灵感。《庄子·徐无鬼》有言曰：

> 闻人足音跫然而喜矣。[①]（跫然，走路之声。）

这便是感觉。

《庄子》《左传》使用虚字，使得最神气。鲁迅写文言文，其学魏晋六朝文之痕迹也就露出来了（《中国小说史略》有文字之美，序与跋特别好）。余亦喜魏晋文章，或因受鲁迅先生影响。若学魏晋文，能缩短成四字句固好；不能缩短，则须延长成八个字。切记。

“左骥、史妠、謇嫭”，善注及五臣注谓皆当时之乐人。窃疑左、史当系人名；若“謇嫭”与“名倡”对举，“名倡”既系公名，则“謇嫭”当亦非私称也。“謇”，口吃也（喫东西之喫，喫、吃今混用）；嫭、姐同。言謇嫭者，反语也。

“能识以来，耳目所见，佥曰诡异，未之闻也”，“识”：（一）认识、辨识；（二）志，记也，记忆、记录，如《礼记·檀子》：“小子识之”“援笔识之”。“耳目所见”，目能见，耳如何见？何不云“耳目所及”？

① 《庄子·徐无鬼》：“夫逃虚空者，藜藋柱乎鼪鼬之径，踉位其空，闻人足音跫然而喜矣。”

"见",生于感,如闻见、看见、听见、意见……因为感觉之中,见最切实。身之所觉,耳之所听……皆无如见之清楚。闻而如见,故曰闻见。见解,见属于目,解属于心,因见之结实故曰见解。

"窃惟圣体"以下,一篇总结。"惟",维,思也。

"兼爱好奇",聪明人皆兼爱好奇,兼爱必定旁通。五臣注:"兼爱,多所爱也。"李善注不通。

"先白委曲","委曲",声情之曲折也,委曲详尽。

"旋侍光尘","光尘",犹言左右。

"寓目阶庭","寓目",参观。"阶庭"指宫庭。

魏文帝有《答繁钦书》,《文选》未选,写歌舞较繁钦之来书更佳:

> 披书欢笑,不能自胜。奇才妙伎,何其善也。顷守宫士孙世有女曰琐,年始九岁,梦与神通,寤而悲吟,哀声急切。涉历六载,至于十五。近者督将具以状闻。是日戊午,祖于北园,博延众贤,遂奏名倡;曲极数弹,欢情未逞。白日西逝,清风赴闱,罗帏徒袪,玄烛方微。乃令从官,引内世女。须臾而至,厥状甚美。素颜玄发,皓齿丹唇。详而问之,云善歌舞。于是振袂徐进,扬蛾微眺,芳声清激,逸足横集。众倡腾游,群宾失席。然后修容饰妆,改曲变度,激清角,扬《白雪》,接孤声,赴危节。于是商风振条,春鹰度吟,飞雾成霜。斯可谓声协钟石,气应风律,网罗《韶》《濩》,囊括郑卫者也。今之妙舞,莫巧于绛树,清歌莫善于宋臈,岂能上乱灵祇,下变庶物,漂悠风云,横厉无方,若斯也哉!固非车子喉转长吟所能逮也。吾练色知声,雅应此选,谨卜良日,纳之闲房。

"名者,实之宾也。"(《庄子·逍遥游》)

当然，我们应记准一物之名字，但有时太注意名字，而望文生义。如古典，其特点在法度上是谨严，特别是文字之修辞。而一般人都以为是堆砌难字、怪字。如浪漫，是注重在颜色鲜明、声音响亮……而一般人竟以为“浪漫”是可以胡写，此皆注重“名”之病也。

“小品文”三字，为人头痛者久矣，特别是正统派之文学家。小品文者，散文也。魏晋前之散文，是为议论思想而写的，非为艺术而艺术。如《史记》《国策》《左传》，亦非散文，因其是为史而写的。魏文帝《答繁钦书》，纯是为美而写的。文人写史上之事，丑恶之事都美化了。《水浒传》写杀人放火，而写成了美。鬼，并不美，然在大画家画出来之鬼，把鬼给美化了。叫花子，在艺术家之笔下也变成美的了。造化者，天地也，造物主也。大艺术家之笔下，巧夺造化。因为艺术家可以巧造许多事物出来。一个文人之笔，不亚于上帝之手。《水浒传》之作者，在创作言，就是造物主。天地间事物除去了美之外，还有什么值得我们写的？不美之事物，尚要写成美，何况真的美？

所谓美，即真、美、善也。

中国堕落不长进，第一即因为没有美的观念。试看古代之文、书、字、画、建筑，无一不美，无一不表现出古人之智慧。然而如今堕落了，即因审美之观念退化了。现在之一般雅人，俗之入骨。一肚子狼心狗肺、升官发财，而口中风花雪月、道德仁义，此是什么雅人？哪号的雅人？真鄙吝恶劣！

养成审美观念最重要。

《史记》《汉书》虽不是美文，然是“文”，即科学之书也，是很好的文章——有条理、有思想、清楚。文章之轻重、长短、高下、先后，有条理地说出来就成。这还不是说思想，只是说“话”，写出来就成了。

文章，并不是对不对的问题，只是好不好的问题。

祸患常积于忽微，而智勇多困于所溺。（欧阳修《五代史伶官传序》）

有三岁之翁，有百岁之童。（西谚）

额手相庆。

人贫志短，马瘦毛长。

这些都是成语，若用某一成语，就得是那个意思，不得更换一字，此是没有办法的。有人文中写乡人说话：

趁人之难，劫人钱财，这是我们化养出来的军队干出来的。

此既非文，亦非白，根本不是乡人之口吻。新八股，白话八股，怎么写出来的？怎么说的？说“趁火打劫”不得了吗？没有见过一个大国国民、文化国之国民，使用其本国文字使用得如此糟的。法人伯希和（Pelliot，汉学家）[1]在法国欲找一中国书记[2]，考试时录出书来，令其标点，没有一个是对的，真令伯希和笑倒大牙。

“修辞立其诚。”（《易传・文言》）诚之为义，大矣哉！其一，须心诚；其二，写出来的还须诚。如鲁迅《阿Q正传》。

《答繁钦书》开卷“披书欢笑，不能自胜”，“胜”，任、堪，平声（不胜愁、不胜悲）。

---

① 伯希和（1878—1945）：法国语言学家、汉学家，精于汉学研究，主编欧洲汉学杂志《通报》，著有《伯希和敦煌石窟笔记》《元朝秘史》《马可・波罗游记注释》《金帐汗国史札记》等。

② 书记：指担任文字抄写工作者。

“顷守宫士孙世有女曰琐”,“守宫”,职务也,小吏。

“梦与神通”,“通”,感通、交接之意(神附体)。

“涉历六载”,“涉历”,经过也。

“近者督将具以状闻”,“具”,备也,详细。“闻”有二义:(一)自闻之,(二)使之闻。“闻”,犹之“饮”(自饮、饮人)、“食”(自食、食人)。

“祖于北园”,“祖”,祭名。古有祖道、祖饯(祖,祖道;饯,饯行)。

“遂奏名倡”,“倡”“唱”同,犹“技”“伎”同。

“欢情未逞”,“逞”,尽兴。

“罗帏徒袪”,“徒袪”,应作“徙袪”(袪,袖),徙袪,褰去之意。

“玄烛方微”,“玄烛”,烛点时上亮下暗。

“引内世女”,“内”,纳,开门纳之。(自进曰“入”。)“纳”,《汉书》《史记》皆作内。

“厥状甚美”,“厥”,其也。厥、其,一声之转,见母。

“于是振袂徐进”,“振袂”,举袖。

“扬蛾微眺”一句,美,如散文诗。

“然后修容饰妆,改曲变度”,“后”“後”,古通用。《礼记·大学》:“身修而后家齐。”“修容饰妆”,说容;“改曲变度”,说歌。“曲”,歌也;“度”,调子(1、2、3、4、5、6、7)。

“激清角”,宫、商、角、徵、羽,变徵、变宫。宫、商发扬(响亮),徵、羽沉郁,角既不太发扬(响亮),亦不沉郁,故曰清角。(“角”,舌缩脚;“徵”,舌抵齿;“羽”,唇外取。)

中国音乐发达得颇早,至唐朝而极盛——盛唐时非极富且贵之家不能养许多音乐者。盛唐时,日本西来,将唐之音乐传入日本,当然也是皇族享受。据日人考察，唐之合奏有四十余种，传至日本只有十余种乐，但听起来还够伟大。如今，乐都失传了。中国如破落户、败家子弟，家中有好的物品，既不能保护，更不能发展，让它烂下去。其他事物可于书本上见到，唯音乐须口传，经变乱而诸伶工绝响，故逐渐失传。

“扬《白雪》”，《白雪》，古歌。宋玉《对楚王问》：“其始曰《下里》《巴人》，国中属而和者数千人。……其为《阳春》《白雪》，国中有属而和者，不过数十人。”（《下里》《巴人》，俗曲也。）

“接孤声”，“孤声”，或是高音。

“赴危节”，板眼密时唱起来无误，不乱。

“于是商风振条”，“于是”，“是”，通“时”。毛诗“是”“时”通用。

昰是　旹时，二字上下颠倒了，时、是混。

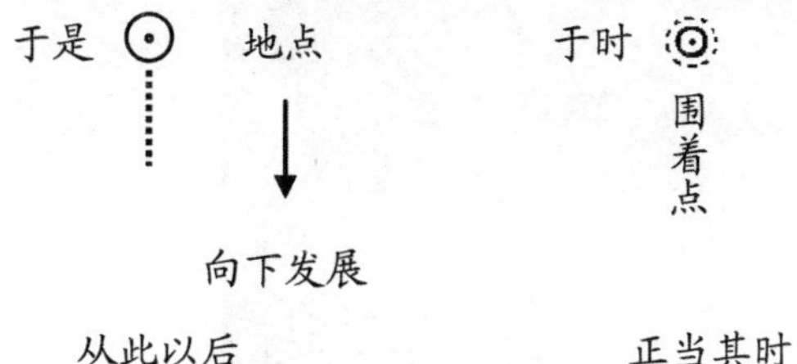

“商风振条”，“商风”，秋风。“春鹰度吟”，“春鹰”，或应作“春莺”。“飞雾成霜”，清冷之极。“商风振条，春鹰度吟，飞雾成霜”，象征之词，描写舞、歌仪态。

“气应风律”，“风律”，犹言音律。

“网罗《韶》《濩》，囊括郑卫”，《韶》《濩》，汤乐（曲子），雅乐。“网罗《韶》《濩》”，包括《韶》《濩》之美。“郑卫”，即郑卫之音，俗曲。《论语·卫灵公》：“郑声淫。”“囊括”“网罗”，兼收并包。

>>> 其他事物可于书本上见到，唯音乐须口传。图为清朝改琦《阆苑仙乐》。

音乐太俗则不登大雅之堂，太雅则不为一般人所欢迎，真难！文学便是如此之难。

“岂能上乱灵祇，下变庶物，漂悠风云，横厉无方，若斯也哉。”“乱”，变也，感动也。“无方”，无比。“漂悠风云”，变化无测。“横厉”，厉害之意。

“练色知声”，“练”，习，熟悉。“练色”，说跳舞；“知声”，说歌。

“雅应此选”，“选”，选手。

“纳之闲房”，收入后宫。

魏文帝是曹魏文学运动之中心，其与汉文学之不同——唯美派——为艺术而艺术。唯美派之感觉特别发达，注重感觉。佛家之“六根”——眼、耳、鼻、舌、身、意，感觉包括前五种。凡注意感觉之作家，不论散文、韵文，皆属唯美派。天地间之现象皆由耳目而入，故人之耳目特别发达，因此注重歌舞。此派文人写歌舞之文多佳。白居易往好处说，可以说是唯美派诗人，可惜其集中之诗有简直不是诗的，其好的诗都是描写歌舞的。眼之所见好写，耳之所闻则难。眼之所见是具体的，声音比形象更神秘，声音是实在之物而刹那即完，然听起来的的确确有一“物”，因为抓不住、摸不着而偏偏要写出来。声音与形象之区别，不用物理学上之理由来解答，而用平常之感觉来写。声音既然是实有便不神秘，但声音却实有而神秘。

文帝之文真美，有层次。

第九讲

答东阿王笺

琳死罪死罪。昨加恩辱命，并示龟赋，披览粲然。君侯体高世之才，秉青萍干将之器，拂钟无声，应机立断。此乃天然异禀，非钻仰者所庶几也。音义既远，清辞妙句，焱绝焕炳，譬犹飞兔流星，超山越海，龙骥所不敢追；况于驽马，可得齐足？夫听白雪之音，观绿水之节，然后东野巴人，蚩鄙益著，载欢载笑，欲罢不能。谨韫椟玩耽，以为吟颂。琳死罪死罪。

《昭明文选》卷第四十“笺”载陈琳[1]《答东阿王笺》。

陈琳原在袁绍部，为绍作《讨曹檄》，时操正患头风，出一身冷

---

[1] 陈琳（？—217）：东汉末年文学家，字孔璋，广陵射阳（今江苏淮安东南）人，“建安七子”之一，以章表书记见称于时。

汗，因此而愈。[①] 绍败，操得琳，不杀。操对是非利害看得十分清楚，然是非以利害为前提。有许多人无罪状而杀之，操即如此之“狠”。做大事业之人皆如此。陈琳，留着无害，养着他还可以骂别人。“能谄人者能骄人”(梁启超语)[②]，知道怎样使人喜欢，便知道怎样使人难受。

陈琳此文真结实，美。

开端“昨加恩辱命，并示龟赋”，落于本题，即其答东阿王之意也。“示”，使之见，使之知也。

“披览粲然”，“披”，打开之意，披卷。“粲然”，光华也，形容文章。

“君侯体高世之才”，“君侯”，五臣注：“王即诸侯也，故曰君侯。”非是。汉魏时称呼人曰“君侯”，犹汉时称“王孙”，《史记·淮阴侯列传》有“吾哀王孙而进食，岂望报乎”句，此并非专指皇室。“体”，动词，天赋、具有。

就此说开去，看“具”与“俱”二字：

> 俱，皆，副词(adverb)，俱有，皆有。
>
> 具，家具、器具，名词。
>
> 具有，动词。具＝有。

---

① 《讨曹檄》：即《为袁绍檄豫州》，檄文历数曹操罪状，诋斥及其父祖，铺张扬厉，极富煽动性。《三国志·魏志·陈琳传》裴松之注引《典略》：“琳作诸书及檄，草成呈太祖。太祖先苦头风，是日疾发，卧读琳所作，翕然而起曰：‘此愈我病。’说加厚赐。”历史演义小说《三国演义》第二十二回变其情节：“檄文传至许都，时曹操方患头风，卧病在床。左右将此檄传进，操见之，毛骨悚然，出了一身冷汗，不觉头风顿愈，从床上一跃而起，顾谓曹洪曰：‘此檄何人所作？’洪曰：‘闻是陈琳之笔。’”

② 梁启超《中国积弱溯源论》：“天下唯能谄人者，为能骄人；亦唯能骄人者，为能谄人。”

再看“獲”与“穫”“既”与“即”“随”与“遂”“惭”与“惨”“残”：

獲，獲得，动词。司马相如《羽猎赋》：“獲若两兽。”

穫，收穫，名词。“穫稻”。

既：既然，已经。

即：即刻，就，即是。

随：跟随，随意，动词。

遂：遂即，副词。听志未遂，遂，完成。杀人未遂者曰未遂犯。

惭：惭愧、羞惭。

惨：惨不忍睹、悲惨、可惨、惨然（形容词）。“五卅惨案”，惨杀，杀得很惨。

残：残余、残疾、残害（动词）、残杀（杀害了）。“残民以逞”（《左传·宣公二年》），自相残杀。

用字不可不谨慎。柳绿时可称绿柳，柳黄时不可称黄柳，可说柳叶黄，如“小路凄凄柳叶黄”。为什么？说不出理由，只是凭感觉而已。即有理由，都是自己编的。

“君侯体高世之才”，实说，言天才高。“体”，具有。

“秉青蓱干将之器”，“秉”，执也、持也。“青蓱干将”，古之宝剑名。（今宝剑已为剑之通称。）“秉青蓱干将之器”，象征，言技术、学力深。

“拂钟无声，应机立断”，“拂钟无声”言宝剑之快锐；“应机立断”，机，机智，一触即应曰机。二句言写文章写得成功。

“此乃天然异稟”，“稟”，稟受也。受，受之于天也，与有生俱来。

“非所钻仰者所庶几也”,“钻仰”,颜渊赞孔子之语,今仍有钻研之词。钻仰即学也。“庶几”,近之、比并、及之。

“音义既远”,“音义”,字之声音,文之内容。“远”,深远,兼音义而言。音远=长,义远=深,义远亦长,于义为长,其义较长。陈孔璋之意,音即义,义即音,音义者即义也。

“清辞妙句,猋绝焕炳”,言文章之形。“猋”,火花也。“绝”,形容猋。“焕炳”,光明也,文采彰著之谓也。

读书,不是说背,当然背过来更好;不是说懂,当然非懂不可。然主要在“觉”,“记”“解”尚在其次。(为应付考试而背书等于自杀。)《汉书》:“间关万里。”“间关”,字音好(《诗经》亦有“间关”),字音都带出爬山越陵之况。“猋绝焕炳”,字音欲带出文章之光彩,然“绝”字不调和。

“飞兔流星,超山越海”,句子都起来了,本来是恭维人,而自己之句子也是“飞兔流星,超山越海”,飞起来了。老杜“穿花蛱蝶深深见,点水蜻蜓款款飞”(《曲江二首》其二),“深深”,觉得深极了;“款款”,不慌不忙之劲儿都带出来了。

所谓“美”,在文学之创作上,义居第一,次形,次音;而在文学之欣赏上,则一音、二形、三义。“飞兔”,字形即飞蹦;字音“飞兔流星,超山越海”标准之骈体文,上下对句;“飞兔”又对“流星”,“超山”又对“越海”,本句对。飞兔、流星,皆马名。(庾子山《至仁山铭》“真花暂落,画树长春”,只是上句对下句。)若改为“飞兔超山,流星越海”亦可,然气断了。“飞兔流星,超山越海”,字面虽骈,而气是散行,虽工而不板。

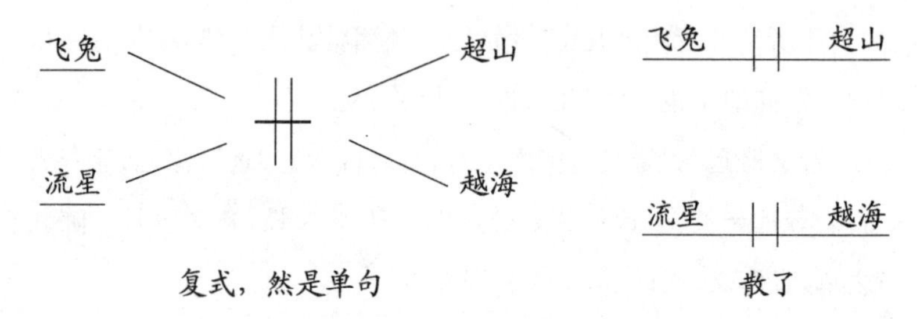

复式，然是单句　　　　散了

六朝文之句子美丽整齐，然病在拆开以后东一片、西一片，气就散了。写得高的则有散行之气。骈文之美乃中国特有，骈文是中国最美最美之文。大散文家其文中皆有骈句，如韩退之，“文起八代之衰”，然亦有骈。因为中国文字方块、单音、独体，最易“对”，且最美。柳子厚《种树郭橐驼传》：

> 虽曰爱之，其实害之；虽曰忧之，其实仇之。

不但是骈句，且叶韵了。此种骈文是散行，一气下来了。王安石之《伤仲永》：

> 彼其受之天也，如此其贤也，不受之人，且为众人；今夫不受之天，固众人，又不受之人，得为众人而已耶？

“彼其”，《诗经》中“彼”“其”往往连用。“不受之人”，“人”，指老师，不求学于老师。“且”，尚且，还。（且，可作而且、暂且用。）“固”，压根儿。“得为众人而已耶”，天才——→众人，成众人就完了吗？

> ① 天才——→② 众人——→③ ？

一气下来，越追越紧，如螺丝钉一般，追得越来越紧，使人喘不上气来。此点，斩尽杀绝，驾韩退之而上之；韩之文就是气冲而已，一杠子把人打死，使人心不服。王安石之文，则使人即使不服还说不出什么来。此真王荆公之拿手也。

讲理论,要找例证,文学史上之公例。

王荆公手下不留情,斩尽杀绝。就《伤仲永》一段而论,当看其"玩字"。玩字(play on word)。"天""人""众人",来回玩此三辞,于此可见其平易之中有不平易,拗气。荆公为人别扭,时称"拗相公"[①]。文章中即有此气,乃其个性也。(对于某一作家之文,需先与其作风发生关系,如此需多读。)且玩"受"、玩"其","受"字、"其"字用得多。

凡一切文章皆:(一) 由简而繁。老、庄并称,老简而庄繁;《论》《孟》并称,《论》简而《孟》繁。(二) 由奇古而平易。不论白话,即今之文言文亦不如以前之古。所谓条例者,是就多数而言,而章太炎、鲁迅乃是文学史上之特殊天才。鲁迅先生之白话文奇古,章太炎在文言文上是奇古。

荆公此文是散文,一气转折,修辞之技术真高。思想倒没什么,文真美,与"飞兔流星,超山越海"之美是异中有同,参透了可受用不尽。句子先长后短,先短后长,来回转折。此在文学上其实还不算什么。文学之好还不在此。无奈现在人连这点也不会,也不懂。

鲁迅先生之文亦拗,颇似荆公,其文之转折反复处甚多,如:

> 要被杀的时候我是关龙逄,要杀人的时候他是少正卯。(《华盖集续编·有趣的消息》)

关龙逄,桀之忠臣,桀杀之,罪不在关而在桀。少正卯,孔夫子

---

① 《京本通俗小说》中有《拗相公》一篇,记老妪之言:"官人难道不知王安石即当今之丞相?拗相公是他的浑名。"

所杀。为什么杀？或谓少正卯罪当死，或谓夫子嫌忌，还是千古疑案。鲁迅之文先不说道理，而文章反复转折，如说“要杀人的时候他是关龙逄，要杀人的时候他是少正卯”，则是一顺边儿，没劲了。故须先明了意义，然后始能欣赏文章美。

“龙骥所不敢追”，“龙骥”，“龙”，古谓马八尺以上为龙；“骥”，良马也，《论语·宪问》：“骥不称其力，称其德也。”

“况于驽马，可得齐足”，“驽”，不才也（奴才应作驽才）。“齐足”，并驾齐驱（驱，驱逐、驱使；趋，趋势。趋，走也）。

① 飞兔　流星　② 龙　骥　③ 驽马

两名词　　两名词　　一名词

此在作者未必有意如此，然如此讲之，也不是穿凿。其作非如此作不可。“文章本天成，妙手偶得之。”（陆放翁《文章》）杜诗亦有不佳者，《史记》亦有生硬处，《左传》亦有乌烟瘴气处。然的确有极妙者。

“夫听白雪之音，观绿水之节”，信手拈来，但“音”“节”意义相同，用得不好。

“东野”“巴人”，不高明之歌也。

“蚩鄙益著”，“蚩”，媸，与“妍”对举，“蚩鄙”，丑恶也。

“韫椟玩耽”，“韫”，藏也。“玩”，赏玩也。“耽”，五臣注：“好也。”

深，空洞但实在，玄妙但科学，乃中国文学之妙处。

此篇亦有此妙。

第十讲

报孙会宗书

恽材朽行秽，文质无所底，幸赖先人余业，得备宿卫。遭遇时变，以获爵位，终非其任，卒与祸会。足下哀其愚矇，赐书教督以所不及，殷勤甚厚。然窃恨足下不深惟其终始，而猥随俗之毁誉也。言鄙陋之愚心，则若逆指而文过，默而自守，恐违孔氏各言尔志之义。故敢略陈其愚，唯君子察焉！

恽家方隆盛时，乘朱轮者十人，位在列卿，爵为通侯，总领从官，与闻政事。曾不能以此时有所建明，以宣德化。又不能与群僚同心并力，陪辅朝庭之遗忘，已负窃位素餐之责久矣。怀禄贪势，不能自退，遂遭变故，横被口语，身幽北阙，妻子满狱。当此之时，自以夷灭不足以塞责，岂得全其首领，复奉先人之丘墓乎？伏惟圣主之恩，不可胜量。君子游道，乐以忘忧；小人全躯，说以忘罪。窃自念过已大矣，行已亏矣，长为农夫以没世矣。是故身率妻子，戮力耕桑，灌园治产，以给公上。不意当复用此为讥议也。

夫人情所不能止者,圣人弗禁。故君父至尊亲,送其终也,有时而既。臣之得罪,已三年矣。田家作苦,岁时伏腊,烹羊炰羔,斗酒自劳。家本秦也,能为秦声。妇赵女也,雅善鼓琴,奴婢歌者数人,酒后耳热,仰天拊缶而呼呜呜。其诗曰:"田彼南山,芜秽不治。种一顷豆,落而为萁。"人生行乐耳,须富贵何时?是日也,拂衣而喜,奋袖低昂,顿足起舞,诚淫荒无度,不知其不可也。

恽幸有余禄,方籴贱贩贵,逐什一之利。此贾竖之事,汙辱之处,恽亲行之。下流之人,众毁所归,不寒而慄。虽雅知恽者,犹随风而靡,尚何称誉之有?董生不云乎:"明明求仁义,常恐不能化民者,卿大夫之意也;明明求财利,常恐困乏者,庶人之事也。"故道不同不相为谋。今子尚安得以卿大夫之制而责仆哉?

夫西河魏土,文侯所兴,有段干木、田子方之遗风,漂然皆有节概,知去就之分,顷者足下离旧土,临安定。安定山谷之间,昆夷旧壤,子弟贪鄙,岂习俗之移人哉!于今乃睹子之志矣。方当盛汉之隆,愿勉旃,无多谈。

《昭明文选》卷第四十一"书上"载杨恽《报孙会宗书》[①]。

读文章:(一) 懂,(二) 欣赏。努力须勉强,久之发生爱。一般

---

① 杨恽(? —前 54):字子幼,华阴(今属陕西)人。宣帝时曾任左曹,因揭发霍禹谋反,封平通侯,迁中郎将。后被太仆戴长乐告发"以主上为戏,语近悖逆",免为庶人。其后,杨恽家居治产,以财为欣慰。友人安定太守孙会宗以书相谏戒,杨恽复以《报孙会宗书》。

人请客，必将自己所喜爱者请人。写文亦如此。

欲欣赏此文，需了解相关之本事背景。李善注引《汉书》曰：

> 杨恽，字子幼，华阴人。以才能称誉，为常侍骑，与太仆戴长乐相失，坐事免为庶人。恽见已失爵位，遂即归家闲居，自治产业，起室，以财自娱。岁余，友人安定太守西河孙会宗与恽书诫谏之。言大臣废退，当杜门惶惧，为可怜之意，不当治产业，通宾客，有称举。恽乃作此书报之。

“与太仆戴长乐相失”，“相失”，不相得也。“得”“失”对举，如是非、善恶皆对举。

“坐事免为庶人”，“坐”，因……而判罪。

“当杜门惶惧”，“杜门”，关门。然有本领人闲不住，不让做此事必做彼事。

“通宾客，有称举”，“称举”，赞扬。

五臣注：

> 恽见废，内怀不服。其后有日蚀之变，人告恽“骄奢不悔过，日蚀之咎，此人所致”，下廷尉桉验。又得与会宗书，宣帝恶之，遂腰斩之。

“人告恽”，“告”，告发。

“下廷尉桉验”，“下”，交给。“廷尉”，法院司法官。“桉”，案、按，即审问。“验”，验证。

治乱国用严刑。死于法，人无可怨；死于刑，则不成。如药治病有余，于健康则不足。（法最重要。文法学、文字学，是文学中顶科学的。）

《报孙会宗书》,“报”,答复。

此篇可朗读,朗读可养气。(《论语》《墨子》《韩非子》《汉书》,默读;《左传》《庄子》《孟子》《国策》《史记》,可朗读。)

天下之事相反而又相成。痛快好,但鲁莽与痛快相去一间耳。小心与寡断亦如此。谦虚得过火与骄傲一样的讨厌。谦是从心中发出来的,觉得自己不足,应当努力,应当探讨。宇宙是神秘的,天地是复杂的,虽圣人犹有所不知,我们以一身之力、之小,如何能探讨宇宙之秘密?我们怎能感到满足?有一技之长,不必骄傲。但不骄傲也不成,要自己承认自己的不成。

作文与做人相同。

文章有生发,有结束。“方生方死,方死方生”(《庄子·齐物论》),文章之生发、结束即如此(文学就是哲学)。

文章首段开端即言:“恽材朽行秽”,“材朽”“行秽”——一因一果。

所谓因果律,乃要那么结果,先那么栽种。为文则应前一句为后一句之因,后一句是前一句之果,因果相生。每句如此,每段亦如此。然文学究竟不是数学。如南北宋(北在前、南在后,应说北南宋)、东西晋(西在前、东在后,应说西东晋),然因为平常东西南北说惯了而说“南北宋”“东西晋”。“文质彬彬”应说是“质文彬彬”,然《论语》说“文质彬彬,然后君子”(《雍也》),所以也就如此用下去了。

“文质无所底”,“底”,音ㄓˇ[①],动词,《尔雅》:“底,致也。”“底”,音ㄉㄧˇ[②],至也。毛诗“伊於胡底”(即“底于胡”)、“靡所底止”之“底”

① ㄓˇ:注音符号,对应汉语拼音 zhǐ。

② ㄉㄧˇ:为注音符号,对应汉语拼音 dǐ。

亦训为至。“底”“底”不同，“致”“至”不同。“致使”“至使”，“致使”之“致”，使之至。“以至”“以致”，以至是表示时间的、空间的；以致是表示因果的。《孙子》：“善战者，致人而不致于人。”至，内动词(vi)；致，外动词(vt)。至、致，今混用了。“无所厎”，无所成也。

“先人余业”，五臣注：“谓父敞为丞相也。”

“终非其任”，不胜其任。

“卒与祸会”，“卒”，终也，结果。“祸”，指免官。“会”，遇也。

“足下哀其愚矇”，“愚矇”，犹言愚昧。

“赐书教督以所不及”，“教督”，教训改正。

“然窃恨足下不深惟其终始”，“窃”，私心以为。“惟”，思也，想也。“终始”，全体、经过。

“而猥随俗之毁誉”，“猥”，副词，形容俗。李善注：曲也，不合理谓之曲。(有理说不出曰屈，根本无理曰曲。)“毁”“誉”对举。

“不深惟其终始，而猥随俗之毁誉”，为一篇之主旨，须注意。

“则若逆指而文过”，“指”，意指，“指”与“旨”相近。(旨，有理的、合理的；指，无理由)。“文过”，文饰遮掩。

“默而自守”，五臣作“默而息乎”，五臣本较佳。

“恐违孔氏各言尔志之义”，《论语·公冶长》：“子曰：盍各言尔志。”(盍，何不。)

不能怀疑自己，怀疑自己便不能活了；不能怀疑自己的职业或事业，若怀疑则干不了。所以一个人不但悲观不得，连怀疑也不成，应该勇往直前地干去。

人应该有天才；如果没有，养成一个，以发展自己之联想。联想不是乱想。苏东坡有诗句：

> 但觉衾裯如泼水，不知庭院已堆盐。
>
> （《雪后书北台壁》）

这就是联想。

读书，中西古今或好或坏之书，皆可读，然不要乱读。（书难得。借书一痴，还书一痴。）

作文必先识字。据说一土匪做了县长，召集学者训话：

> 今天天气很美丽，大家来得很茂盛，所以兄弟我很感冒。大家会好几国英文，都是化学的脑筋，兄弟肚里没有脑筋。（有一人笑了。）那位诸君怎么笑了？

用字如用人，须知其性格才会用，它才肯为你所用。用字须用活了。刘彦和《文心雕龙·总术》篇云：

> 是以执术驭篇，似善奕之穷数。

文章犹如下棋，手艺高就输不了。打牌赌博则不然，全仗蒙。

散文分三种：抒情、哲理、科学。科学散文最不易写，刚硬的。回忆是最有诗味的。气盛者，文多流畅；思深者，文多艰涩。

魏文帝《答繁钦书》，因见繁钦书而写，意谓我也会用此体写此种文，而且写得比你还好，感情还很平正。《报孙会宗书》亦为复书，语气则激昂，不服气，口口声声说自己不成，而口口声声是不服气。

次段自“恽家方隆盛时”以下，先叙上段所言之“终始”。

“总领从官”，“从官”，皇帝亲近之官。

“与闻政事”，“与闻”，与，参与。

“曾不能以此时有所建明”，“曾”，过去词。“建明”之“建”，乃见之事业，此为作；“建明”之“明”，乃见之议论，此为言。

鲁迅先生什么也不能做，不使其做，但看别人做得又不好，只好言。孔、孟之说道理亦由此故。能做者不必说,用事实做证明,与其发宣言、出布告辟谣,不如好好做事。写文章乃不能做事者所为。

写文章没有“无所为”的,即使是“无所为”,也是为“无所为”而作,此亦“有所为”了。

“以宣德化”,“宣德化”即讲“建明”。宣,使明也。

“横被口语”,有的、没有的罪名都加在我身。

“身幽北阙”,五臣注:“恽禁在北阙,不在常禁人之所,谓帝宫内。”

“自以夷灭不足以塞责”,“夷”,平、杀,夷九族,即杀九族。

“岂得全其首领”,五臣本作“岂意得全首领”,五臣本为佳。以李善本,全句为虚拟口气;以五臣本,前半虚拟,后半实述。

“奉先人之丘墓”,“奉”,古写“[illegible]”,奉承、奉敬、守,后写作“捧”。“事死如事生”,乃就一人说,指事已亡故之父母;“事亡如事存”(《中庸》十九章),乃就现存之人物说,指事亡者之先人。(父母之父母,吾未见其人。)这是说父母活着,我们应为父母活着;父母死去,也还要为死去的父母和祖先活着。

我们如今此种思想已不清楚,而行为依然存在。八月十五非吃月饼不可,一般人是传统之观念。如果一很深之道理,到最后只剩了传统程式(行为),则非打倒不可,但须有代替者。如打倒旧道德,新德道安在? 破袍子撕了必须有新袍子。如无代替者,须使其复活——意义是旧的,生命是新的。如我们也说八月十五吃月饼,这是象征团圆的。

以现成之白话文替代古文,犹之以鹑衣百结之破衣替代棉袍子。一时代之人说一时代之话,用当代语言写文章是所应当的。然需记住:所写之"物"为本体,余者为工具、为技术。

"君子遊道","遊",五臣本作"游"。优遊,《论语·述而》"遊于艺"之"遊",动词。"遊",有享乐之意。学道是用功的;"遊道"是自然而然,是享受的。

"长为农夫以没世矣","没世",一辈子。

"以给公上","给",供给;"公上",官家。

"不意当复用此为讥议也","用",以也。以是之故=用是之故=因是之故,"用""因""以",以双声而兼通。《孟子·梁惠王上》有"杀人以梃"句,以、用通。然有时亦有不通。

此篇文章之思想并不深刻,每段之开始皆先多用四字句,临结时用一长句,亦修辞之一法。

"夫人情所不能止者……不知其不可也"一段,愤慨、激昂、结实。

《报孙会宗书》是抒情的,非常愤慨。愤慨之文章最不易写。一个人得意时说话要小心,失意时说话更应当小心。得意时,话易有失;失意时,语无伦次,无拣择。无拣择,乃为文之忌;无拣择——作文之道,尽于此矣。为人处世无论得意、失意时,俱要少说话。做人如此,作文亦如此。写愤慨之文字最难写,既然愤慨,就是不得志、不如意、烦闷、牢骚,抓着什么就写什么。杨恽之文即不平,慷慨激昂;激昂,不平和也。其文虽不平和,然尚有斟酌,即有伦次、有拣择也。

我们之思想与感情是创作之源泉,换言之,无思想与感情不能谈创作。(余自恨有感情、联想,而无思想。)然思想与感情如一匹马,以思想与感情为创作之源泉,犹如骑一匹马,马须是有力的、强健的，始可驮你走得很远。但小心，马不要成野马，要驾驭它，否则就写乱了。创作时，最怕无思想、无感情，但太盛了而不能驾驭则糟。一个人驾驭自己之感情，不论在做人、作文皆不易。杨恽之文，感情盛过思想。

“夫人情所不能止者，圣人弗禁”，格言、警句。（格言未必然是警句。如中国人门上之对子是格言而非警句，无文学价值。格言只有言中之物，警句则既有言中之物，亦有物外之言。）杨恽在愤慨之情绪下，而有此种富有思想之话。在愤慨之情绪下，最不易有深刻之思想。思想深刻，何谓深刻？首先是真实，是什么就说什么，不必求深刻，久之即深刻。深刻“自不妄语始”。现在之青年要敢哭、敢笑、敢说、敢骂……即说真话也。杨恽此语或不能称深刻之思想，然是真实之思想，尤其是写于愤慨感情之下。

“送其终也，有时而既”，“送终”，送死。“既”，竟、终。

人是“有生”，故“遂生”；不能“遂生”，便“求生”。（阴处之树长得既高且直，为求太阳也。）人之亲人死了之后，有三办法：（一）跟他死去。（二）哭，悲伤。不能跟他死去，悲伤亦不是生活之办法。悲伤是最伤人的。“若使忧能伤人，此子不得永年矣。”（孔融《论盛孝章书》）（三）渐渐淡漠下去。

人对其要好的死者，初死时思念深；数年之后，渐渐淡泊。思至此，真觉可怕。人情冰凉，我们如何待人？人如何待我们？这没有法子的事，不能强人所难。“有时而既”，不会无时而既的，故我们对于人之要求不能过量，你自己要过量可以。《遗教经》内说，和尚都化缘为生，“你去乞讨之时，施主仿佛如牛，要东西仿佛让牛载物，要思量牛力”。

“臣之得罪，已三年矣……不知其不可也”是一篇中间，且是中坚。

“烹羊炮羔”，“炮”，一作“炰”。

“斗酒自劳”，“劳”，慰也。（给人道辛苦，即称劳苦。）

“雅善鼓琴”，“雅善”，雅，副词，很善于。“鼓琴”，五臣本作“鼓瑟”。

圣人是最懂人情的，尤其是中国圣人最了解人情。过年过节，吃喝玩乐最有趣、有意义。（4 月 1 日愚人节，可见好玩，说谎亦人所爱好者。）

“田彼南山”，“田”，种也。“芜秽不治”，“治”，音池。“落而为萁”，“萁”，豆秆。“田彼南山”是象征，一如阴阳八卦是象征（可谓代表），☰乾、☷坤。（太极图亦自有其道理，但太穿凿附会了就不成。）

“‘田彼南山，芜秽不治。种一顷豆，落而为萁。’人生行乐耳，须富贵何时”数句中，“田彼南山”“种一顷豆”——希望；“芜秽不治”“落而为萁”——现状，失望的现实；“人生行乐耳，须富贵何时”，此末二句是写实，是绝望。杨恽做官之时有希望，希望官大，或为官出力。而今罢官在家，由失望而绝望。并非对生活绝望，而是对希望而绝望。但仍要求生，故“人生行乐耳，须富贵何时”。（须，要也，等也。）

一个人要有希望，无希望则无生活之勇气。但希望既多，失望也多，此也可以减少生活之勇气。知足常乐，没有希望故可以活下去。（饿也乐，孔夫子似乎人生有时也要饿死，饿也乐。阿 Q 之方法。）

《文选》之中,不见得篇篇皆中国最优秀之文。然可以说是水平线上之文章。读书求一了解、二记住、三得启发——即得到一种灵感。了解是把我钻入书中;记住是把书装入脑中,如此也还是尔为尔、我为我;必须人与书之精神打成一片,得一启发。心中有生发,即所谓灵感也。得到灵感之后,如迷信所说神灵附体,书上之精神与我们之精神成为一个。

教书不是把先生之思想给学生,而是使学生自己去想。如一瞎子,我们不是把所见所看说给他听,而是怎样使瞎子睁开眼来看。

小泉八云(L. Hearn),其母希腊人,新闻记者。在日本住得很久,后于大学教英文,入日籍,娶日本妻子,从妻姓,曰小泉八云,于日本之功劳甚大,尤其在文学上,如厨川白村[①]等皆其弟子,沟通日本及西洋之文化。小泉八云之思想陈旧落伍,然无关。小泉八云说,速写或者札记(皆指创作,与记事不同。记事仿佛报告,此非文学创作),小事物之速写中有心理的描写、幽默的趣味。

英国有诗人写过一篇速写,最好。故事写一诗人看其贵族朋友,敲门时出来一女仆人(maid servant)——如中国所谓之丫头差不多,并非老妈子——虽并不年轻,但不过三十。她有点儿可爱,但不知什么地方,不能使人亲近,就是诗人一万年不来,她也不会想他。这篇文章主要写丫头之干净、整洁。她把诗人让到客厅,一声不言就走了。等主人不来,诗人就想写诗,拿一墨水壶,没拿住,掉了,掉在极昂贵的地毯上,于是各处按电铃,慌极了。丫头进来了,她知道了,扭头就走了,冷冷静静地。她回头拿来水与海绵,诗人往

---

① 厨川白村(1880—1923):日本文艺评论家,著有《近代文学十讲》《出了象牙之塔》《苦闷的象征》等著作。

长椅子上一坐，看她做得非常仔细、有条理。眼看就干净了，恢复了原来的样子，诗人想着给她多少钱。此时丫头起来了，收拾了东西，笑着说："先生，要喝一杯茶吗？"真文雅。诗人觉得自己俗极了。之后不久，主人回来了，主客相见，诗人告诉主人洒墨水之经过，谈谈就走了，也未给女仆钱。这故事不但幽默，而且讽刺。人有时候觉得某人待我不错，头一天觉得好，第二天就觉得差点儿，一天天就淡了。英国一牧师布道讲得好，极感动人，照例讲完即募捐。（唐和尚说法后，亦要求布施。）一富翁在后面坐，极感动，说我捐一千。牧师捐完第一排，富翁想，何必一千，五百可矣。一排排捐下来，至富翁时捐五毛，但心想捐一毛就可以了。人就如此肤浅，没出息。不揭开，人为万物之灵；揭开，则显得刻薄。此种讽刺之文章，易使人刻薄。在青年观察应锐敏，思想感情应丰富，而存心不可不忠厚。牧师募捐之故事是真实的，但太刻薄。小泉八云所举之故事与此故事相仿佛，不过写得好。此幽默与讽刺之不同处，幽默固然是讽刺，但更富于温情。

此种事每天都有，若写出来，就是很好之文章，不是堆砌。

记事之文，其中亦含有道理，虽然不见得必含有道理；说理之文中亦有记事。如《史记·项羽本纪》，太史公并未说项羽好、刘邦坏，但文里行间口口声声项羽是英雄，刘邦是无赖。此种说理、批评比明说出来之力量还大。纯粹的客观是不可能的，写时，是非、善恶、喜怒不写出来不可以，人不是机器，不是尺量，认识人，是活的，是有灵性的，故纯粹之客观是不可能的。法国诗人之自然派、写实派主张以科学之方法从事文学之创作，然于文字中仍可看出作者之倾向来。凡是记事中皆带有说理，说理之文章不必有记事，然好的说理文章必有记事。如《圣经》浪子还家、农人撒种等；如释迦牟尼《百喻经》百段小故事，其实即故事集。《孟子》最能说理，但善于讲故事，如日攘其鸡……幽默、讽刺。《庄子》讲玄学，书中故事最多。故不要轻视写小故事——可含极深之意义，借小故事而使人了解，收效更大。写日记，不必如流水账，写下书上之一段，是札记，与书仍是尔为尔、我为我。在日记上，将心之所感、心之所想写出一段道理来。思想究竟有成熟否，是很大之问题。如释迦牟尼说教，早年与晚年即不同，故思想是进步的、改变的。记载小事固然琐碎，然看如何写。若不会写，一国之兴亡写出来也毫无意义；若写得好，写羊狗打架也可以。写得好，感动人，但不是说"教训"。中国之文，"教训气""说明气"太重了，如小泉八云即举了故事，并未说出道理来，看之而感叹。

行文简单那就是美。行文简单，用字斟酌，写此种材料，写出来就是永久的人性，读后受启发。(由小的描写而得灵感。)

杨恽《报孙会宗书》，"书"是文体，伸缩性极大。因文分抒情、记事、说理。文学上之分类只是讲之方便、学之省事，并非一刀两断截然为二之事。抒情之文，特别偏于美文，如魏文帝《答繁钦书》，然亦有说理之成分。作文可以说理、抒情、记事三种皆有，但只是一种也成。如韩退之之文皆是说理的。《报孙会宗书》是三者兼有。"夫人情所不能止者，圣人弗禁。故君父至尊亲，送其终也，有时而既"，说理，说得太好，人情即如此。"人生行乐耳，须富贵何时"，抒情。"田家作苦，岁时伏腊"——时；"烹羊炮羔，斗酒自劳"——吃；"家本秦也，能为秦声"——说自己；"妇赵女也，雅善鼓琴"——说其妻；"奴婢歌者数人，酒后耳热，仰天抚缶而呼呜呜"——说周围。写得热闹而清楚。

对于记事之文章应注意：写记事之文，观察不得不精细，感觉不得不锐敏。如此，可以养成思想之正确。观察时须精细，粗枝大叶、马马虎虎下断语而欲正确不可能，犹如法官判案，人证、赃证不全，虽据法理条文而下断语，亦不正确。正确之思想，是自然而然的，瓜熟蒂落，水到渠成，不求而自至。

在说理、叙事、抒情之后，文曰："诚淫荒无度，不知其不可也。""淫""荒"，过度（书呆子曰书淫），荒与淫意同。《尚书》："内作色荒，外作禽荒。"（《五子之歌》）

"夫人情所不能止者，圣人弗禁"，提出"人情"二字。既是情，或发泄，或压抑，在浪漫之诗人、文人主张发泄。鲁迅先生亦说青年应当敢说敢笑。——宗教主张压抑，儒家既不取发泄，亦不取压抑，在二者之间取以节制，礼之"兴"即如此。礼乃所以节情也。（鲁迅不满意儒家之处，"都不可以不革，亦不可以太革"。讽刺语也。）

"此贾竖之事"，"贾竖"，下等人。"贾"，商人；"竖"，下等人。（竖子，奴竖，皆骂人之词。）

"下流之人"，《红楼梦》贾环即下流人。人不能力争上游，只好甘居下流。人往高处长，水往低处流，人力争上游而不可、而不得，于是甘居下流，自暴自弃矣。

"不寒而慄"，心怀恐惧。五臣注："不寒而怀战慄，言惧也。"

"虽雅知恽者"，"雅知"，犹言深知、甚知也。

"犹随风而靡"，"靡"，披靡，倒也。

"董生不云乎……今子尚安得以卿大夫之制而责仆哉"，教训气太重，无感动人之力。此段盛气，并非气盛，盛气凌人。

文章末段——“夫西河魏土，文侯所兴。……方当盛汉之隆，愿勉旃，无多谈。”“西河”，西河即河东、山西，借指孙会宗之故乡。“文侯”，魏文侯。“禀然”，严肃。“节概”，知当为与不当为之别。“安定”，在今甘肃西部。“旃”，“之焉”的合声。

此结尾，近于谩骂，不好，不可为法，不可为训。（鲁迅先生一写文章就骂人，他骂人是没办法，身有病，脾气与病互为因果。）杨恽一肚子牢骚不平，一触即发，故骂起来了。

第十一讲

论盛孝章书

岁月不居，时节如流。五十之年，忽焉已至，公为始满，融又过二。海内知识，零落殆尽，惟有会稽盛孝章尚存。其人困于孙氏，妻孥湮没，单子独立，孤危愁苦。若使忧能伤人，此子不得永年矣！《春秋传》曰："诸侯有相灭亡者，桓公不能救，则桓公耻之。"今孝章实丈夫之雄也，天下谈士，依以扬声，而身不免于幽絷，命不期于旦夕。吾祖不当复论损益之友，而朱穆所以绝交也。公诚能驰一介之使，加咫尺之书，则孝章可致，友道可弘矣。

今之少年，喜谤前辈，或能讥评孝章。孝章要为有天下大名，九牧之人，所共称叹。燕君市骏马之骨，非欲以骋道里，乃当以招绝足也。唯公匡复汉室，宗社将绝，又能正之。正之之术，实须得贤。珠玉无胫而自至者，以人好之也，况贤者之有足乎？昭王筑台以尊郭隗，隗虽小才而逢大遇，竟能发明主之至心,故乐毅自魏往,剧辛自赵往,邹衍自齐往。嚮使郭隗倒悬而王不解,临难而王不拯,则士亦将高翔远引,莫有北首燕路者矣。凡所称引,自公所知,而复有云者,欲公崇笃斯义也。因表不悉。

《昭明文选》卷第四十一"书上"载孔融《论盛孝章书》[①]。

"此子不得永年矣","不得"下五臣本有"复"字。

"今孝章实丈夫之雄也……吾祖不当复论损益之友,而朱穆所以绝交也。"此言孝章必当救。"谈士",文人也。五臣注:"孝章好士,故天下谈文史之士皆依傍孝章,以发扬美声。""吾祖",孔子。"朱穆所以绝交",朱穆作《绝交论》。

"公诚能弛一介之士……友道可弘矣",此言曹公必能救。

"今之少年,喜谤前辈,或能讥评孝章。孝章要为有天下大名,九牧之民,所共称叹",以驳时论,以坚曹公之志。

"嚮使郭隗倒悬而王不解","嚮使","嚮"亦作"向",往昔。向,本义"方向"。

"不知足",已足而不满足(坏);"知不足",自知不足(好)。

写人、事、物,最好以一字形容之、区别之,没有两个字的意义完全相同。(动物,不但猫与狗有区别,即猫与猫、狗与狗也有区别。)

"其"与"岂"。韩退之《马说》"其真无马耶"之"其",表语气,怀疑,大概是无马,近于无马,并非真无马也。若"岂真无马耶"之"岂",非无马,有马。

---

① 孔融(153—208):东汉末年文学家,字文举,鲁国(今山东曲阜)人,"建安七子"之首。因曾为北海相,世称孔北海。有《孔北海集》。盛孝章:汉末名士,深为孙策所忌。孔融与盛孝章友善,忧其不能免祸,故修此书于曹操,以求救援。

“其知”,所有格,“知”音智。“其人”指示形容词。

“其”有时做句子主角,然必用于附属之句子中。“其来也”,无此种话。只用“来矣”便可,实无法便写其名可矣。“我见其来矣”,可以。

“彼”,瞧不起之词。如《论语》:“彼哉！彼哉!”(《宪问》)

学问、事业,没有不劳而获的,这是真理。

余读任何书皆是文学。立志学文,须养成此习惯。

天地间无不成文。读《史记》《汉书》《国语》《国策》《庄子》《左传》,自然好,但能受用否?读《古文观止》总觉得很好笑。但,死店须让活人开,看如何读法。《水浒》,白话,易讲易了解,以助同学欣赏。

第十二讲

与陈伯之书

迟顿首。陈将军足下：无恙，幸甚幸甚！将军勇冠三军，才为世出，弃燕雀之小志，慕鸿鹄以高翔。昔因机变化，遭遇明主，立功立事，开国称孤，朱轮华毂，拥旄万里，何其壮也！如何一旦为奔亡之虏，闻鸣镝而股战，对穹庐以屈膝，又何劣邪！

寻君去就之际，非有他故，直以不能内审诸己，外受流言，沉迷猖獗，以至于此。圣朝赦罪责功，弃瑕录用，推赤心于天下，安反侧于万物，将军之所知，不假仆一二谈也。朱鲔涉血于友于，张绣剚刃于爱子，汉主不以为疑，魏君待之若旧。况将军无昔人之罪，而勋重于当世。夫迷涂知反，往哲是与；不远而复，先典攸高。主上屈法申恩，吞舟是漏；将军松柏不翦，亲戚安居，高台未倾，爱妾尚在。悠悠尔心，亦何可言！

今功臣名将，雁行有序，佩紫怀黄，赞帷幄之谋，乘轺建节，奉疆埸之任，并刑马作誓，传之子孙。将军独靦颜借命，驱驰氈裘之长，宁不哀哉！夫以慕容超之强，身送东市；姚泓之盛，面缚西都。故知霜露所均，不育异类；姬汉旧邦，无取杂种。北虏僭盗中原，多历年所，恶积祸盈，理至燋烂。况伪孽昏狡，自相夷戮；部落携离，酋豪猜贰。方当系颈蛮邸，悬首藁街。而将军鱼游于沸鼎之中，燕巢于飞幕之上，不亦惑乎！

暮春三月，江南草长，杂花生树，群莺乱飞。见故国之旗鼓，感平生于畴日，抚弦登陴，岂不怆悢！所以廉公之思赵将，吴子之泣西河，人之情也。将军独无情哉？想早励良规，自求多福。

当今皇帝盛明，天下安乐。白环西献，楛矢东来；夜郎滇池，解辫请职；朝鲜昌海，蹶角受化。惟北狄野心，掘强沙塞之间，欲延岁月之命耳。中军临川殿下，明德茂亲，总兹戎重，吊民洛汭，伐罪秦中。若遂不改，方思仆言。聊布往怀，君其详之。丘迟顿首。

《昭明文选》卷第四十三“书下”载丘迟[1]《与陈伯之书》。

丘迟，萧梁时人，武帝萧衍时人也。

萧氏父子如曹氏父子，皆有文学天才。曹魏时文坛上之中心是曹氏父子，同样，梁时文学中心是萧氏父子。武帝有子：(一) 昭明太子，(二) 简文帝，(三) 元帝。曹植是秀才，作酸文而已，无能干。

---

① 丘迟(464—508)：南朝梁文学家，字希范，吴兴乌程(今浙江湖州)人。有《丘司空集》。

萧氏父子差不多都成了秀才。昭明早死;简文帝最可怜,为侯景所逼死;梁元帝虽为父兄报侯景之仇,然北朝兵进来,将其掳去。

北魏至末年,分 { 东魏——→齐(高)
西魏——→周(宇文) }

陈伯之,南朝人,降北魏。梁武帝令丘迟与之书。

此篇文章好,然文风一变。

文,上古至两汉而一变:两汉之文厚重,浑厚朴实(有人说典雅,不然);至三国与晋而一变:清刚,三国时偏于刚,晋时偏于清;至六朝而一变:华丽,特别是南朝。究其原因:

(一) 用典。此派至庾信而集大成,庾乃六朝最后一大文学家。余最不喜其文,烂熟烂熟。老杜云:"庾信生平最萧瑟,暮年诗赋动江关。"(《咏怀古迹》其一)老杜诗萧瑟有劲,庾之文实无此劲。老杜又云:"清新庾开府。"(《春日忆李白》)庾信或有清新。

(二) 抒情。此与南渡有关,南方人情感缠绵。

(三) 写景。此亦因江南山水明秀,故写出之文秀丽。北方水深土厚,生长在黄沙大风中,故有苍苍茫茫之气。故地理与文学亦有莫大之关系焉。

六朝之文学发展至齐梁,已至成熟之期,由丘迟《与陈伯之书》即可见出。然到成熟之期,即到了烂熟、腐败、灭亡之时了。

莫从高古论风雅,体制何曾有故常。

寂寞心情谁会得,齐梁中晚待平章。

(沈尹默《题儿岛氏所作〈中国文学史〉》)

>>> 明朝文征明《春深高树图》呈现了“暮春三月，江南草长，杂花生树，群莺乱飞”的景色，春深树茂，生机盎然。

沈尹默[1]有《秋明集》，上卷诗，下卷词。日人儿岛氏[2]著有《中国文学史》，辗转托人为题辞。沈高兴，作诗八首，论诗词曲，此其一。沈尹默之思想情感与守旧者不同。黄侃在文学方面，主张古雅高远，故尹默诗首句即驳之。"体制"者，文章之作法也。"寂寞心情"出自元遗山论诗绝句"朱弦一拂遗音在，却是当年寂寞心"（《论诗三十首》其二十），"遗音"者，余韵也。非是寂寞心不能有遗音，但并非说寂寞心没有感情（寂寞，不是心如槁木死灰也）。"中晚"，中唐、晚唐也。"待平章"，待重新估价、批评。

有关《与陈伯之书》之本事背景，五臣有注：

> 梁平南将军陈伯之，初仕齐，齐东昏侯遣伯之将兵拒梁武。伯之知势屈，乃降梁。至是又以众归北魏，故（丘）迟与此书以喻之。

"迟与此书以喻之"，"喻之"，使其明白也。东昏侯，齐最后一帝。陈伯之，《梁书》有传，此信即见其本传中。陈小时无赖，目不识丁，以战争勇武，官封侯爵。得迟书，率兵八千又归梁，梁武帝仍用之。其子虎牙未归，为魏所杀。

首段：

"不世出之才"，世上不常出之才也。"才为世出"，亦是此意。出世与世出不同。文字就是习惯，须与其发生关系，并没有死法了。如说"无聊"，不说"有聊"；说"左近"，不说"右近"。

---

[1] 沈尹默（1883—1971）：现代学者，原名君默，字中，后更名尹默，斋名秋明。曾执教于北京大学，顾随之师，有《秋明集》。

[2] 儿岛氏：即儿岛献吉郎。儿岛献吉郎（1866—1931）：日本汉学家，著有《支那文学史》《支那文学史纲》《支那文学考——韵文考》等。

“弃燕雀之小志”，背齐；“慕鸿鹄之高翔”，归梁。

“昔因机变化，遭遇明主”，“因机变化”亦言其背齐归梁；“明主”，指梁武帝。

“立功立事，开国称孤”，“事”，五臣注：“事，职也。”“孤”，王侯之称。

“拥旄万里”，“旄”，旗之类，旗上有旄故谓之旄。

“一旦为奔亡之虏”，“奔亡”，逃亡也。“虏”，《史记》《汉书》称匈奴为虏，后成骂人语。

“闻鸣镝而股战，对穹庐以屈膝”，“鸣镝”，响箭也；“穹庐”，帐篷。

“又何劣也”，对“何其壮也”而言。

“弓开如满月，箭去似流星”，作文之道。“立功立事，开国称孤，朱轮华毂，拥旄万里”，如“弓开如满月”，而“何其壮也”即“箭去似流星”。

此篇文章虽有名，然没有什么，求言中之物没有什么。感觉与思想，不必新，真的就行。有许多感觉在中国文章中还没有说出来。韩退之之文大帽子砍人，此种文摧残生机。读文应读感觉锐敏之文，此可长生机，可为作文之助。（简文帝感觉锐敏。）

丘迟对于文字之使用技巧甚为成熟。但成熟易成滥调，如作八股文即说：“天地乃宇宙之乾坤，吾心实中怀之在抱，久矣夫，千百年来，已非一日矣。”[①]写文章无调子不可，成滥调亦不可。丘迟之信颇

---

① 八股文有“墨派”，此派写文多用陈词滥调，空洞无物但平仄抑扬，深合八股腔调。故有人以“墨派”二字为题，使用八股文中二股格式，作文字一段以嘲笑，其文曰：“天地乃宇宙之乾坤，吾心实中怀之在抱，久矣夫，千百年来，已非一日矣。溯往事以追维，曷勿考记载而诵诗书之典籍。元后即帝王之天子，苍生乃百姓之黎元，庶矣哉，亿兆民中，已非一人矣。思入时而用世，曷勿瞻黼座而登廊庙之朝廷。”

有麻醉性，调子好。

欣赏文章时不必用理智，然而欣赏时失掉了理智是麻醉。了解诚然需要理智，然不要成为干枯的、硬性的穿凿附会。

第二段：

“寻君去就之际”，“寻”，推求。

“直以不能内审诸己”，“审”，详、想。

“沉迷猖獗”，疯子。“沉迷”，糊涂；“猖獗”，胡来。丘迟之文有层次。如首段先言“立功立事，开国称孤……何其壮也”，而“如何一旦为奔亡之虏……又何劣也”一转。“沉迷猖獗”，先沉迷而后猖獗，沉迷者可以不猖獗，而猖獗者无不沉迷，有层次，有因果。

“圣朝赦罪责功”，“责”，与“斥”有不同。责，求。

“安反侧于万物”，“反侧”，不安也。

中国文字上、言语上常用之技术，乃俗所言“您早知道了”。凡所称引皆自知也，故丘迟文中言：“将军所知，不假仆一二谈也……”“假”，借也。

打老虎要打死，但一杠子打死也没劲，“武松打虎”才有劲：

那个大虫又饥又渴，把两只爪在地下略按一按，和身望上一扑，从半空里撺将下来。……武松见大虫扑来，只一闪，闪在大虫背后。那大虫背后看人最难，便把前爪搭在地下，把腰胯一掀，掀将起来。武松只一躲，躲在一边。大虫见掀他不着，吼一声，却似半天里起个霹雳，振得那山冈也动。把这铁棒也似虎尾倒竖起来，只一剪，武松却又闪在一边。……那大虫又剪不着，再吼了一声，一兜兜将回来，武松见那大虫复翻身回来，双手轮起梢棒，尽平生气力，只一棒，从半空劈将下来。……正打在枯树上，把那条梢棒折做两截，只拿得一半在手里。那大虫咆哮，性发起来，翻身又只一扑，扑将来。武松又只一跳，却退了十步远。那大虫恰好把两只前爪搭在武松面前。武松将半截棒丢在一边，两只手就势把大虫顶花皮肐地揪住，一按按将下来。那只大虫急要挣扎，早没了气力。被武松尽气力纳定，那里肯放半点儿松宽。武松把只脚望大虫面门上、眼睛里只顾乱踢。那大虫咆哮起来，把身底下扒起两堆黄泥，做了一个土坑。武松把那大虫嘴直按下黄泥坑里去。那大虫吃武松奈何得没了些气力。武松把左手紧紧地揪住顶花皮，偷出右手来，提起铁锤般大小拳头，尽平生之力，只顾打。打得五七十拳，那大虫眼里、口里、鼻子里、耳朵里，都迸出鲜血来。那武松尽平昔神威，仗胸中武艺，半歇儿把大虫打做一块，却似躺着一个锦布袋。(《水浒传》第二十三回)

“说大人，则藐之，勿视其巍巍然”(《孟子·尽心下》)，然后可以说出。有人喂猫，猫一叫，梁上耗子掉下来。作文应如此，应有敲山震虎之力，“为题所缚”不成。猫玩耗子(猫斗耗子，残忍)，应注意此一类之“小事”，对哲理、文学、做人有助。

“朱鲔涉血于友于，张绣剚刃于爱子，汉主不以为疑，魏君待之若旧”，“涉”“喋”同。“友于”，“友于兄弟”(《论语·为政》)，友于即兄弟。此四句，语法关系如下：

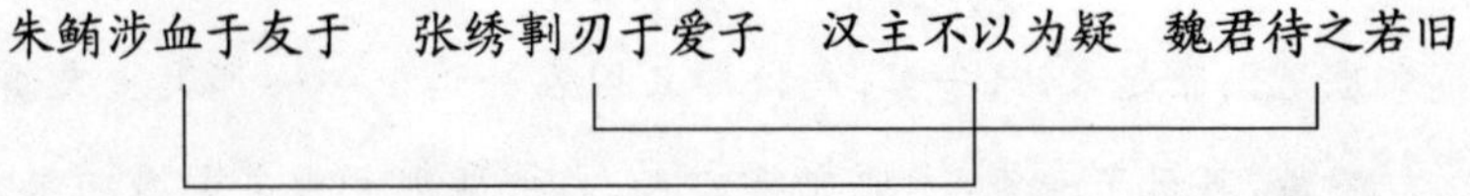

朱鲔涉血于友于　张绣剚刃于爱子　汉主不以为疑　魏君待之若旧

此四句，一、三连，二、四连。此诚然是小手法，然有小手腕即应学。文论班上讲文学最高之理想，文选班上咬文嚼字乃起手之功夫。着眼不得不高，在文论；着手不得不低，在文选，“勿以善小而不为”(《三国志·蜀志·先主传》裴松之注)。

“朱鲔涉血于友于，张绣剚刃于爱子，汉主不以为疑，魏君待之若旧。”突来之笔，干脆。《文赋》之多用语词“其”“也”“然”“而”，华丽、结实、漂亮、生动，海立云垂，千斤之力。而此四句无“然后”“是故”等句首语词，好。无句首语词，亦无句终语词，此因前面之文太缠绵——“何其壮也……又何劣也……”“不假仆一二谈也”，缠绵，故此段凝练。缠绵如水，凝练如山，山水交流，始成好风景。

缠绵之中以伸见长，伸，应有尽有；凝练之处以缩见长，缩，应无尽无。“立功立事……不假仆一二谈也”，伸；“朱鲔涉血于友于……而勋重于当世”，缩，似乎仿佛应有下文，但没有，铁案如此，两言而绝耳。

“不远而复”，用《易经》“不远复，无祇悔”(《复》)。复，回归正路也。“不远而复”，五臣注：“谓迷者，不远而能回，是不迷也。”

“先典攸高”，“典”，书也；“攸”，所也。“往哲是与”，就人而言；“先典攸高”，就书而言。

“主上屈法申恩，吞舟是漏”，“屈法”，用法不严。“吞舟是漏”，“吞舟”，大鱼。五臣注：“谓法网之疏，漏于吞舟之鱼也。”

(一)“夫迷涂知返……先典攸高”，就前贤古迹而言之；

(二)“主上屈法申恩，吞舟是漏”，就武帝言之；

(三)“将军松柏不翦……亦何可言”，就伯之言之。

此三层真结实，从“朱鲔涉血于友于”至“亦何可言”，以“悠悠尔心，亦何可言”缩，两句话就完了，老虎又打死了，无下文。但还怕不结实，又追下去。

第三段：

“佩紫怀黄，赞帷幄之谋”二句，言文臣（功臣）。“佩紫怀黄”，“紫”，紫绶也；“黄”，黄金印。

“乘轺建节，奉疆埸之任”二句，言武将（名将）。“乘轺建节”，“轺”，使车；“节”，旌旗。

“将军独靦颜借命”，“借命”，犹言偷生也、苟活也。

“驱驰毡裘之长”，为外国君主出力。长，ㄓㄤˇ[①]。

本段“今功臣名将”直至“宁不哀哉”，几乎成了滥调。文从生硬到成熟，简古到华丽，此种文已是成熟、华丽。

陈伯之，反复小人也，看理不真，用情不专。此种人非反复不可，只看利害不看理，利害有变化，理是天经地义，不可变的。

辩护，人总是用语言、文字为自己辩护，但不知用事实来辩护，真可怜。子曰：“始吾于人也，听其言而信其行。今吾于人也，听其言而观其行。”（《论语·公冶长》）事实胜雄辩，在中国永远是雄辩胜事实。（《世界日报》之副刊尚佳。[②]）

一人唱高调，他所说的话就是盾，以金碧辉煌的话来耀人，金字招牌，其货物一无可取，说话成了工具而非表现。表现，语言、行为皆可表现，现在人语言、文字成了挡箭牌，是工具，并非表现也。越是糊涂人，越狡猾，“今之愚也诈而已矣。”（《论语·阳货》）有许多人在社会上总想用欺诈手段取得其欲望，久之，人皆知道，也就要失败了。

---

① ㄓㄤˇ：注音符号，对应汉语拼音 zhǎng。

② 此句话疑为评价《世界日报》副刊之文章《事实胜雄辩》。

夫以慕容超之强,身送东市;姚泓之盛,面缚西都。故知霜露所均,不育异类;姬汉旧邦,无取杂种。北虏僭盗中原,多历年所,恶积祸盈,理至燋烂。况伪孽昏狡,自相夷戮;部落携离,酋豪猜贰。方当系颈蛮邸,悬首藁街。而将军鱼游于沸鼎之中,燕巢于飞幕之上,不亦惑乎!

此段喻身在北朝之害。

"慕容超",燕人;"姚泓",秦人。宋高祖刘裕[①](南北朝)雄才大略,北伐成功,虽南渡几乎回不来,虽无赖出身,不识字,然是英雄。

"故知霜露所均,不育异类","霜露",天地;"异类",外国人。

"多历年所",多历年数。

"况伪孽昏狡","孽",孽。"恶积祸盈,理至燋烂。况伪孽昏狡,自相夷戮",此语又活起来了,可送给今日战败之日本。但不希望日本再活,再活起来,人便活不了。

"方当系颈蛮邸,悬首藁街","蛮邸""藁街",外国人在中国之住处;"悬首",枭首。

"燕巢于飞幕之上","飞幕",五臣注:谓军幕也。(不结实,呆不久。)

"不亦惑乎","惑",不明白,浑,糊涂。

前段既晓以在南朝之利,此段复喻以在北朝之害。

第四段:

暮春三月,江南草长,杂花生树,群莺乱飞。见故国之旗

① 刘裕(363—422):字德舆,小名寄奴,祖居彭城(今江苏徐州),废东晋恭帝司马德文,自立为帝,建立刘宋王朝,史称宋武帝。

鼓，感平生于畴日，抚弦登陴，岂不怆悢。所以廉公之思赵将，吴子之泣西河，人之情也。将军独无情哉！想早励良规，自求多福。

“暮春三月，江南草长，杂花生树，群莺乱飞。”此段无典，完全是修辞，美如散文诗。（一乡下妇女欲跳井自杀，盛妆，天有雨，打伞而去。妇女爱美之心理成了习惯。“暮春三月”一段正如此故事。陈伯之连字都不认识，用得着写此等文章吗？）

六朝人写景之文、写景之诗，有后人不及处，因其有一立脚点——永远是由近及远或由远及近；绝不会忽远忽近，远近由作者所站之处说也：

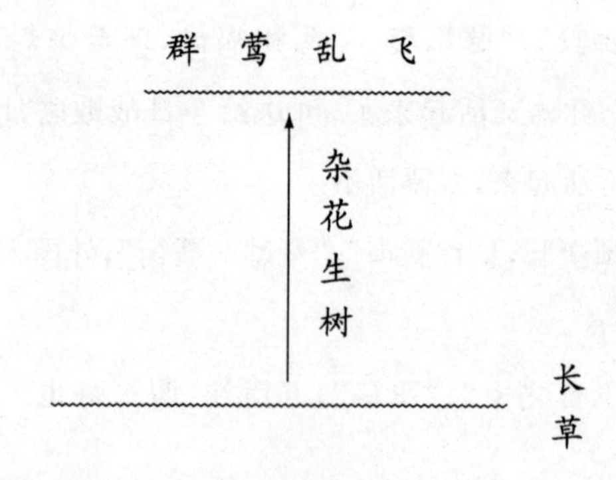

“千里之行，始于足下。”（《老子》）写文章应注重些小之处。

“感平生于畴日”，“畴日”，往日、昔日。

“抚弦登陴，岂不怆悢”，“弦”，弓弦；“陴”，女墙（城垛口）；“怆悢”，悲恨之意。

“吴子之泣西河”，“西河”，今山西。

“想早励良规”，“良规”，善计。

“自求多福”，打算好结果，自然能好。

上文既晓喻之以利害，此段复动之以感情，而辞胜乎情。此乃所以成乎其为齐梁间之作风也。

辞——物外之言，情——言中之物（固然并非思想）。辞情相称，水乳交融，铢两悉称。古今中外之文皆努力于此，然成功者太少。“夫兵，犹火也，弗戢，将自焚也。”（《左传·隐公四年》）文字在文人手中如兵之在国家，一朝权在手，便把令来行。大将军八面威风，指挥如意，写文章亦应如此。

文字，练来练去会生毛病，此真文人之悲哀。在周秦时中国文字光华灿烂，到齐梁中国文字发达成美丽圆润。勉强地说，晚唐之诗有点似齐梁之文风，然未如齐梁之普遍，但始终使我们感觉到辞胜乎情。文人而受文字之累矣。禅宗大师法演对其弟子圆悟言其病曰：“只是禅太多。”又曰：“只似寻常说话时，多少好！”（《宗门武库》）[①]现在白话文不是寻常说话的样子，走的是死路子。

中国文字简单明了，不使人难懂。（似平常说话，不是平常说话。）六朝之文，用典太多，词藻太多，此不能到达简单明了之地步。西洋、日本之文学皆无齐梁时之喜用典。用典是辞胜乎情最显著的现象，也可以说是最大之毛病。庄子、墨子、列子、韩非子，偶亦用典，然皆平常之典，当时最善于说故事；庄子思想、文字皆极佳。以后，说故事之风气渐消，而用典之风盛行。说故事与用典，二者势不两立，善说故事者绝不善用典，善用典之人绝不会造故事。

末段“当今皇帝盛明，天下安乐。白环西献，楛矢东来；夜郎滇

---

① 法演（1024—1104）：北宋临济宗禅师。因住蕲州五祖山，人称五祖法演。《宗门武库》：“圆悟在五祖时。祖云：‘尔也尽好，只是有些病。’悟再三请问不知某有什么病。祖云：‘只是禅忒多。’悟云：‘本为参禅，因什么却嫌人说禅？’祖云：‘只似寻常说话时，多少好！’”

池，解辫请职；朝鲜昌海，蹶角受化”，数句以图示：

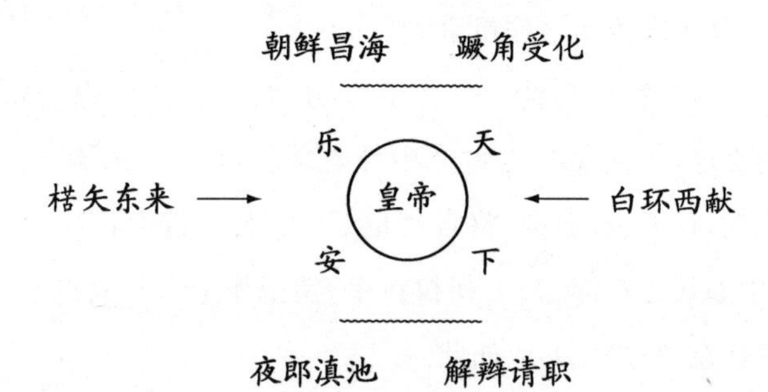

“暮春三月，江南草长，杂花生树，群莺乱飞。”时、地、意态皆是诗，是无韵诗。而“当今皇帝盛明”数句，非诗的意境而写成了诗，平仄虽不调和然音节调和。

“皇帝盛明……蹶角受化”，在修辞上可说是到了家，有层次。但言中之物，夸大而空洞（物外之言是有的）。

文章概念太多，不实在。如“仁”“义”，仿佛很熟悉，举事实言之，便不行了。没有事实，不能成思想；没有事实，感情是无根之树、无源之水，是不能发生、茂盛的。观察事实，描写事实，乃文人之基本工作，不会此，则更谈不到思想。

一个人心里一个天平，这天平也许是戥利害的，戥是非的，戥苦乐的，戥美丑的……以历史为镜子，不是发现古人之好丑，不是给别人算闲账，乃是看见自己之好丑，其善者从之，其不善者改之。文学史即历史（不是记日记事，乃了解当时社会情形）。

“中军临川殿下”，“临川”，临川王萧宏，武帝之弟。

“总兹戎重”，“戎重”，大兵。

“吊民洛汭”，“吊”，安慰“汭”，洛北曰汭。

“若遂不改”，“遂”，顺也。改过，有过改之不再犯。“遂过”，有过不改,依然如此做下去。

末段含有警告之意,前面是以利动之,以情感之,此段是以害怵之。

“暮春三月……群莺乱飞”,伸,写得热闹,不但眼花缭乱,耳朵也应接不暇。“若遂不改,方思仆言”,缩,有话在其中。

第十三讲

重答刘秣陵沼书

刘侯既重有斯难，值余有天伦之戚，竟未之致也。寻而此君长逝，化为异物，绪言余论，蕴而莫传。或有自其家得而示余者，余悲其音徽未沫，而其人已亡；青简尚新，宿草将列，泫然不知涕之无从也。虽隙驷不留，尺波电谢，而秋菊春兰，英华靡绝。故存其梗概，更酬其旨。若使墨翟之言无爽，宣室之谈有征，冀东平之树，望咸阳而西靡；盖山之泉，闻弦歌而赴节。但悬剑空垅，有恨如何！

《文选》卷第四十三"书下"载刘峻[①]《重答刘秣陵沼书》。

五臣注曰：

初，孝标以仕不得志，作《辨命论》。秣陵令刘沼作书难之，

---

① 刘峻(462—521)：南北朝梁学者，字孝标，以字行，平原(今山东淄博)人。以注释《世说新语》闻于世。

言不由命,由人行之。书答往来非一。其后沼作书未出而死,有人于沼家得书以示孝标,孝标乃作此书答之,故云"重"也。

"刘侯既重有斯难","侯",尊称也;"难",辩难也。

"竟未之致也","致",致送。

"绪言余论",已发而未尽的详细之言。

"余悲其音徽未沫","音徽","音",言论也,文字也;"徽",美德也。"沫",灭也。(沫、灭互训。)

"宿草将列","宿草",陈根之草。

"泫然不知涕之无从也","无从",不自知其所以然,不禁不由。

"隙驷不留",言时光快。

"尺波电谢",言人命短。

"秋菊春兰,英华靡绝",真美,真结实,是真理。这就是人生,就是人生的真理,是人生的意义。人类是不会灭绝的,然人是不会常在的。明乎此,则不必悲哀,本自己之力量干去就是了。

"虽隙驷不留,尺波电谢",生命有限;"而秋菊春兰,英华靡绝",精神不死。有征,可信。

此篇文、辞、情相称,情真。

第十四讲

晋纪总论

史臣曰：昔高祖宣皇帝以雄才硕量，应运而仕，值魏太祖创基之初，筹画军国，嘉谋屡中，遂服舆轸，驱驰三世。性深阻有如城府，而能宽绰以容纳，行任数以御物，而知人善采拔。故贤愚咸怀，小大毕力，尔乃取邓艾于农隙，引州泰于行役，委以文武，各善其事。故能西禽孟达，东举公孙渊，内夷曹爽，外袭王陵，神略独断，征伐四克。维御群后，大权在己。屡拒诸葛亮节制之兵，而东支吴人辅车之势。世宗承基，太祖继业，军旅屡动，边鄙无亏，于是百姓与能，大象始构矣。玄丰乱内，钦诞寇外，潜谋虽密，而在几必兆。淮浦再扰，而许洛不震，咸黜异图，用融前烈。然后推毂钟邓，长驱庸蜀，三关电扫，刘禅入臣，天符人事，于是信矣。始当非常之礼，终受备物之锡，名器崇于周公，权制严于伊尹。至于世祖，遂享皇极。正位居体，重言慎法，仁以厚下，俭以足用；和而不弛，宽而能断。故民咏惟新，四海悦劝矣。聿修祖宗之志，思辑战国之苦，腹心不同，公卿异议，而独纳羊祜之策，以从善为众。故至于咸宁之末，遂排群议而杖王杜之决，汎舟三峡，介马桂阳，役不二时，江湘来同。夷吴蜀之垒垣，通二方之险塞，掩唐虞之旧域，班正朔于八荒。太康之中，天下书同文，车同轨。牛马被野，余粮栖亩，行旅草舍，外闾不闭。民相遇者如亲，其匮乏者，取资于道路，故于时有天下无穷人之谚。虽太平未洽，亦足以明吏奉其法，民乐其生，百代之一时也。

武皇既崩，山陵未干，杨骏被诛，母后废黜，朝士旧臣，夷灭者数十族。寻以二公楚王之变，宗子无维城之助，而阏伯实沈之郤岁构；师尹无具瞻之贵，而颠坠戮辱之祸日有。至乃易天子以太上之号，而有免官之谣，民不见德，惟乱是闻，朝为伊周，夕为桀跖，善恶陷于成败，毁誉胁于势利。于是轻薄干纪之士，役奸智以投之，如夜虫之赴火。内外混淆，庶官失才，名实反错，天网解纽。国政迭移于乱人，禁兵外散于四方，方岳无钧石之镇，关门无结草之固。李辰石冰，倾之于荆扬，刘渊王弥，挠之于青冀，二十余年而河洛为墟。戎羯称制，二帝失尊，山陵无所。何哉？树立失权，托付非才，四维不张，而苟且之政多也。夫作法于治，其弊犹乱；作法于乱，谁能救之？故于时天下非暂弱也，军旅非无素也。彼刘渊者，离石之将兵都尉；王弥者，青州之散吏也。盖皆弓马之士，驱走之人，凡庸之才，非有吴先主诸葛孔明之能也。新起之寇，乌合之众，非吴蜀之敌也。脱耒为兵，裂裳为旗，非战国之器也。自下逆上，非邻国之势也。然而成败异效，扰天下如驱群羊，举二都如拾遗芥。将相侯王，连头受戮,乞为奴仆而犹不获。后嫔妃主,虏辱于戎卒,岂不哀哉! 夫天下,大器也;群生,重畜也。爱恶相攻,利害相夺,其势常也;若积水于防,燎火于原,未尝暂静也。器大者不可以小道治,势动者不可以争竞扰,古先哲王,知其然也。是以扞其大患而不有其功,御其大灾而不尸其利。百姓皆知上德之生己,而不谓浚己以生也。是以感而应之,悦而归之,如晨风之鬱北林,龙鱼之趣渊泽也。顺乎天而享其运,应乎人而和其义,然後设礼文以治之,断刑罚以威之,谨好恶以示之,审祸福以喻之,求明察以官之,笃慈爱以固之,故众知向方,皆乐其生而哀其死,悦其教而安其俗,君子勤礼,小人尽力,廉耻笃于家闾,邪僻销于胸怀。故其民有见危以授命,而不求生以害义,又况可奋臂大呼,聚之以干纪作乱之事乎? 基广则难倾,根深则难拔,理节则不乱,胶结则不迁。是以昔之有天下者,所以长久也。夫岂无僻主,赖道德典刑以维持之也。故延陵季子听乐以知诸侯存亡之数,短长之期者,盖民情风教,国家安危之本也。

昔周之兴也,后稷生于姜嫄,而天命昭显,文武之功,起于后稷。故其诗曰:"思文后稷,克配彼天。"又曰:"立我蒸民,莫匪尔极。"又曰:"实颖实粟,即有邰家室。"至于公刘遭狄人之乱,去邰之豳,身服厥劳。故其诗曰:"乃裹餱粮,于橐于囊。""陟则在巘,复降在原,以处其民。"以至于太王为戎翟所逼,而不忍百姓之命,杖策而去之。故其诗曰:"来朝走马,帅西水浒,至于岐下。"周民从而思之,曰:"仁人不可失也",故从之如归市。居之一年成邑,二年成都,三年五倍其初,每劳来而安集之。故其诗曰:"乃慰乃止,乃左乃右,乃疆乃理,乃宣乃亩。"以至于王季，能貊其德音。故其诗曰："克明克类，克长克君，载锡之光。"至于文王，备修旧德，而惟新其命。故其诗曰："惟此文王，小心翼翼，昭事上帝，聿怀多福。"由此观之，周家世积忠厚，仁及草木，内睦九族，外尊事黄耇，养老乞言，以成其福禄者也。而其妃后躬行四教，尊敬师傅，服澣濯之衣，修烦辱之事，化天下以妇道。故其诗曰："刑于寡妻，至于兄弟，以御于家邦。"是以汉滨之女，守絜白之志；中林之士，有纯一之德。故曰："文武自天保以上治内，采薇以下治外，始于忧勤，终于逸乐。"于是天下三分有二，犹以服事殷，诸侯不期而会者八百，犹曰天命未至。以三圣之智，伐独夫之纣，犹正其名教曰"逆取顺守，保大定功，安民和众"，犹著大武之容曰"未尽善也"。及周公遭变，陈后稷先公风化之所由，致王业之艰难者，则皆农夫女工衣食之事也。故自后稷之始基静民，十五王而文始平之，十六王而武始居之，十八王而康克安之，故其积基树本，经纬礼俗，节理人情，恤隐民事，如此之缠绵也。爰及上代，虽文质异时，功业不同，及其安民立政者，其揆一也。

今晋之兴也，功烈于百王，事捷于三代，盖有为以为之矣。宣景遭多难之时，务伐英雄，诛庶桀以便事，不及修公刘太王之仁也。受遗辅政，屡遇废置，故齐王不明，不获思庸于亳；高贵冲人，不得复子明辟；二祖逼禅代之期，不暇待三分八百之会也。是其创基立本，异于先代者也。又加之以朝寡纯德之士，乡乏不二之老。风俗淫僻，耻尚失所，学者以庄老为宗，而黜六经，谈者以虚薄为辩，而贱名俭，行身者以放浊为通，而狭节信，进仕者以苟得为贵，而鄙居正，当官者以望空为高，而笑勤恪。

是以目三公以萧杌之称，标上议以虚谈之名，刘颂屡言治道，傅咸每纠邪正，皆谓之俗吏。其倚杖虚旷，依阿无心者，皆名重海内。若夫文王日不暇食，仲山甫夙夜匪懈者，盖共嗤点以为灰尘，而相诟病矣。由是毁誉乱于善恶之实，情慝奔于货欲之涂，选者为人择官，官者为身择利。而秉钧当轴之士，身兼官以十数。大极其尊，小录其要，机事之失，十恒八九。而世族贵戚之子弟，陵迈超越，不拘资次，悠悠风尘，皆奔竞之士，列官千百，无让贤之举。子真著崇让而莫之省，子雅制九班而不得用，长虞数直笔而不能纠。其妇女庄栉织纴，皆取成于婢仆，未尝知女工丝枲之业，中馈酒食之事也。先时而婚，任情而动，故皆不耻淫逸之过，不拘妒忌之恶。有逆于舅姑，有反易刚柔，有杀戮妾媵，有黩乱上下，父兄弗之罪也，天下莫之非也。又况责之闻四教于古，修贞顺于今，以辅佐君子者哉！礼法刑政，于此大坏，如室斯构而去其凿契，如水斯积而决其堤防，如火斯畜而离其薪燎也。国之将亡，本必先颠，其此之谓乎！

故观阮籍之行，而觉礼教崩弛之所由；察庾纯贾充之事，而见师尹之多僻。考平吴之功，知将帅之不让；思郭钦之谋，而悟戎狄之有衅。览傅玄刘毅之言，而得百官之邪；核傅咸之奏，钱神之论，而覩宠赂之彰。民风国势如此，虽以中庸之才、守文之主治之，辛有必见之于祭祀，季札必得之于声乐，范燮必为之请死，贾谊必为之痛哭。又况我惠帝以荡荡之德临之哉！故贾后肆虐于六宫，韩午助乱于外内，其所由来者渐矣，岂特系一妇人之恶乎？怀帝承乱之后得位，羁于彊臣。愍帝奔播之后，徒厕其虚名。天下之政，既已去矣，非命世之雄，不能取之矣。然怀帝初载，嘉禾生于南昌。望气者又云豫章有天子气。及国家多难，宗室迭兴，以愍怀之正，淮南之壮，成都之功，长沙之权，皆卒于倾覆。而怀帝以豫章王登天位，刘向之谶云，灭亡之后，有少如水名者得之，起事者据秦川，西南乃得其朋。案愍帝，盖秦王之子也，得位于长安，长安，固秦地也，而西以南阳王为右丞相，东以琅邪王为左丞相。上讳业，故改邺为临漳。漳，水名也。由此推之，亦有徵祥，而皇极不建，祸辱及身。岂上帝临我而贰其心，将由人能弘道，非道弘人者乎？淳耀之烈未渝，故大命重集于中宗元皇帝。

《昭明文选》卷第四十九“史论上”载干宝《晋纪总论》[①]。

干宝有《搜神记》，属小说类。《晋纪总论》五臣注：此论自宣帝至愍帝，合其善恶而论之，是名总论也。（《二十四史》中有《晋书》，唐太宗御撰。）

自开头至“大象始构矣”，述晋高祖（司马懿）创业之基。

“昔高祖宣皇帝以雄才硕量，应运而仕”，“硕”，大也；“硕量”，大略。“运”，气数也。

“嘉谋屡中”，“中”，去声，准也。

“遂服舆轸，驱驰三世”，“服舆轸”，五臣注：“舆轸，车也。”“服”，用也。“三世”，五臣注：“三世谓文帝时为丞相，明帝即位，迁骠骑大将军，兼武帝文学掾也。”

“性深阻有如城府”，“深阻”，别人看不透。“城府”，府库也。

---

① 干宝：东晋史学家、文学家，字令升，新蔡（今属河南）人。著有《晋纪》二十卷，今全书已佚，仅存《论诸葛瞻》《论姜维》《论晋武帝革命》及附于文末的《晋记总论》四篇。

"行任数以御物,而知人善采拔","任数",五臣注:"数,术也。""御",使也,用也,驾驭。"采拔",提拔。

作文莫妙于"知无不言,言无不尽"(苏洵《衡论·远虑》),如胡适之说,要说什么就说什么,要怎么说就怎么说。[1] 但人是可怜的,历来文人有几个能"知无不言,言无不尽"? 就在社会上、家庭中也办不到。不但中国如此,外国也如此,不能想说什么就说什么。

三国时期曹孟德是头一个人才,其次是诸葛亮、司马懿。紧、狠、稳、准。狠,曹孟德,紧也够上了;稳、准是诸葛亮;司马懿狠而不紧,稳而不准,而曹孟德、诸葛亮都被司马懿给治了。(紧走赶不上暗不憩。)争斗,操之过急则必败。

大器晚成,积少成多,智慧也是储蓄的。求知识、做学问,应如守财奴之守财然,并且要一个变俩,要生息。攒钱的人、做学问的人都有,积累智慧者却没有。然老成练达,因所见所知者多,归纳出一个东西来,此亦即智慧,此种智慧是真的有价值。物老则成精(狐狸),若以象征视之,不但物老成精,人老亦能成精。此当然也指好的方面说。特殊天才多失败,碌碌无能、无声无臭的却渐渐成了了不起之人物。司马懿可以说是大器晚成。

现在的世界,什么都要"新",如新民主、新英雄主义。

…………

英雄是可以有的。一个群众、民族,不能无领袖,犹之人之不能无脑子,故无论是民主或独裁,都须有领袖。但英雄不是为了表现自己,而是为大众出力,此始是真英雄。秦始皇吞并六国,不可一世

---

① 胡适《建设的文学革命论》:"有甚么话,说甚么话;话怎么说,就怎么说。"

>>> 三国时期曹操是头一个人才，其次是诸葛亮、司马懿。图为明朝戴进《三顾草庐图》。

之雄，后来坏在求长生及希为子孙永久之业，故秦二世而亡。英雄不过是一个领袖罢了，做领袖的人不应老表现自己。如果如此，则恐怕将众叛心离，且其手下必定是奴才而无人才，此便悬得很。最好的英雄是牺牲自己，而是为民族、国家、大众……

新英雄主义应是为多数人之幸福利益而牺牲了自己之幸福利益。

曹孟德是极欲表现其自己，如其《让县自明本志令》。（有其苦，爬上去，费劲不说。）曹之文人气很重，后居然掌军政权，此其苦斗，然爬上去下不来台了。但还不好意思自受，想做周文王而不愿做周武王，"设使国家无有孤，不知当有几人称帝，几人称王"，此真是英雄表现自己。如诸葛亮之英雄是牺牲，旧传统下之奴隶，效忠于汉，刘备之奴才。此说在现在说起来还可以，若在当时便不能如此说。先不说这些，只说诸葛亮之牺牲，明知蜀不能取东汉，但不取完得更快。所以说，他与其说是为国、为刘为奴隶，不如说是为朋友（刘备）而尽心、为知己而牺牲。诸葛亮是可取的。

司马懿稳而不准，狠而不紧。的确，物老则成精，没什么了不起，便多年的经验则了不得。其讨诸葛亮之方策：你来则关门，走则作揖。

（原笔记至此，下缺。）

第十五讲

逸民传论

《易》称:“遯之时义大矣哉。”又曰:“不事王侯,高尚其事。”是以尧称则天,而不屈颍阳之高;武尽美矣,终全孤竹之絜。自兹以降,风流弥繁,长往之轨未殊,而感致之数匪一。或隐居以求其志,或迴避以全其道,或静己以镇其躁,或去危以图其安,或垢俗以动其槩,或疵物以激其清。然观其甘心畎亩之中,憔悴江海之上,岂必亲鱼鸟乐林草哉,亦云介性所至而已。故蒙耻之宾,屡黜不去其国;蹈海之节,千乘莫移其情。适使矫易去就,则不能相为矣。彼虽硁硁有类沽名者,然而蝉蜕嚣埃之中,自致寰区之外,异夫饰智巧以逐浮利者乎!荀卿有言曰“志意修则骄富贵,道义重则轻王公”也。

汉室中微,王莽篡位,士之蕴藉义愤甚矣。是时裂冠毁冕,相携持而去之者,盖不可胜数。扬雄曰:“鸿飞冥冥,弋人何篡焉。”言其违患之远也。光武侧席幽人,求之若不及,旌帛蒲车之所徵贲，相望于岩中矣。若薛方、逢萌聘而不肯至，严光、周党、王霸至而不能屈。群方咸遂，志士怀仁，斯固所谓举逸人则天下归心者乎？肃宗亦礼郑均而徵高凤，以成其节。自后帝德稍衰，邪孽当朝，处子耿介，与卿相等列，至乃抗愤而不顾，多失其中行焉。盖录其绝尘不及，同夫作者，列之此篇。

《文选》卷第五十“史论下”载范晔[1]《逸民传论》。

避世，西洋隐士与中国隐士在此点上相同。既曰避世，当然是个人的。唯西洋之避世是宗教的，故要为人类做一点事；中国的避世是无所为的，且狂妄自傲、自以为高。西洋之隐士是吃苦的；中国之隐士是享福的，林间月下，看花饮酒。而伯夷、叔齐饿死首阳，不食周食，也颇有宗教的精神；[2]清之遗老是“腰缠十万贯，骑鹤上扬

① 范晔(398—445)：南北朝宋史学家、文学家，字蔚宗，顺阳(今河南南阳淅川)人。范晔删取各家《后汉书》，著为一家之作，成《后汉书》十纪、八十列传。

② 《吕氏春秋·诚廉》：“昔周之将兴也，有士二人，处于孤竹，曰伯夷、叔齐。二人相谓曰：‘吾闻西方有偏伯焉，似将有道者，今吾奚为处乎此哉？’二子西行如周，至于岐阳，则文王已殁矣。武王即位，观周德，则王使叔旦就胶鬲于次四内，而与之盟曰：‘加富三等，就官一列。’为三书，同辞，血之以牲，埋一于四内，皆以一归。又使保召公就微子开于共头之下，而与之盟曰：‘世为长侯，守殷常祀，相奉桑林，宜私孟诸。’为三书，同辞，血之以牲，埋一于共头之下，皆以一归。伯夷、叔齐闻之，相视而笑曰：‘嘻！异乎哉！此非吾所谓道也。昔者神农氏之有天下也，时祀尽敬，而不祈福也；其于人也，忠信尽治，而无求焉；乐正与为正，乐治与为治；不以人之坏自成也，不以人之庳自高也。今周见殷之僻乱也，而遽为之正与治，上谋而行货，阻丘而保威也。割牲而盟以为信，因四内与共头以明行，扬梦以说众，杀伐以要利，以此绍殷，是以乱易暴也。吾闻古之士，遭乎治世，不避其任；遭乎乱世，不为苟在。今天下闇，周德衰矣。与其并乎周以漫吾身也，不若避之以洁吾行。’二子北行，至首阳之下而饿焉。”《史记·伯夷列传》：“武王已平殷乱，天下宗周，而伯夷、叔齐耻之，义不食周粟，隐于首阳山，采薇而食之。及饿且死，作歌，其辞曰：‘登彼西山兮，采其薇矣。以暴易暴兮，不知其非矣。神农虞夏忽焉没兮，我安适归矣？于嗟徂兮，命之衰矣。’遂饿死于首阳山。”

州”,此种遗老谁也愿意作。[①]

隐士是避世的,是个人主义,以《易》所称“遯之时义大矣哉”“不事王侯,高尚其事”而论。王侯者,一国之主,领袖元首,人民应从其令。“溥天之下,莫非王土,率土之滨,莫非王臣。”(《诗经·小雅·北山》)人民既为其臣,便应侍奉王者。我们有时没有个人之人格,个人不能成立,国家令我们死战不敢偷生存。古之国家以王侯、帝为代表,故效死而不去,此爱国也。忠、孝并列,夫孝,天之经、地之义,孝与忠既并列,且忠亦是天之经、地之义也,故古有云“求忠臣于孝子门”,可见忠孝一体,君亲一体。上古之人是如此看、如此想、如此说。一个人若不事王侯,往消极上说是“此率民而出于无用者也”(《战国策·齐策·赵威后问齐使》)。古代圣明之君主往往降礼而推崇隐逸之臣,何故?此王侯之政策。王、帝尊隐者,皆天下太平之时。若在干戈之际,天下扰扰,兵荒马乱之时不及推崇隐者,因乃用人之际也。“太平本是将军定,不许将军见太平。”(元杂剧《赚蒯通》)宁可我负人,勿人负我。太平之时,不要臣下做人才,而须做奴才。一般奴才,在用人之际是奴才。奴才,无本事者也,只会花言巧语以悦人。太平时,人前有几个奴才很舒服,而有人才在前未必舒服;有事时,人才必定与之辩理反驳,若不听则拂袖而去。由此可知,古之皇帝都喜欢奴才而杀人才。一般庸主昏君是喜欢奴才的,晕天黑地,什么也不明白。亡国之君手下皆有几个奴才,此亡国之由也。然一般大有为之君,也杀了功臣,纵不见得喜奴才,然杀功臣自然是不喜人才了。当国家太平之际,为君者只希望为臣者舞蹈扬

---

① 祝穆《事文类聚》引殷芸《小说》:“有客相从,各言所志。或愿为扬州刺史,或愿多资财,或愿骑鹤上升。其一人曰:‘腰缠十万贯,骑鹤上扬州。’欲兼三者。”

尘,山呼万岁,此亦是望其做奴才也。隐士虽不服从,然绝不反对;虽未为之做事,然亦未坏事,故推重隐士也。清入关后,希望明人为之做事,不然,做遗老去可也。八年沦陷,日人对中国亦如此。有名气者出来为之做事是一等人,如王克敏、王荫堂,在日人眼中,王克敏曾为国民政府代表,王荫堂以前亦是国民政府之人。第二,未替日人做事,然老实待着。第三是杀无赦(地下工作者)。

首段:

"遯之时义大矣哉","遯""遁"通,即避世也。"时义",《易经》上常连用成一名词,"时义"仿佛夏葛而冬裘。孰对孰不对?孰好孰劣?这很难说。然好坏有客观条件,有时间性,今之所谓"合时宜"与"时义"意近,义者,时之宜也。天下无一定不变之道理。商鞅之法,统一中国。商鞅之法是第一个改变上古政策的,上古统民讲仁义,商鞅讲功利。汤武变揖让为征伐,商鞅变仁义为功利,皆有其"时义"在也。遯,并不好,然在某一时,有其好处在。

"高尚其事","尚","上"通。

"自兹以降","兹",指上古三代而言。许由指上古,伯夷指三代。

"风流弥繁","风流",犹言流风、风气,与文采风流之意不同,与风流蕴藉亦不同。文采风流、风流蕴藉,指人之品性。

"长往之轨未殊","长往",一去不回。

"而感致之数匪一","感致",有感于中而致如此。"致",使也。"数",方式也。

五臣注:"自兹以降,谓许由、伯夷以下也。风流,谓隐居之流也。……不殊,言隐逸同也。感致匪一,谓以下事。"

接下文章一连六个“或……”,有层次先后,不仅求字句整齐,音节高亢。不仅文章美,亦有思想:

(一)“或隐居以求其志。”“志”,意志,本意志而做事不易,往往因受环境人事之影响而打折扣,“何意百炼钢,化为绕指柔”(刘琨《寄赠别驾卢谌》)。

两个朋友在一起,必须此一人为彼一人之奴隶,或自觉或不自觉。人连自由意志都没有(人没有完全、没有自由),两人须彼此将就,始可过两人以上之生活。要团结须服从,此岂非为他人之奴隶?人在党中如齿轮然,没有个人之意志。

有感觉、有思想之人感到人生之艰难,以渊明之冲淡尚说:“人生实难,死如之何!”(陶渊明《自祭文》)一个天才或一个有思想、有感觉之人,不愿受羁勒,要求有个人自由,求意志完全,如此便不能处世或为人,故“隐居以求其志”,爱求怎样求怎样。

中国人不是舒服是麻木,西洋人说话如针刺:

> 你死,死以后我还诅咒你,我连死都死不起,有这些孩子……

在法律上、道德上,都不允许自杀。人有时死都死不起。

(二)“或迴避以全其道。”“道”,“道”言行;“志”言心,在心为志。“道之将行也与?命也。”(《论语·宪问》)此句“或迴避以全其道”与上句“或隐居以求其志”,无甚大区别。

(三)“或静己以镇其躁。”人若无火性便苟安,不求上进,萎靡不振。“静己以镇其躁”,可真正做一点事,要去火性留血气。范蔚宗之言,或是消极的,谓如此可以不在社会上奔走也。不论消极地为善或积极地为我,总要“静己以镇其躁”。

（四）“或去危以图其安。”此就利害言。

（五）“或垢俗以动其槩。”李善注：“或垢秽时俗以动其槩，槩，犹操也。”操，节操、操守、操行、操持。五臣注：“垢，秽也。槩，节槩也。”

（六）“或疵物以激其清。”“疵”，骂；“激”，激发。“白眼看他世上人”（王维《与卢员外象过崔处士兴宗林亭》）、“安能以身之察察受物之汶汶者乎”（楚辞《渔父》），即“疵物以激其清”。

“垢俗”即老子所谓之混俗也，外圆而内方。“疵物以激其清”，根本就不改也。传说一国有狂泉，只有一人未喝而未疯。然一群疯子说他是疯子，无法，此人也喝了。

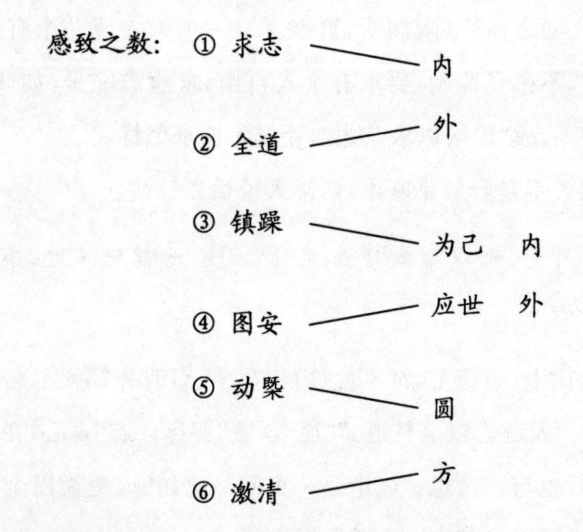

看事情最难窥见全圆。“凝视人生，窥见全圆”（厨川白村语）。如此思想可透彻，思想才不至偏激。

“然观其甘心畎亩之中”，五臣本无“观”字。“甘心”，至死不悔。

“憔悴江海之上”，“憔悴”，生活甚艰。

"亦云介性所至而已","介性",五臣注:"耿介之性。"因光明坚固,故不能改变。然或有他义:介,古通"个",此或误。(犹如汩与汨,古抄书易错。)如:一介之使＝一个之使;一介不取、一介不与＝一个不取、一个不与。

前言"长往之轨未殊",此云"介性所至而已","长往之轨"与"介性所至"以图示:

"适使矫易去就","适",五臣注:"向也。"嚮、向通。方向、方嚮,此就空间上言;就时间上说,亦通,皆言过去。嚮者、向者、昔者、古者,古者最长;昔者较古者短;嚮者,三天前亦可谓之嚮,很古则不可。"适",方才、刚(过去)。"适见之不知何往",亦是过去式。"矫易",改变。

"则不能相为矣",干不了。

“彼虽硁硁有类沽名者”,“硁硁”,不变通。五臣注:“坚劲貌。”即今俗言“死心眼儿”。阿力士多德(Aristotle)[①]对亚历山大(Alexander)言:“我还不至于无聊得非说你的坏话而没有话说。”此亦硁硁之言也。

“自致寰区之外”,“致”(vt,及物动词);至(vi,不及物动词),弄到、摆到。“寰区之外”,世外。

“异夫饰智巧以逐浮利者乎”,“异”(v,动词),不同。“夫”(that),那个。

“志意修则骄富贵”,“志意修”,意志坚强。

学道之人心非狠不可,否则意志不坚便被世俗所诱。作文做事,亦皆如此。若只狠了心,瞧不起人,而已一无所能,那只是狂妄无知。意志修而骄富贵,还须内守充实,真有本事,有仗恃,然后才能瞧不起人。只是瞧不起人或求人怜,皆不可。

次段:

“士之蕴藉义愤甚矣”,“蕴藉”,五臣注:宽和貌。李善注:宽博有余。二说俱不通。蕴藉,含也。含蓄,怀、抱。“义愤”,恨也,不平也。“蕴藉义愤”,即怀恨、抱不平。

“是时裂冠毁冕”,“裂冠毁冕”,欲避世也。冠冕,象征,非写实。

“盖不可胜数”,“盖”,推原其故之辞。

“弋者何篡焉”,“弋者”,射人也,“篡”,取也。

---

① 阿力士多德(前384—前322):今译为亚里士多德,古希腊哲学家、科学家、教育家。

巢父、许由[①],太平时代之隐士。如以心理分析(psycho-analysis),太平时代之隐士,消极的就是藏拙;还有一种积极的,是嫉妒——不合作。此种心理最不好,若不嫉妒而至羡慕,往往成为谄媚。遇到比我们高的人(物质、精神),既不谄媚也不嫉妒,即中庸之道。然谈何容易!太平时代之隐士,不见得是真高真洁。乱世之隐士,一为避患,此是消极的,避敌人之患且敌人占据不能长久;一为义愤,此是积极的。藏拙与避患是无为,嫉妒与义愤是不平。

"光武侧席幽人","侧",犹特也。"侧席",特席(特席与联席相对)。中国上古之时进屋就脱鞋,所以"跪"很平常。"侧席幽人",为幽人特设一席,待之有礼,尊重之也。"侧席",动词。"光武侧席幽人",五臣注:"光武侧席是忧幽人不至矣。"《礼记》云:"有忧者,侧席而坐。"(《曲礼上》)礼,不看成印版规矩,而看成有生命之艺术。先王之礼,皆合人情。"有忧者,侧席而坐",既不打扰人,人亦不扰我,井水不犯河水。

"旌帛蒲车之所徵贲",李善注:"言招士或旌以帛也。"五臣注:"招贤之表识(识,ㄓ[②],记号也)。帛,束帛。蒲车,招隐之车也。徵,求。贲,饰也。""旌"有二义:(一)旌旗(n),(二)旌表(v)。《诗

---

① 巢父:传说中尧时之高士,因筑巢而居,故称巢父。许由:传说中尧时之高士,隐于箕山。《庄子·逍遥游》:"尧让天下于许由。……许由曰:'子治天下,天下既已治也。而我犹代子,吾将为名乎?名者,实之宾也。吾将为宾乎?鹪鹩巢于深林,不过一枝;偃鼠饮河,不过满腹。归休乎君,予无所用天下为!"皇甫谧《高士传》:"尧让天下于许由。……由于是遁耕于中岳,颍水之阳,箕山之下,终身无轻天下色。尧又召为九州长,由不欲闻之,洗耳于颍水滨。时其友巢父牵犊欲饮之,见由洗耳。问其故,对曰:'尧欲召我为九州长,恶闻其声,是故洗耳。'巢父曰:'子若处高岸深谷,人道不通,谁能见子?子故浮游,欲闻求其名誉。污吾犊!'牵犊上流饮之。"

② ㄓ:注音符号,对应汉语拼音 zhi。

经·干旄》招贤士也，旄亦旌之类。“帛”，招贤之聘礼。“蒲车”，五臣谓招隐之车也，非，应从李善注。蒲车，蒲轮之车也。“贲”，卦名，贲者文明之象（文，文章，明光彩。其实文章就是光彩。彣、彰互训）。“徵”，承蒲车，“贲”，承旌帛，此句二主语、二述语，即旌帛之所贲，蒲车之所徵。“所”下之字必为动词。“谁”“孰”“何”，有时亦用于动词之前。如“谁欺”“孰与”“何知”，《论语·颜渊》：“君孰与足？”“所见者何？”

“相望于岩中矣”，“相望”，不断也。

“……至而不能屈”，“不能屈”，不能屈以臣节。

“群方咸遂”，“方”：（一）方向，（二）类。“群方”，各处也。或从二讲，群方，各类。“遂”，顺也，安生。

“斯固所谓举逸人则天下归心者乎”，“逸人”，五臣本作“逸民”，是。

孔子所谓“举逸民”是积极的。（“遗民”，遗，剩下之意，前朝遗民，改朝换帝而后之民曰遗民。“逸民”，逸，逃掉之意，漏网之鱼曰逸。唯逸民是好的意思。）皇帝用人，“溥天之下，莫非王土，率土之滨，莫非王臣”，每一个人都要为君主国家负责，但结果成了君令臣死，不敢不死，暴戾之君亦称之为圣明之君。若不为君为国效劳，而隐于远山之中，此颇似一逃债者。杀人者偿命，欠债者还钱，无所逃于天地之间。而隐士亦逃债，此之谓逸民。孔子之所谓“逸民”，言其有本事有能耐而不肯做事，此时皇帝“举逸民则天下归心”。何故？逸民想逃脱，而皇帝以礼徵之，非令其一露本事，但不是命令，不是强迫，而是请求。天下人见此情况，则觉其君真乃圣明之君，人只要有本事，不愁无官可做。逸民想逃尚逃不了，可见皇帝之圣明。

在旧日专制时代，皇帝最怕人造反，消灭之方有数种，如秦始皇之愚民、汉高祖杀戮功臣，乃消极之办法、糊涂之办法。故一个暴君摧残其臣民，不思其幸福。等其臣民被摧残至最后程度，就是他从皇座上倒颠下来之时，不及其身，便在子孙。故秦二世而亡，乃天理使然，亦是罪有应得。汉高祖杀功臣，晚年“大风起兮云飞扬”“安得猛士兮守四方”（《大风歌》）[①]——都杀了，哪有猛士？故汉历代受外之压迫也。

没本事之人，乐得无事，大事化小，小事化无；有本事之人，一是不能安然无事，二是不平，唯恐天下一日无事，闲不住，待不起，此时最好给以很好之报酬、十足之面子，使其做一件合适之事。（大臣篡位，不也是给其事做了？参活句，不参死句。）在上者用人，需有用人之本事；在下者为人所用，此亦需有能耐。用人须能支配人。曹操如生于汉之高祖时，就是韩信、萧何之流；汉高祖能用人，汉献帝本身衰弱，而国势微弱，欲振亦不可。总之，大有为之君，举逸民而天下归心。

《史记·留侯世家》记，汉高祖为帝后，其手下大将沙中偶语。[②]（非良好现象，出力叩头是我们的，而享福者是他。）汉高祖见之，问张良，良曰给以官位，又曰先封雍齿为侯。雍齿，高祖最不喜者，封之，别人可安心了。此亦心理学。本文中所言“斯固所谓举逸人则

---

① 《大风歌》全诗：“大风起兮云飞扬，威加海内兮归故乡，安得猛士兮守四方。”

② 《史记·留侯世家》：“（汉）六年，上已封大功臣二十余人，其余日夜争功不决，未得行封。上在雒阳南宫，从复道望见诸将，往往相与坐沙中偶语。上曰：‘此何语？’留侯曰：‘陛下不知乎？此谋反耳。’上曰：‘天下属安定，何故反乎？’留侯曰：‘陛下起布衣，以此属取天下。今陛下已为天子，而所封皆萧、曹故人所亲爱；而所诛者，皆生平所仇怨。今军吏计功，以天下不足以遍封。此属畏陛下不能尽封，恐又见疑平生过失及诛故，即相聚谋反耳。”

天下归心者乎”,方法很近似此。

“志士怀仁”,志士怀念皇帝之仁,可不造反。

皇帝与逸民相互利用,皇帝利用逸民使天下归心,逸民利用皇帝装门面。竞争、互助,古人不讲此二点,只讲利用、互相利用。(有钱者与做官者彼此利用。)在上位者,利用隐士而使人觉其仁心;在下位之隐士,利用皇帝以表其高节。

意识,有时自怪自己之思想会突如其来。其实此意识是早已有了,不过以前不清楚,如种子经过日光、雨露而生枝长叶,经过了此因缘,而种子发生——长叶、开花、结果。

自己求知,自己爱好。此二点,互为因果。

余近来常谈《阿Q正传》,二十余岁时即看到鲁迅欲揭示中国民族之传统上的毛病:麻木、不认真、糊涂……《阿Q正传》但挑这些,如大夫之割疮,实是大夫之慈悲。否则,虽有皮包着,里面就烂了,甚至于传布全身。

中国究竟什么是好的?什么是坏的?中国有国粹否?第一,应分清国粹与非国粹(国渣),不论从历史上看来(看事情)、哲学上看来(看道理)或文学上看来,觉得中国多少年来之……[①]余自谓有感觉而无思想。近来,思想似乎有进步,尤其从三十四年[②]起,要发掘中国的旧东西,要看看什么是国粹、国渣,应留的或应抛的……讲《逸民传论》,觉得有话可说,然究非搞思想之人,而苦于脑子没有条理。思想与语言,由思想变成语言,中间需经过一番周折。(余作散文及翻译皆学鲁迅,翻译用直译,保存原来之音节。no go,即不行、

① 原笔记此处即为省略号,当是漏记当时的讲述。

② 三十四年:指民国三十四年,即1945年。

搞不通之意。余译此句非常高兴。余欲将莎士比亚[Shakespeare]之戏剧翻成曲子。《大笑》阳历年后发表于《益世报》“君子一言”。)把思想翻译成语言,真不容易。对讲功课,余自谓:(一)预备不充分,(二)思想不成熟,现正在用功期间,心中万马奔腾,不是想人生、人世,就是想自己,观察、欣赏、分析……总觉得以前不成,一年讲得比一年好些。有一分心尽一分心,有一分力尽一分力,然只尽于此,没法子。今年便觉得去年所讲的不成,盖思想不成熟,永远由此一点往前转,而不能固定于一点,故也不能安生。

传统、遗传真可怕,好的、坏的都承袭了。没有一个祖先不希望其子孙强业胜祖,子孙应发挥祖上之美点,而抛其毛病。天下之法律,没有推之四海而皆准——不变的。孔子是圣人,孟子推为“圣之时者也”(《孟子·万章下》)。(或骂孔子投机主义,摇身而变。)《易》称“遯之时义大矣哉”,“时义”,在这儿是合适,如夏葛而冬裘。

发现什么是国粹、非国粹,是以“时”为标准。吾人生于大时代,已非闭关自守,人为夷狄、我为上种之时……现在,五大强国之一……这些金字招牌,不必提了,看外国人如何对我们!把我们还看成人吗?如果不想把国家送给别人,唯有自强。

所谓国粹者,适合于此大时代之生存条件者即国粹。此岂非武断?是的,虽武断,然非如此不可。

善恶、道德、仁义、是非……现在谈不到。反正饿了得吃饭,无饭吃得想法找饭吃;不找,就得饿死。我们不是不讲是非、道德……但现在非讲道德、仁义之时,饿了找饭吃要紧。如日本来侵略,或抗战,或投降、叩头、灭亡,用不到讲是非、善恶。《礼记·礼运·大同》篇所言:“货,恶其弃于地也,不必藏于己;力,恶其不出于身也,不必为己。”是诗之道理、境界……真的过那种生活是诗的生活，但成吗？不可不高处着眼、低处着手，先承认了事实，然后一步步走近理想，但必须有理想。

祖先为我们留下道理，是要其子孙本此哲学而生活，不是使其本此而灭亡。所以，改革哲理是我们之责任……（今人坐汽车、住大楼、吃西餐……这些吃、住、行都改了，而哲理不肯改。）

逸民，唯中国有之，中国隐士清高，清高的是什么？隐士，如绣花枕头、象牙饭桶，装样子。

本篇结尾曰：

> 肃宗亦礼郑均而徵高凤，以成其节。自后帝德稍衰，邪孽当朝，处子耿介，与卿相等列，至乃抗愤不顾，多失其中行焉。盖录其绝尘不及，同夫作者，列之此篇。

此段非常好。范蔚宗有史学、史识。

“处子”，“处”，不出之意。“与卿相等列”，“与”字上，五臣本有“羞”字。肃宗以后，卿相＝邪孽。“抗”，高抗。“愤”，愤慨。“中行”，中道之行，中庸之道。

此段指东汉党锢之祸，此时隐士有反抗精神。汉之隐士，在王莽时代，消极的不合作；在光武时代，积极的合作；肃宗以后，积极的不合作，故结果成了党锢之祸，都被杀了，惨极了。汉之党锢、唐之清流、宋之太学上书、明之东林、民国之五四运动……实非好现象——此就利害言之，非就事实而言之。

结句“盖录其绝尘不及，同夫作者，列之此篇”。“及”，五臣本作“反”，好。

第十六讲

恩倖传论

夫君子小人，类物之通称。蹈道则为君子，违之则为小人。屠钓，卑事也；版筑，贱役也。太公起为周师，傅说去为殷相。非论公侯之世，鼎食之资，明敭幽仄，唯才是与。

逮于二汉，兹道未革，胡广累世农夫，伯始致位公相；黄宪牛医之子，叔度名重京师。且士子居朝，咸有职业，虽七叶珥貂，见崇西汉，而侍中身奉奏事，又分掌御服，东方朔为黄门侍郎，执戟殿下。郡县掾史，并出豪家，负戈宿卫，皆由势族，非若晚代分为二涂者也。

汉末丧乱，魏武始基，军中仓卒，权立九品，盖以论人才优劣，非为世族高卑。因此相沿，遂为成法。自魏至晋，莫之能改，州都郡正，以才品人，而举世人才，升降盖寡。徒以凭藉世资，用相陵驾，都正俗士，斟酌时宜，品目少多，随事俯仰，刘毅所云“下品无高门，上品无贱族”者也。岁月迁讹，斯风渐笃，凡厥衣冠，莫非二品，自此以还，遂成卑庶。周汉之道，以智役愚，台隶参差，用成等级。魏晋以来，以贵役贱，士庶之科，较然有辨。

夫人君南面，九重奥绝，陪奉朝夕，义隔卿士，阶闼之任，宜有司存。既而恩以狎生，信由恩固，无可惮之姿，有易亲之色。孝建泰始，主威独运，空置百司，权不外假，而刑政纠杂，理难遍通，耳目所寄，事归近习。赏罚之要，是谓国权，出内王命，由其掌握，于是方涂结轨，辐凑同奔。人主谓其身卑位薄，以为权不得重。曾不知鼠凭社贵，狐藉虎威，外无逼主之嫌，内有专用之功，势倾天下，未之或悟，挟朋树党，政以贿成，鈇钺疮痏，构于床笫之曲，服冕乘轩，出于言笑之下。南金北毳，来悉方艚，素缣丹魄，至皆兼两，西京许史，盖不足云，晋朝王石，未或能比。及太宗晚运，虑经盛衰，权倖之徒，慴惮宗戚，欲使幼主孤立，永窃国权，构造同异，兴树祸隙，帝弟宗王，相继屠勦。民忘宋德，虽非一涂，宝祚夙倾，实由于此。呜呼！《汉书》有《恩泽侯表》，又有《佞幸传》。今采其名，列以为《恩倖篇》云。

《昭明文选》卷第五十“史论下”载沈约[①]《恩倖列传》。

《四史》[②]之作者司马迁、班固、范晔、陈寿[③]有史才，文才亦好(史才——史法；文才——文法)，故为人所推崇。《四史》之外，当推沈约之《宋书》。如云《史记》《汉书》为北派，则《宋书》当是南派。以

---

① 沈约(441—513)：南朝史学家、文学家，字休文，吴兴武康(今属浙江德清)人。著有《晋书》《宋书》等。

② 《四史》：《史记》《汉书》《后汉书》和《三国志》。

③ 陈寿(233—297)：西晋史学家，字承祚，巴西安汉(今四川南充)人。陈寿集合三国时期官私史书，著成《三国志》。

血统而论，南方之血统较北方纯正，因为北方常为外族所侵，其血统较杂，南方之发达由于北方之纷乱。（客家乃得道之中原人，汉族。）余读《汉书》觉其沉闷，读《宋书》而觉其屑碎，唯读《史记》则沉着、痛快。（只沉着而不痛快，则沉闷；只痛快而不沉着，则浅薄。）

沈约，梁武帝时人，仕至侍中。中国字有平上去入，沈约开其端。著有《宋书》《四声谱》。清人郝懿行有《宋琐语》《晋宋书故》。

史论，谈古说今。若无思想、无意义，穷极无补，只是无聊之消遣而已。评书说《三国》《列国》没劲，以为文学之欣赏还可以。（留声机、无线电，无灵魂、无感觉。）听故事尚且需要欣赏、有意义，况读史？

为秦始皇作文论是为崇拜英雄。秦始皇，有人说其"焚书坑儒"，说他好的则是说书早应焚，捧之则上天，贬之则入地。这些我们都可以不管，应以整个社会、整个国家、整个世界为重心而读之。《汉书》有《志》，《史记》有《书》，是综合的，可看到整个之社会、国家。柴德赓[①]说："《汉书・地理志》有那地方之风土人情，读历史应如镜子，照出现在的情形来。"

《恩倖传论》亦是整个的东西，是综合的，说恩倖之由来及其结果。

本篇开端曰："夫君子小人，类物之通称。蹈道则为君子，违之则为小人。""类"，分析；"物"，人物。"蹈"，行。五臣注："蹈，履也。"（履，行也。）人之贵贱善恶，善者，君子；恶者，小人。（后之人则虽恶小人亦可贵。）

---

① 柴德赓（1908—1970）：现代历史学家、教育家，字青峰，浙江诸暨人。时为辅仁大学中文系教师，长书法与诗词，顾随曾与之有诗歌唱和。

“屠钓,卑事也;版筑,贱役也。太公起为周师,傅说去为殷相”数句,以拗易顺。图示如下:

1	2	3	4
屠钓,卑事也	太公起为周师	版筑,贱役也	傅说去为殷相
a	c	b	d

语句之顺序是a、b、c、d,意义顺序是1、2、3、4。文人有才气者露才气,有功夫者露习气,都是讨厌之事。此处亦沈约之习气也。

“非论公侯之世,鼎食之资”,“世”,世代流传。“鼎食之资”,“资”,凭借也。五臣注:“鼎食谓三公之家。资,犹后也。”

“明敭幽仄,唯才是与”,“敭”,与“扬”字音义俱同。扬,举也,举之使在上位。“幽仄”,贫也。

高尔基(Gorky)在与友人书中劝青年注意书法、文法(中国而今文章多不含此二种)。法国作家法郎斯(France)[①]说他在中学时读拉丁文、读很古的法文,读时自然困难,且挨罚,但他一点也不后悔,直至老年还以为学古文是一件应当之事,因为在学古文时,可以养成人的美的品格——崇高、明净之品格。(余认为一切学问可养成技术,而此技术需与品格成一,否则只是技术、知识而已,不是学问。)没有一种古典文学不明净而又崇高的。明净是崇高的原因,崇高是明净的结果。

凡学问皆有两面,同时是平民的而又是贵族的。因是平民的,故能广;因是贵族的,故能提高。合此二种为一,始是学问。如此,

① 法郎斯(1844—1924):今译为法郎士,法国作家、文学评论家。著有诗集《金色诗篇》,小说《波纳尔之罪》《诸神渴了》等。

使人看了、听了、懂了(平民的)之后,无形中人之精神提高(贵族的)。只是平民的则是通俗的、流行的,只是贵族的则是孤立的、绝缘的、自取灭亡的——故现在之学问须将二者调和起来。

鲁迅先生对旧文学有很深之修养,故写出之文明净、崇高,如《阿Q正传》。他希望青年自由地发展,不要如他似的改造。人人可成为一作家,但不能人人皆成为天才的作家。(天才作家是无法解释的,用肉眼去看,突然而来,亟然而去,来无影去无踪,如屈原,《离骚》以前、以后皆无比者,屈原是天才。)鲁迅先生不是天才作家,的确他是中国近代之大作家,列于世界文学家中也无愧色。他的成功完全是用功得到的,如其《中国小说史略》,考证文章,思想皆平日积累而成。其文稿都是自己抄写的;写信,邮票非自己贴不可。(这太琐碎。要知道,严肃认真与琐碎很近似,世俗之人,多有琐碎而不严肃认真。)由此可见鲁迅先生之处处用心、用功。

鲁迅先生为什么不满意于自己之作品,而主张青年自由发展?此鲁迅先生伟大之处。凡多多少少、大大小小有一点才气在身,不见得即天才,而如肯用功的话,在事业上会有所成就。不过,成功之后,满意于自己之成功,停顿在一点上,那此人之死期至矣——精神死了。伟大之人不会如此,他的确是用过一番心力,但不满意停顿于此,还要向上、向前。鲁迅即如此。他在创作上、学术上皆有其成功,然并不满意,劝人不要学己。但鲁迅并不承认"才"是从天上掉下来的,或地下钻出来的。他劝人不要读线装书,多读外国书(北欧),他并不是宣传主义,那只是在品格上一种修养。北欧之作是向前的,且坚苦卓绝之精神真了不得。"坚苦卓绝"四字,正是北欧之伟大,如一大树。中国之文学则如盆景、假山,故干净、明洁,然不伟大。北欧之坚苦卓绝的精神就是宗教之精神,如耶稣、释迦。鲁迅也许看出中国民族及文学之弱点,故劝中国青年不要读线装书。

“现实了理想,理想了现实。”鲁迅先生确实将其理想现实了,故其作品骨子里之精神是西洋的、近代的道德观念,而非中国的、古代的道德观念(文学家、哲学家皆是寻觅、追求、发现真理,此真理即道德观念),而他的文章绝对是中国的,故鲁迅先生绝对是中国的土产,不是外国之移植。如《阿Q正传》中他揭穿中国社会之弱点,全用西洋之攻击法;而行文之美如《左传》,真美。故鲁迅之思想受了西洋影响,而在作风上仍然是中国的传统。每一大作家皆是尽量地发挥其本国文字美的。如France之文章即表现法文之美;高尔基亦能表现俄文之美;鲁迅最能表现中国方块单音组成的中国文字之美,《阿Q正传》之英文译本无其文字美。

文章之意义好懂,而其文章美最难懂。余读《庄子》,先了解其意义,而懂其文章美是近三四年间之事而已。如何使文字美不落于文字障中就成了,这点功夫是一辈子的功夫,不亦重乎?不亦远乎?

为文学而文学、为艺术而艺术,不易,然此种精神应有。文学应为人生而艺术,古来一切文学皆与人生有关,历史是记录人生,哲学是批评人生、改善人生,文学是表现人生。

《恩倖传论》之章节:

第一段:从开端至“唯才是与”以上,论上古之用人。

第二段:自“逮于二汉”至“非若晚代分为二涂者也”以上,论两汉之际古风未革。

第三段:“汉末丧乱”至“较然有辨”,论魏晋渐改古道,始重门第。

“兹道未革”,“兹道”指前一段而言。“道”,犹言风气也。

“胡广累世农夫，伯始致位公相；黄宪牛医之子，叔度名重京师。”胡广即伯始，黄宪即叔度，句子别扭。可改成“胡广累世农夫，黄宪牛医之子，伯始致位公相，叔度名重京师”，或“胡广累世农夫，致位公相；黄宪牛医之子，名重京师”。前段“屠钓，卑事也；版筑，贱役也。太公起为周师，傅说去为殷相”，以拗易顺，合适；此段“胡广累世农夫，伯始致位公相；黄宪牛医之子，叔度名重京师”，以顺易拗，较好。江淹[①]《恨赋》“孤臣危涕，孽子坠心”，别扭，不通，应说“孤臣危心，孽子坠涕”。有人美其名曰此种写法是“互文”——交互成文。而“胡广累世农夫，伯始致位公相；黄宪牛医之子，叔度名重京师”，重文。

沈约之文落于文字障中。（只见而不思、只信而不知，谓之理障。）凡经学、哲学在作时皆极朴素之文章，使人一看即了然。现在读之则觉其很古，此时代久远，语言、文字有变迁故也。沈约在当时号称能文之士，今读其文，亦有文字障——自己用文字将其意义遮住了。

“七叶珥貂”，“七叶”，七辈。“珥貂”，五臣注：“珥，插也。貂，侍中之服。”（侍中，天子近臣。）

“用相陵驾”，“陵驾”，超过。

“都正俗士，斟酌时宜，品目少多，随事俯仰”，五臣注：“言州都郡正皆俗士，不能甄别好恶，但斟酌门族时宜，品录声望多少，随声望之事而高下也。”

“岁月迁讹”，“迁讹”，变化。

---

① 江淹（444—505）：南朝诗赋家，字文通，济阳考城（今河南民权）人，著作有《恨赋》《别赋》等。

“凡厥衣冠”,“衣冠”,贵族。

“莫非二品”,“二品”,李善注:“言衣冠之族皆居二品之中。”五臣注:“二品谓豪客势家。”应从善注。

“台隶参差”,“台隶”,阶级。“参差”,不齐也。

“士庶之科”,“科”,分也。

所谓“下品无高门,上品无贱族”,“士庶之科,较然有辨”,正如下图所示:

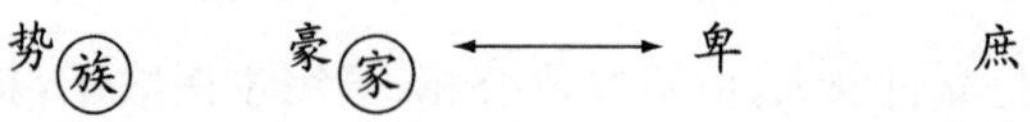

势㊀族　　豪㊀家 ←——→ 卑　　庶

凡一国初兴之时,用人只取才能,不以门第论。及而封建制度产生,当权者多为贵族,如此久之,国家必将灭亡。中外国家皆有此现象。贵族专政如耗子在屋中打洞,以为如此可以安全,可繁殖子孙,传之万世,结果墙倒下来,把国家断送了,自己也赔上了。凡不为国家命运打算而为自己之命运打算,幸时人亡国存,不幸则人与国俱亡。晋初“八王之乱”[①],可以看得很清,“八王”本是贵族专政,皆皇帝本家,以为不至于生乱。

权利,权,地位;利,财利,权利即富贵利益。赌博场中无父子,皆为钱,故说到权利是最大之自私,有自已无人;说到赌博场中无父子,则是为钱。

有父子二人考场归来,听报单来,三声炮响,父子二人齐往外跑,其父一见不是自己中了,转头就走,向屋中睡觉去了。亲戚问

---

① “八王之乱”:西晋年间司马氏同姓王间为争夺中央政权而爆发的动乱,历时十几年。战乱参与者主要有汝南王司马亮、楚王司马玮、赵王司马伦、齐王司马冏、长沙王司马乂、成都王司马颖、河间王司马颙、东海王司马越,故名“八王之乱”。

之,曰:"我这不喜,厢房里才喜呢!"亲戚曰:"你自己中举是老爷,儿子中举是老太爷。"此人一听也高兴了,既而又说:"老哥,不行,还是自己中了好。"——权利如此厉害。

秦始皇是孤立的,一人也不用。此也只有秦始皇成,然二世而亡。汉有外戚,也玩儿完了。晋用本家,狗咬狗,依然不成。故说到权利是最大的自私,两人都干就不成,或者你走了我干,或者咱俩都不干,国家完了都不管。故说到权利,亲父子、亲兄弟皆不成。宋"烛影案"[①]乃亲兄弟残杀,隋炀帝将其父害死,南北朝宋文帝亦为其子劭所害,《左传》载"父疑其子"[②]——凡此种种,设身处地为之想想,真是惊心动魄。唐明皇自蜀归来,尊为太上皇,居南内,"耿耿星河欲曙天","孤灯挑尽未成眠"(白居易《长恨歌》),凄凉之极。宋高宗(为人厉害),只想为帝未想报父兄仇或复其国,只想做一偏安之帝,利用岳飞、韩世忠诸大将拒匪,打完土匪,用不着对外,就将岳飞杀了,秦桧背骂名。高宗明知秦桧专权,而利用他杀大臣,办外交,既将秦桧捧上,也觉他可怕。及秦桧死,曰:"朕今日始免靴中置刀矣。"[③]秦桧曾曰:"南

---

① "烛影案":即烛影斧声。文莹《续湘山野录》记载:"(宋太祖)急传宫钥开端门,召开封王,即太宗也。延入大寝,酌酒对饮。宦官、宫妾悉屏之,但遥见烛影下,太宗时或避席,有不可胜之状。饮讫,禁漏三鼓,殿雪已数寸,帝引柱斧戳雪,顾太宗曰:'好做,好做!'遂解带就寝,鼻息如雷霆。是夕,太宗留宿禁内,将五鼓,伺庐者寂无所闻,帝已崩矣。太宗受遗诏于柩前即位。"此段记载隐约其辞,于是有"烛影斧声"千古之谜。

② "父疑其子":晋献公杀世子申生即为一例。《左传·僖公四年》载晋献公以骊姬为夫人,生奚齐。"及将立奚齐,既与中大夫成谋。姬谓大子曰:'君梦齐姜,必速祭之。'大子祭于曲沃,归胙于公。公田,姬置诸宫六日。公至,毒而献之。公祭之地,地坟;与犬,犬毙;与小臣,小臣亦毙。姬泣曰:'贼由大子。'大子奔新城。……十二月戊申,缢于新城。姬遂谮二公子曰:'皆知之。'重耳奔蒲,夷吾奔屈。"

③ 陈邦瞻《宋史纪事本末》卷十七:"桧既死,帝谓杨存中曰:'朕今日始免靴中置刀矣!'其畏之如此。"

人归南，北人归北。”宋高宗曰：“朕北人，将安归？”[1]可见其人明白。宋高宗后做太上皇（清高宗亦为太上皇，自曰“十全老人”），其子宋孝宗（高宗养子）孝顺至极。及孝宗子光宗即位，孝宗为太上皇，其子光宗即不孝（光宗惧内）。八月节，孝宗上楼，只有一二太监，想其子必当来看。墙外小孩喊：“赵官家，赵官家。”孝宗落泪，曰：“我喊他都喊不来，何况你们！”[2]真凄凉。故说到权利，即亲父子也不亲。

说到权利，个人最亲，其次是团体（阶级），仍是争权，不是为国家。所谓世族，家家也不过是一集团（阶级），此集团并无什么思想，只想发财、升官而已。

欧亚之先进国家，其先皆是雄才大略之君主治国，以后便是贵族专政，只为本阶级争权而已。

政治发展之途径：才能——→贵族——→宦官。（明朝之政治最糟，宦官专权至最高点。）

《恩倖传论》分两截：以上所讲是第一截；自“夫人君南面”以下，为第二截，乃专论宦官内侍，似与上文之势豪又有别也。

自“夫人君南面”以下至结尾，为一大段，内分五层：

第一层：自“夫人君南面”至“宜有司存”，述阉宦之来源。

第二层：自“既而恩以狎生”至“辐凑同奔”，述阉宦得势之由。

第三层：自“人主谓其身卑位薄”至“出于言笑之下”，言阉宦近习，人主信之而不疑，而若辈乃益乘机而大煽威福也。

“义隔卿士”“卿士”，知识阶级。

“宜有司存”，“有司”，指宦官内侍。

---

① 李心传《建炎以来系年要录》卷五十七：“上谓密礼曰：‘桧言南人归南，北人归北。朕北人，将安归？’”

② 田汝成《西湖游览志余》：“光宗逾年不朝重华，寿皇居常怏怏。一日登望潮露台，闻委巷小儿争闹呼赵官家者，寿皇曰：‘朕呼之尚不至，枉自叫耳。’凄然不乐，自此不豫。”

“既而恩以狎生”,“既而”,久而久之。“狎”,习也,亲近也。“恩以狎生,信由恩固”,狎——→恩——→信。

“孝建泰始,主威独运”,说君权。

“官置百司,权不外假”,“外假”,“假”,借。五臣注:“宋武帝、明帝事每独用,权柄不外假藉于卿士也。”

“而刑政纠杂”,“纠杂”,繁淆也。

“事归近习”,“近习”,宦官。汉之十常侍,唐之监军,皆宦官。为领袖者无耳目显着孤单,有耳目则必为其所蒙蔽。

“赏罚之要”,“要”,机枢。(要,名词,即腰。)

“出内王命”,“出内”,即出。

“于是方涂结轨,辐凑同奔”,“方涂”,“方”,比并。(比,方,比邻即方邻。)(方舟,两舟相并;方人,把自己与别人比较。)“方涂结轨”,并驾齐驱也。“辐凑”,今作“辐辏”,聚集也。辏字实误。(犹缙绅之缙亦误。缙当作搢。搢,插也,插笏之意。)此二句是说一切人都钻营奔走其门下。

“曾不知鼠凭社贵”,“曾”,与“乃”通。

“外无逼主之嫌”,“逼主之嫌”,功高震主。

唐郭子仪之子暧尚公主,暧与公主吵架,暧曰:“我父薄天子而不为。”郭子仪闻之,捆子上殿以请罪。帝曰:“不痴不聋,不做阿家阿翁。”①

---

① 赵璘《因话录》卷一:“郭暧尝与升平公主琴瑟不调,暧骂公主:‘倚乃父为天子耶?我父嫌天子不作。’公主恚啼,奔车奏之。上曰:‘汝不知,他父实嫌天子不作。使不嫌,社稷岂汝家有也!’因泣下,但命公主还。尚父拘暧,自诣朝堂待罪。上召而慰之曰:‘谚云:不痴不聋,不作阿家阿翁。小儿女子闺帏之言,大臣安用听?’锡赉以遣之。尚父杖暧数十而已。”

>>> 大禹三过家门而不入，此种精神绝非“家天下”。图为清朝任伯年《大禹临流图》。

黄梨洲宗羲[1](为人、思想极好)《原君》之文字好,内容更好,那样之文始是论文。其文说“家天下”。一人欲为国家做事,非忘掉了权利不可,但无权你不能做事,最好是有权后把权忘了,不要有“家天下”之思想。事业与自己打成一片,始可。

后世皇帝不是为国、为人而是为自己做皇帝。“自我得之,自我失之,亦复何恨”(《梁书·邵陵王纶传》中梁武帝语),亦“家天下”之思想。古来所谓圣君尧、舜、禹、汤、文、武,心心意意在国家、在人民、在百姓。禹三过家门而不入,此种精神绝非“家天下”。“彼可取而代也”(《史记·项羽本纪》中项王语)、“大丈夫当如此也”(《史记·高祖本纪》中刘邦语),此种思想是只为了舒服享受。“莫乐为人君,唯其言而莫之违。”(《韩非子》)在高位、拥大权之人,应负大责任、尽大义务也,不是取(享受)而是与(服务),此国家始可以上轨道。天下乱、将亡国之际,官吏都是棺材里伸手——死要钱。

“鈇钺疮痏,搆于床第之曲”,“搆”,构也。五臣注:“鈇,砧。钺,斧也。疮痏喻谗谮成瑕疵也,言倖臣构瑕于宫曲床簀(簀=第)之间,使公卿伏鈇钺于外也。”

第四层:自“南金北毳”至“实由于此”,言宦官之祸。

自“南金北毳”至“未或能比”,言财物之盛。

国之将亡,国穷民穷,唯做官者富,举国之财富成0(鸡蛋形),故“危若累卵”之话是有道理的。

“素缣丹魄”,“丹魄”,“魄”,琥珀,琥珀色红故曰丹魄。

“西京许史,盖不足云”,说贵。

---

① 黄宗羲(1610—1695):明末清初思想家、史学家,字太冲,号南雷,又号梨洲,世称“南雷先生”或“梨洲先生”,浙江余姚人。

“晋朝王石，未或能比”，说富。若说“或未能比”，语气轻；“未或能比”，语气重。范蔚宗《宦者传论》写宦官：

> 举动回山海，呼吸变霜露。阿旨曲求，则宠光三族；直情忤意，则参夷五宗。汉之纲纪大乱矣！若夫高冠长剑，纡朱怀金者，布满宫闼；苴茅分虎，南面臣民者，盖以十数。府署第馆，棋列于都鄙；子弟支附，过半于州国。南金、和宝、冰纨、雾縠之积，盈牣珍臧；嫱媛、侍儿、歌童、舞女之玩，充备绮室。狗马饰彫文，土木被缇绣。

沈约之文不狠不凶，不如范文。

自“及太宗晚运”至“实由于此”，言宦官专权之烈。

“及太宗晚运”，“晚运”，犹言晚年。“及其老也，血气既衰，戒之在得。”（《论语・季氏》）。老是可怕的，人越到老年越想不开，不放手，也越贪得、贪财，正因生命不久，活一天便要把持一天，此之谓“倒行逆施”。“日暮途远，倒行逆施”（《史记・伍子胥列传》），人是越老越背晦。

“虑经盛衰”，宋太宗之世可谓之盛，而惧其子年幼不能治国、驾驭群臣，故虑其国之将由盛而衰也。如此便不相信大臣贵戚，惧其篡位也，乃尽用“权倖之徒”。

“慴惮宗戚”，“宗”，诸王。“戚”，贵戚。此句是说贵戚惧权倖，抑权倖惧贵戚，文章写得不明白。五臣注：“言诸王亲属皆畏惧佞幸之臣。”

胜败，两字之意义正相反，而“胜之”“败之”讲法相同，此中国文法不清之故。茅盾[1]将“铭感五内”写成“铭感了我们”，不通；说“苦笑尤胜于哭不得、笑不得”，不通（尤、犹分不清。尤犹、遂随、即既，当分清）。茅盾文中用“下一转语”（“转语”是禅宗语），用得不妥。写文章，把事实摆在那儿，无批评、论断，如苏联班台莱耶夫(Panteleev)《表》[2]（鲁迅译，是其最大之成功作品）之类作品，乃新客观之写法，几乎连感情也不表现。另一种写法，是敢哭、敢笑、敢打、敢骂……什么都说，当然自有其理由。茅盾之“下一转语”，可想说又不想说，此在说话之技术上已是低能，何况在文中，更不能算高明。作者有时被读者给惯坏了，犹之皮簧[3]，今不如昔，因听众之今不如昔也，观点不同。

鲁迅说，看冰心[4]之作如听八十岁的老祖母说教训。老舍之《赵子曰》《二马》[5]真使人摇头，但竟有人捧他，最近之老舍却颇有长进，《写与读》[6]可见其用功之功夫。鲁迅《鸭的喜剧》写：“入芝兰之室，久而不闻其香”——讽刺；“然而我之所谓嚷嚷，或者也就是他之所谓寂寞罢”——此是真费功夫；“俄国的盲诗人爱罗先珂君带了他

① 茅盾(1896—1981)：现代作家、文学理论家，原名沈德鸿，字雁冰，浙江桐乡人。曾主持《小说月报》，代表作有《幻灭》《子夜》等。

② 班台莱耶夫(1908—1987)：苏联儿童文学作家，著有《表》《文件》《我们的玛莎》等。其代表作之一《表》，讲述了有偷窃行为的流浪儿彼蒂加在教养院里转变为好孩子的故事。

③ 皮簧：又称皮黄，西皮与二黄的简称。因皮黄是京剧两大主要声腔，故京剧亦称“皮黄”或“皮簧”。

④ 冰心(1900—1999)：现代作家、翻译家，原名谢婉莹，福建长乐人。代表作有诗集《繁星》《春水》，小说《超人》等。

⑤ 老舍(1899—1966)：现代作家，原名舒庆春，字舍予，笔名老舍，北京人。代表作有《赵子曰》《二马》等，《赵子曰》描述以赵子曰为代表的北京学生的故事，《二马》则讲述以老马和小马为代表的中国人在海外生活的经历。

⑥ 《写与读》：老舍所作散文，涉及阅读与创作，发表于《文哨》月刊1卷2期。

那六弦琴到北京之后不久,便向我诉苦说‘寂寞呀,寂寞呀,在沙漠上似的寂寞呀!’”——如诗。鲁迅之文《阿Q正传》,古典得如《史记》《左传》,然读之如见其人,如闻其声,如视其事。

读文学作品,不是吃糖,然也不是吃药。有的作品读了比吃药还苦。鲁迅之文古典,干净之极,近来却觉得不然。如《表》《鸭的喜剧》,虽古典,还有真正的平民、人民、民众。

“搆造同异,兴树祸隙,帝弟宗王,相继屠勦。”勦,五臣本作“剿”。五臣注:“言佞倖之臣搆造同异,起立祸隙,谗谮宗王,使相继被戮,而至绝矣。剿,绝也。”

一般权臣皆愿立幼主,使其孤立,与外界绝缘,结果此领袖成为昏聩,此时距灭亡之期近矣。

“搆造同异”,党同伐异。“兴树”,动词,挑拨也。“兴树祸隙”,挑拨是非。嫌隙、衅隙之结果成为怨仇。

“宝祚夙倾”,“宝祚”,五臣注:“宝祚,国命也。”“夙倾”,早亡也。

第五层:“呜呼”以下,述恩倖一名之由来及作传之意,乃作《恩倖传论》之总意。

“呜呼”“乌乎”,古作“於戏”“乌虖”,自韩退之《祭十二郎文》用为悲叹之词,后人多仿用之,实则即叹词。

“汉书有《恩泽侯表》,又有《佞幸传》”,“恩泽”,皇亲国戚之属;“佞幸”,爱臣,得皇帝之欢心者。

卷　三

唐宋诗[1]

① 卷三《唐宋诗》所讲内容，与《中国古典诗词感发》有部分近同之处，但它自成体系，自有特点，正可与《中国古典诗词感发》相关部分相参看，故成此卷，以飨读者。

第十七讲

老杜与义山

文学，有力的文学，有韵的文学。老杜可为力文学的代表，义山可为韵文学的代表。今日即以力的文学与韵的文学说杜工部与玉谿生之诗。

老杜七绝，可为其力文学的代表。老杜七绝以《江南逢李龟年》流传最广，时人多举之。其实，这真是不知老杜。此首若非老杜有意为之，便是偶尔懈弛，偶尔失足，坠堑落坑，掉入了时人滥调的泥淖，陷入了传统的窠臼。《江南逢李龟年》一首，不能代表老杜的绝句。

现在先说一段题外文章。生活中，我们看盆景、看园林、看山水。盆景，看起来是精致，但是太小（并非恶劣，并非凡俗）；园林较盆景大，其中太湖石、石笋布置极好，但又总嫌匠气。只有在大自然的山水中，我们才能真觉其“大”，且能发现其“高尚的情趣”与“伟大的力量”。平常人用“雅”打倒恶劣与凡俗，但“雅”终觉太弱，我们要用“力量”来打到恶劣与凡俗。

老杜“两个黄鹂鸣翠柳”一首，有苍苍莽莽之气，就如大自然的山水脱出于尘埃之外，一尘不染，有高尚的情趣，伟大的力量：

> 两个黄鹂鸣翠柳，一行白鹭上青天。
> 窗含西岭千秋雪，门泊东吴万里船。
>
> （《绝句四首》其三）

平常只知杜诗有力量，而未曾注意到其高尚的情趣。从全首看，“两个黄鹂鸣翠柳，一行白鹭上青天”二句，有高尚的情趣；“窗含西岭千秋雪，门泊东吴万里船”二句，既有高尚的情趣，又有伟大的力量。诗中一、二句无人，三、四句看似仍无人而实已有人，“窗含西岭千秋雪”，象征人心胸之阔大，是高尚的情趣；“门泊东吴万里船”，是伟大的力量。常人看船不过蠢然呆死之一物，无灵性；老杜看它是有生命，能自西蜀到东吴，自东吴到西蜀，不限于现在眼前之一物，不局限于现在眼前的小天地。诗人的心扉（heart's door）是打开的，诗人从大自然得到了高尚的情趣与伟大的力量。这一小首诗，真是老杜伟大人格的表现。

再看老杜“二月已破”一首：

> 二月已破三月来，渐老逢春能几回。
> 莫思身外无穷事，且尽生前有限杯。
>
> （《漫兴九首》其四）

“二月已破三月来”，是“破”，不是“去”。若说“二月已去”，真没力量；“二月已破三月来”，念念多有力量。“莫思身外无穷事，且尽生前有限杯”之“杯”，是苦酒之杯。这两句真是有力量。耶稣死前说：“你们的意思若要我喝这杯苦酒，我就喝下去。”此即因为有受苦的力量。老杜对苦有担荷。

晚唐韩偓诗中有几句值得一提:“菊露凄罗幕,梨霜恻锦衾。此生终独宿,到死誓相寻。”(《别绪》)韩偓,字致尧,有《香奁集》。李义山为其老世伯,其诗当受义山影响。人评致尧《香奁集》,其一:曰轻薄;其二:曰含蓄(如“佯佯脉脉是深机”[《不见》])。韩偓诗之轻薄是很难为讳的,但看《别绪》中这四句(不必看其是恋爱,看其是理想),他不轻薄。可惜太少,若皆如此,敢不顶礼?义山集中尚无此等诗。为情感所压倒、所炸裂不成,要有情操。而只有情操是作茧自缚,还要有理想、有力量,打破这小天地,就是化蛾破壁飞去。诗,心之声。韩偓“菊露凄罗幕,梨霜恻锦衾。此生终独宿,到死誓相寻”,就是打破了小天地,就是化而破壁飞去。还有《惜花》中的“临轩一盏悲春酒,明日池塘是绿荫”,念一念,多有力量!这是向上的,绝非轻薄。

老杜“莫思身外无穷事,且尽生前有限杯”与韩偓《别绪》与《惜花》诗句虽看似迥异,精神实在一样。切莫把韩偓诗看作恋爱,切莫把老杜诗看成耽酒。文学上我们根本不承认写实。科学的眼光看,花是红的,柳是绿的,这是传统的。文学上不能如此看,要看出花与柳内在的生命力来,这样也就可以懂得老杜的诗了。

老杜又有《戏为六绝句》论诗:

> 王杨卢骆当时体,轻薄为文哂未休。
> 尔曹身与名俱灭,不废江河万古流。
>
> (其二)
>
> 才力应难跨数公,凡今谁是出群雄。
> 或看翡翠兰苕上,未掣鲸鱼碧海中。
>
> (其四)

次首作得真好，有力量。“翡翠”，小鸟羽色金碧辉煌，鸣声清越；“兰苕”，雅净；“翡翠兰苕”，此景真是干净、美丽、精神，但无力量。唯至下句“掣鲸鱼碧海中”，是真有力量。

老杜是侧重力的方面的，其力是生之力，不是横（去声）的，不是散漫的，不是盲目的，不是浪费的。（老杜诗有时是横力，那是失败之作。）他有生之力，写的是“生之色彩”。色彩是外表，但这外表是与内容为一的。柳之绿、花之红，是从里面透出来的，是生之力的表现，是活色。若以色染纸，其色彩是自外涂上的，是死色。老杜的诗便如柳之绿、花之红，是活色。

由此数首，可窥老杜创作之路径，亦可得见老杜批评之标准。

曾国藩[1]编纂《十八家诗钞》，选唐诗多而好，见其心胸阔大。早其一百余年的沈德潜[2]之《唐诗别裁》，太偏重于“韵”的方面，不及曾气象大。吾人学诗，可从《十八家诗钞》中老杜绝句入手，先得些印象；再本此读其七律、五律，七古、五古自然迎刃而解。即便不能达此迎刃而解之境，也总有些路径，不至于丈二和尚摸不着头脑。

读杜诗，需要注意以下四方面。

其一，感觉。

或曰：杜诗粗。莫看“他粗”，实在是感觉锐敏之极——敏、细。如其：

---

① 曾国藩（1811—1872）：晚清重臣，字伯涵，号涤生，湖南湘乡（今湖南双峰）人。文学上继承桐城派而自立风格，创立晚清古文的“湘乡派”，编著有《求阙斋文集》《经史百家杂钞》《十八家诗钞》等。

② 沈德潜（1673—1769）：清朝诗人，字确士，号归愚，长洲（今江苏苏州）人。论诗主“格调”，提倡温柔敦厚之诗教，著有《说诗晬语》《古诗源》等。

繁枝容易纷纷落,嫩蕊商量细细开。

(《江畔独步寻花七绝句》其七)

“细细开”,还罢了;“商量”,二字真妙!人与花“商量”,花与花“商量”,其感觉之锐敏、之纤细真了不得,何尝粗?别人或能这样细,但一定落于小气;老杜则写小事亦绝不小气,这或许是人格的缘故吧。

再看老杜的《三绝句》:

楸树馨香倚钓矶,斩新花蕊未应飞。

不如醉里风吹尽,可忍醒时雨打稀。

门外鸬鹚去不来,沙头忽见眼相猜。

自今已后知人意,一日须来一百回。

无数春笋满林生,柴门密掩断人行。

会须上番看成竹,客至从嗔不出迎。

老杜诗有时没讲儿,他堆上这些字,让你自己生出一个感觉来。

其二,情绪。

老杜情绪热诚。“或看翡翠兰苕上,未掣鲸鱼碧海中”即如此,情绪热烈、真诚。

金圣叹批《水浒》形容鲁达“郁勃”,即以此二字赠老杜诗也,其热烈、真诚之郁勃,为他人所不及。此可以“两个黄鹂”一首看出,“鲸鱼碧海”亦然。

其三,新鲜。

凡一时代之大作家,皆是一时代之革新者,老杜取材、造句以及识见,皆是新鲜的。

老杜自来爱用险，其七绝尤易见出每每避熟就生，“险中弄险显奇能”（《空城计》）[①]。未知其有意抑无意。韩退之亦说“唯陈言之务去”（《答李翊书》），但退之“陈言务去”是仅限于文字的，若观其取材、内容、思想（意象）并不新，只是修辞、字句上的改进，取材既不好，思想亦不高。老杜则不然，连题目都是新鲜的，如《觅果栽》《觅松树子栽》《乞大邑瓷碗》。且看其《乞大邑瓷碗》一首：

大邑烧瓷轻且坚，扣如哀玉锦城传。

君家白碗胜霜雪，急送茅斋也可怜。

老杜写大邑瓷碗，“扣如哀玉”，音脆而长；“扣如哀玉锦城传”（锦城，成都），粗中有细。他人未必不能以此题写诗，但写来必不如此。老杜此诗，就写实而说，不是找古人中对于此物的意象，而是从物的本身上找出来，再用合宜的字句表达出来。唯“大邑瓷碗”方可“扣如哀玉”，唯“扣如哀玉”方可“锦城传”。（余从前觉得古人生我辈于先，有优先权写出好诗来，后人再有此等好诗便成抄袭。其实，吾人看法总与古人有不同处，总能见出古人见不到处。）再者，读他人诗，音调是纤细的，不是宏大的；唯老杜诗成功作品是宏大的，一个瓷碗，“扣”其之音声亦能如“哀玉锦城传”。其七古当然更能如此，即是七绝亦然，如前举三绝句之“楸树馨香倚钓矶”一首。老杜未必没有梦般的幻想、锐敏的感觉——优美的，如诗中之“花蕊”“斩新”“馨香”且“未飞”；而《大邑瓷碗》一首可算是壮美的。

在温室中开的花叫“唐花”，老杜的诗非花之美，更非唐花之美，

① 京剧《空城计》诸葛亮唱词：“人言司马用兵能，依我看来是虚名。他道我平生不设险，险中弄险显奇能。”

而是松柏之美，禁得起霜雪雨露、苦寒炎热。他开醒眼要写事物的真相，不似李义山之偏于梦的朦胧美（义山之梦的朦胧美，容后再叙），但其所写真相绝非机械的、呆板的科学描写。即如《乞大邑瓷碗》一首，是平凡的写实，但未失去他自己的理想。“哀玉”之“哀”与魏文帝“哀筝顺耳”（《与吴质书》）之“哀”意同——非通常所言之哀婉，乃悠长和婉，这岂非他的理想？

老杜用醒眼看到事物的真相，得到真实的感觉；他愿读者也得到真实的感觉、事物的真相，这是作者良心上负责。再说，老杜的诗本就是新鲜的。诗人多半是梦游者，老杜变而反之。但不似义山之朦胧美，因为义山是 day-dreamer，老杜是睁了醒眼去看事物的真相。李义山“沧海月明珠有泪，蓝田日暖玉生烟”（《锦瑟》），以“珠玉”象征生活，更加之“沧海月明”“蓝田日暖”“珠有泪”“玉生烟”，有多少彩绘，真是观之不尽。老杜的诗如茅屋，虽非无诗意，但有时不免嫌其一览无遗，大嚼无余味——真实了反而无余味；义山诗则如雕梁画栋，其诗未必真，却有美在。（要在矛盾中得调和。）总而言之：真实——事物本相，无病亦无余韵；新鲜——文字表现，虽不免幼稚、孩子气，但总之是新鲜。

老杜于遣词造句，亦好避熟就生，表现之一便是倒平仄——使用拗句。如：

> 闻道杀人汉水上，妇女多在官军中。
>
> （《三绝句》其三）

前所举“楸树”三首尚未倒平仄，此二句则平仄不合：—｜｜—｜｜｜，｜｜—｜———，后一句使用“三平落脚”（指七言句末三字皆平声）。三平落脚的句子特别稳，如磐石之安、泰山之重。（老杜七古每用此法，如《茅屋为秋风所破歌》中“卷我屋上三重茅，高者挂罥长林梢，下者飘转沉塘坳”之“三重茅”“长林梢”“沉塘坳”。）常人的诗所以见不出其创造力者，盖不知此诀窍，避生就熟，只用人家说过的字词句拼凑起来。老杜则避熟就生，新鲜且有力。

老杜写诗又常利用方言，用适之先生的话说即是口语写诗。老杜何以如此？盖老杜不愿使诗与读者之间产生文字的障碍。吾人读古诗而难解、不亲切，或是时代的关系，作者本不能负责。千百年前的作品与千百年后的读者之间发生了文字的障碍，这是历史造成的，彼此都不负责，不过靠着读得多了，可以减轻这种障碍。老杜不愿有此障碍，故好用方言俗语，如前文提及《三绝句》中的“斩新”“会须”“上番”“从嗔”，使人读后觉得亲切、真实。“无数春笋满林生，柴门密掩断人行。会须上番看成竹，客至从嗔不出迎。”“柴门密掩”，想是为春笋所遮，非闭门也。（“会须”，唐时方言，将来之意[future perfect]。诗会□[①]归矣。）“会须”“从嗔”，读后觉得亲切、真实，无障碍。

再看老杜《春水生二绝》：

二月六夜春水生，门前小滩浑欲平。

鸬鹚鸂鶒莫漫喜，吾与汝曹俱眼明。

（其一）

一夜水高二尺强，数日不可更禁当。

南市津头有船卖，无钱即买系篱旁。

（其二）

---

① 按：原笔记“会”字下缺一字。

此二首好处是新鲜，不好的是一览无遗，虽非劣作，亦算不得老杜好诗。此种诗是幼稚的，其坏处在于不深、不厚；其好处在于新鲜，为前所未有。此种诗写时是抱了儿童的心情去想，用儿童的眼光去看。“鸬鹚鸂鶒莫漫喜，吾与汝曹俱眼明”，“南市津头有船卖，无钱即买系篱旁”，真是儿童的眼光，儿童的心情，所以能如此新鲜。成人为传统的思想、习惯所沾染，早已泯没了儿童的心情、眼光，所以是陈腐的。然此种诗，亦并非老杜最好的诗，好诗还是“两个黄鹂鸣翠柳，一行白鹭上青天”一首，因为那诗有理想在。老杜之理想乃是没有意识到的，不似西洋人每每是意识的，是抱三 W 主义的：what、how、why（什么、怎样、为什么）。吾国人则常是出于自然的，此诗中老杜理想的流露是自然的、无意的。

其四，气象。

老杜的诗之好，还须注意其气象——伟大。

《春水生二绝》看不出其气象的伟大来，这要看他的咏武侯祠堂一首：

> 武侯祠堂不可忘，中有松柏参天长。
>
> 干戈满地客愁破，云日如火炎天凉。
>
> （《夔州歌十首》其九）

此首较《春水生二绝》便好，“春水生”二首只是新鲜，此首除了新鲜还伟大。以武侯伟大的人格、武侯祠堂庄严的建筑，若有一个字弱了、瘪了，便不成。余此时说这话是意识了的，而老杜作时是没有意识了的，是直觉的，但既说武侯、既说武侯祠堂，便非如此不可。“武侯祠堂不可忘”，“不可忘”，三个字平常得很，可若改为“系人思”就糟了，音太细；“不可忘”三个字音壮，“祠堂不可忘”“松柏参天长”，伟大、壮丽，衬得住。此诗平仄亦不调(亦用三平落脚)：

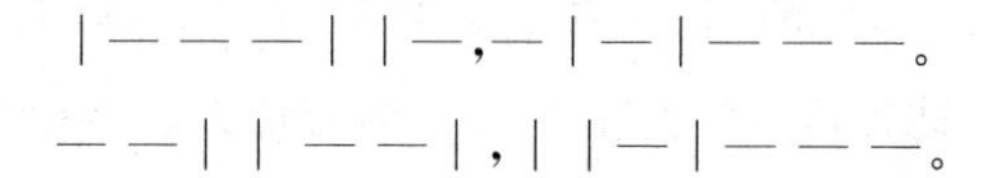

哪个作七绝敢用这般格式？然而也有用得好的，老杜敢用，故不可太迷信格律，打破格律，也可以有意外收获。如老杜之七古亦然：“自断此生休问天，杜曲幸有桑麻田，故将移住南山边。短衣匹马随李广，看射猛虎终残年。”(《曲江三章章五句》其三)“桑麻田”“南山边”“终残年”，多用三平落脚，板虽板，可真沉重有力。

近世文艺描写简直是上账式的，越描写越不明白。文章最要紧的是要经济的描写，要以一当十，以一当千，以一当万。看老杜写武侯祠堂，不写其建筑如何壮丽、武侯的人格如何伟大，只一句“松柏参天长”便都托出。“干戈满地客愁破”，“破”字用得绝。好诗是复杂的统一、矛盾的调和，如烹调五味一般，香止于香，咸止于咸，便不好。喝香油、嚼盐粒，有什么意思？“干戈满地客愁”与“破”，“云日如火炎天”与“凉”，是矛盾的调和。面对武侯祠堂，客愁自破，松柏参天，炎天自凉，真是矛盾的调和。

人在世间，又逢乱世，奔波流离，困苦艰难，只剩得烦恼悲哀。怎样能解脱这辗转流离、困苦艰难和剩下的这烦恼悲哀呢？便好好承受那烦恼悲哀吗？承受是不得已，消极；最好是消灭了它，不成便脱离。虽仍有烦恼困苦，但是我脱离了。若不成，便承受吧！——受不了，怎么办？——忘记。人，真是可怜虫！既不能消灭，又不能脱离；既不能欢迎，又不能忍受，只好是忘记——就是麻醉。老杜便不如此。他不要忘记，他清醒地看着苦恼。他虽无消灭那苦恼的神力，也决不临阵脱逃，也不会忘记，他只是忍受、担荷——是战士。

进一步说，他也消灭、也脱离、也忘记、也担荷。如此，才是老杜；如此看，才能读杜诗。

老杜的诗真是气象万千，不但伟大而且崇高。如好戏，不是单一的欢喜、凄凉、安慰，欢喜中有凄凉，凄凉中有安慰，这才是好戏，而特复杂不易表演，故杜诗亦不好讲。

余先讲老杜，再讲义山，盖以老杜为"力"的代表，以义山为"韵"的代表。从《二月二日》说到《锦瑟》，再说到"韵"，今天便是这个关目。并非节外生枝，另起炉灶。

李义山的诗，最早到余之心上、入余之眼中的是《二月二日》与《锦瑟》两首。当然，《二月二日》不能与《锦瑟》比，《锦瑟》乃绝唱，但即便没人注意的《二月二日》也甚好，很平凡的题目，但是写得好：

> 二月二日江上行，东风日暖闻吹笙。
> 花须柳眼各无赖，紫蝶黄蜂俱有情。
> 万里忆归元亮井，三年从事亚夫营。
> 新滩莫悟游人意，更作风檐夜雨声。

"二月二日江上行，东风日暖闻吹笙"，读了便觉得暖，并非为其说"暖"就暖，而是为诗人的"吹笙鼓簧"(《诗经·小雅·鹿鸣》)的格物本领。吹笙鼓簧，比吹笛子好，笛子是空的，笙中有簧，簧是颤动的。冬日吹笙，簧会冻住，是涩的，吹不响。周清真[①]词中有句"夜深簧暖笙清"(《庆宫春》)，竟是写冬夜吹笙——"笙清"是写夜，"簧暖"是吹笙。吹笙即是暖的象征，故义山"东风日暖闻吹笙"，初次读之

① 周邦彦(1056—1121)：字美成，号清真，钱塘(今浙江杭州)人。北宋婉约词集大成者，南宋婉约词开山者，著作有《清真词》。

即有暖气扑面，暖意上了心头。此是义山格物。杜牧之[1]亦有诗云：

深秋帘幕千家雨，落日楼台一笛风。

（《题宣州开元寺水阁，阁下宛溪夹溪居人》）

“帘”与“雨”自上而下，“一笛风”横着过来。“一笛风”，必是笛。牧之的“一笛风”恰与义山的“吹笙”形成对比，一写冷，一写暖。“落日楼台”必是“一笛风”，有笙也不许说，此是诗中无情无理，也是诗中至情至理。再看一诗：

回乐峰前沙似雪，受降城外月如霜。

不知何处吹芦管，一夜征人尽望乡。

（李益《夜上受降城闻笛》）

既是“沙似雪”，既是“月如霜”，必须是塞外，必须是芦管（芦管即胡笳），绝不是笛、是笙。塞外胡笳，听了如何能不望乡？

客家俗谚云：“二月清明初开罢，三月清明未见花。”《二月二日》后两句写：“花须柳眼各无赖，紫蝶黄蜂俱有情。”“有情”二字不可轻轻放过。义山写出“有情”二字，未辜负大自然；我们轻轻放过，是辜负义山。看“紫”、看“黄”、看“俱”，数字写来，绝不轻薄，是沉着的，真是“有情”。“花须柳眼各无赖”，这“无赖”也是“有情”，可爱！慈父慈母的爱儿娇女，常常在父母面前淘气、撒无赖，这不是可气，而是 charming（日本译为爱娇，正好）。这样的诗句含义丰富，即是日常生活、日常事物写出来的美的事物、美的作品。

严格地说，余不承认文学有写实的，且文学中必有梦的色彩。

---

① 杜牧（803—853）：唐朝诗人，字牧之，号樊川，京兆万年（今陕西西安）人。曾任司勋员外郎，故又称杜司勋。

（写实与切实不同，如果“写实”二字另有说法，且不论。）将日常生活加上梦的朦胧美，是诗人的天职。（既曰天职，便不能推诿，不能卸责。）如果是在浪漫或者传奇的作品中，容易加上梦的色彩，但在日常生活上则不容易，因为浪漫、传奇中本有新鲜的趣味，故容易有朦胧美。新鲜是富于刺激性最要紧的条件。辣的富于刺激性，但如果天天吃、顿顿吃，再吃也就不新鲜了，也就失了刺激性。传奇是新鲜的，故易加上梦的色彩，此种传奇性叫做演义。故罗贯中《三国演义》较陈寿《三国志》新鲜，关公的大刀八十二斤，刘备的双手过膝，当然是演义，传奇中自然不乏此种性质。梦的朦胧美加在事物上，即是演义，即是附会。但日常生活是平凡的，与梦的朦胧美虽非水火不相容，却也是南辕北辙，背道而驰。明明是矛盾，但如李义山，一流的大诗人，能将日常生活、平凡事物加以梦化（当然非噩梦、非幻梦），产生梦的朦胧美。

一个诗人多是能白日做梦的，是 day-dreamer，与梦游人不同：梦游是下意识的、半意识的，day-dreamer 是非半意识的、是意识的；非梦游，是切实；非噩梦，是美的；非缥缈的幻梦，幻梦有时是美的，但不切实，是空虚；诗人之梦非空虚、缥缈，是现实。

义山能将日常生活加上梦的朦胧美。其《锦瑟》诗真是不得了，不但是义山的代表作，简直可以称为绝唱，义山之后没有见过这样好的诗：

> 锦瑟无端五十弦，一弦一柱思华年。
> 庄生晓梦迷蝴蝶，望帝春心托杜鹃。
> 沧海月明珠有泪，蓝田日暖玉生烟。
> 此情可待成追忆，只是当时已惘然。

若有西人问余中国诗有何特色,试举一小诗为代表,则余毫无异议地举出《锦瑟》诗来。不知此诗之好处,则上不会了解《离骚》、“诗三百”,下也不会了解以后的诗。

或说《锦瑟》是悼亡诗,文字自明,无须细说。

诗中前四句忆往伤悼,五六两句写得最好。“沧海月明珠有泪”,泪是当年快乐之泪,非悲哀之泪。“珠泪”是中国的 idiom,珠是本体,泪作譬喻,珠泪、泪珠,珠的泪即珠之光。为什么“沧海月明”?因沧海而月益明,月明而珠之泪益美,非悲的泪,是美的泪。“沧海月明珠有泪,蓝田日暖玉生烟”,如烟、如雾、如云,真是梦,真是美。然而,虽如烟、如雾、如云,结果却是幻灭,最终消灭无踪——不但其后有幻灭的悲哀,即在当时,已有把握不住的苦痛。而诗人的诗则不然,虽其美如烟、如雾、如云,但是能保留下来,是切实的,是不灭的。写下来了,保留下来了。结二句义山写道:“此情可待成追忆,只是当时已惘然。”“惘然”——真好,是梦的朦胧美。这种感情不是兴奋、不是刺激、不是悲哀、不是欢喜,只是“惘然”,真能沉入诗的美、真能享受、真能欣赏,把握得住。

古人言“相视而笑,莫逆于心”(《庄子·大宗师》),余尚嫌他多此“相视之笑”,须是“妙哉,我心受之”(蒲松岭《聊斋志异·司文郎》)方好。举一例,春天到公园里去,花明柳暗,小孩子欢呼雀跃,中年人或老年人经了许多事故,坐于水边石上,对了夕阳,水色山光中,默默无语,落在了“惘然”之中。这两种,哪个比较有味?哪个是诗?恐怕还是后者。诗与生活合二为一,不但外表有诗的色彩,简直本身就是诗。幼子自外归家,母亲见了眼光一扫,即此便是好诗。义山悼亡,不痛哭,不流涕,不失眠,不吐血,只是“惘然”。诗人落在

“惘然”中，犹如小儿归来落在慈母的眼光中。（在小孩子，正是“妙哉，我心受之”；在慈母，则是“惘然”。）

日常生活加以梦的朦胧美，就是将平凡的美化了，将日常生活升华了。因此方说义山这位大诗人极似西洋的“唯美派”。不必说更深的含义，深话浅说，“唯美派”即是要创造出美的事物来。以“唯美派”奉赠与晚唐李义山并无不当，他作诗不为表现他的思想，不为给读者一个教训，虽然未必没有，但其天职、良心非出于此，而是“为艺术而艺术”（L’art pour l’art），只是为了美、要创造美而已。此是义山与西方“唯美派”之共同点。但中西之“唯美派”有不同者，即西洋“唯美派”是不满于日常的、平凡的而别生枝叶，另起炉灶，要自创出美；而我们的李义山则是将日常生活美化升华（乔妆）了。“沧海月明珠有泪，蓝田日暖玉生烟”，是写男女两性生活。高楼大厦、锦衣玉食固然美满，然而即使是蓬屋茅檐、粗茶淡饭也仍是美满，只要二人生活是统一的、调和的。义山是寒士，假定所悼为其妻，当然过的是粗茶淡饭的生活。写的是日常的、平凡的，然而却能如此美。西洋“唯美派”不要日常的、平凡的事物，而另创造其他新奇的事物。法国诗人波特来尔（Baudelaire）有诗集《恶之花》（*Flowers of Evils*），人称之恶魔派诗人（这当然是恶意的），然不如说他是唯美派诗人，他不满意于日常的，故自己创造些新奇的、古古怪怪的事物，创造些世俗外的美。义山不然。义山更富于人情味，即用平凡的事物予以美化。他把平常变为美，我们可以用化学的方法将其还原，不要为其美所眩，便能见出本来。

李义山可说是中国唯美派诗人中最能将日常生活加以梦的色彩者。他不但会享受生活，而且会欣赏生活。小孩儿吃糖捡大块儿，咯吱咯吱嚼着吃，不但不会欣赏，也不会享受。知此，读义山诗方觉真已沉入梦中，诗化了。

自义山诗集中看来，义山很受李贺（字长吉，有《李贺歌诗集》《昌谷集》）的影响，如其《燕台诗》谜一般之难解即受长吉影响。此种诗，非起义山于九泉之下无人能解。此处义山失败了，因为长吉根本即未成功，抑或是中国文字不适于写此种诗？

义山诗真是韵的文学。钱起[①]“曲终人不见，江上数峰青”（《湘灵鼓瑟》）、孟浩然“微云淡河汉，疏雨滴梧桐”，亦是韵文学，与义山《锦瑟》相较，其为韵文学则一，其所以为韵文学则不一：钱、孟诗歌咏大自然，只是对大自然的表现；而义山诗中虽也借重大自然，但是人生色彩浓厚，如“沧海月明”一联，日常生活加上梦的朦胧美，真是美——韵的美。

义山用了怎样的技法写出这样的诗来？

中国诗人含感伤气氛者甚多。乾隆时代黄仲则[②]的诗句“寒甚更无修竹倚，愁多思买白杨栽”（《都门秋思》）、“结束铅华归少作，屏除丝竹入中年”（《绮怀十六首》其十六），其人生味比义山更厚，但以韵文学论，却远不及义山。这并非一眼看高一眼看低、重古轻今的话，举黄氏诗是为的更易明白，其诗伤感重而韵薄。陆放翁“万事从初聊复尔，百年强半欲何之”（《感秋》），纯是伤感，反而减去了韵的美，还不如黄仲则的成功，虽然仲则诗与此同出一途也。

此外又有愤慨牢骚、生气发脾气的诗人，这皆是自暴自弃。吾

---

① 钱起（722？—785？）：唐朝诗人，字仲文，吴兴（今浙江湖州）人。与李端、卢纶、韩翃等号称“大历十才子”。

② 黄仲则（1749—1783）：清朝诗人，黄景仁，字仲则，号鹿菲子，武进（今江苏常州）人。《绮怀十六首》为其代表作。

国此种人甚多。自暴、自弃似非一事，但实即一事，犹之武断、盲从似是抵牾，其实未有武断而不盲从，亦未有盲从而不武断者，总之是头脑简单、不清楚。放翁有时亦如此，如其“阨穷苏武餐氈久，忧愤张巡嚼齿空”(《书愤二首》其一)。苏武餐氈恐是附会之辞，饿是饿，氈怎么吞下去是问题，能否消化的了又是问题，除非是铁人，还要是活铁人。但“餐氈”“嚼齿”二词音形俱佳，“久”“空”最糟，“阨穷”“忧愤”也不好。放翁这两句笔画多[①]，写出来，表现得极不平和。“曲终人不见，江上数峰青”，十个字写出来，多疏朗，盖表现心气之平和也。

伤感、愤慨，自暴、自弃，写不出韵的诗来。虽然义山也未尝无伤感的事，但有他了不起的地方，即是能在日常生活、日常事物中加入梦的朦胧美。再看义山的悼亡诗：

> 更无人处帘垂地，欲拂尘时簟竟床。
>
> (《王十二兄与畏之员外相访见招小饮，时予以悼亡日近不去，因寄》)

这真比仲则、放翁高得远了。这虽然也是伤感，但不仅有对于逝者的怀念，而且更有他自己的悲哀。一切的事没人做要自己做，“簟竟床”三字连衰老的悲哀都写出来了，“欲拂尘时簟竟床”，字面中何尝有“聊复尔”“欲何之”，更何尝有“阨穷”“忧愤”，然而味道深厚得多了，更有韵，更富于诗的美。因为虽则原质或者同样，而这是升华了的。(硫磺的结晶比未升华的当然美。)可以说，仲则的诗是从情绪中冒出来的，故出而不入；义山的诗是沉淀出来的，既出又落

---

① 按：此就繁体字而言。

下去,是升华了的,用厨川白村的话即是观照或即欣赏。一个诗人过着观照的生活,他是欢喜是烦恼,他自己要看看,把他自己分为二者:一个在喜欢、烦恼,一个在那里观、在那里欣赏,所以他专以自持。并非无喜怒,但不为喜怒所压倒,不为自己的感情所炸裂。像放翁那样的诗,岂不是炸裂了?以此论之,是不成其为诗的。义山绝句有云:"客散酒醒深夜后,更持红烛赏残花。"(《花下醉》)真是凄凉、空虚,欢喜从哪里来?红烛残花还有几时?这何尝不是伤感,但是酝藉(蕴藉)——温厚和平。这是情操、是自持,诗人总要有此套功夫。

观照、欣赏的生活得到了情操自持的结果,而成为韵的文学,此余所以举义山。虽然古今中外的诗人都要有此套功夫,但却非即此已足;若以此自足,便是作茧自缚,是没出息,不会有发展。所以晚唐到了李义山、韦端已[1],要革新。西昆体要灭亡,亦是如此。自足、自缚,没有发展,诗人万万不可陷在这小天地里。世上之诗人沾沾自喜,拿糖作醋,亦是此途。

旧俄朵思退夫斯基(Dostoyevsky)[2]说:"一个人受许多苦,就因为他有堪受这许多苦的力量。"(《穷人》)看老杜诗中所写的苦,就因为他受得了。义山就不成,不但体力上受不了,就是神经上也受不了。(如用刀刮玻璃的声音、木匠挫锯的声音,不好听,受不了。)所以这般诗人不敢写丑恶,只能写美的东西。但老杜有此胆量,并非残忍,乃是能够担荷、分担别人的痛苦。法国腓力普在壁上写着朵

---

① 韦庄(836—910):唐朝诗人,字端己,京兆杜陵(今陕西西安)人,花间词派重要作家,词风清丽。有《浣花词》。

② 朵思退夫斯基(1821—1881):今译为陀思妥耶夫斯基,俄国作家。代表作为长篇小说《罪与罚》《卡拉马佐夫兄弟》等。

思退夫斯基那两句话，又说："这句话其实不确，不过拿来骗骗自己是很不错的。"法国人真聪明，聪明得如透明的空气、玲珑的水晶一般。他不信什么宗教，但却有宗教的精神。人总要抓住些东西才能活下去，就如落水的人，便是草根、树皮也抓住一点好，所以虽知做不了什么，骗骗自己也好。

义山这样的诗人，当然高于黄仲则那样被感情炸裂的伤感诗人。他能成为诗人，能作出美的诗，唯其具有观照、反省——情操，但嫌他太满足于自己的小天地，太过于沾沾自喜，缺乏理想和力量。西班牙作家阿佐林(Azorin)①说："工作——没有它，没有生活；理想——没有它，生活就没有意义。"理想，是向前向上的根源；有力量，才能担荷现实的苦恼。义山是"锦瑟无端五十弦，一弦一柱思华年"，在义山集中寻不出向前向上、能担荷苦恼的诗来。所以说老杜在唐朝确乎是特殊人物，有其理想与力量。(大人物每每是特殊，前无古人，后无来者，且不为当世所了解。)

以上所言乃是老杜与义山——力的文学与韵的文学。若以文艺作品从根本"为人生的艺术"来看，无论"力"与"韵"，其对人生的态度可总结为三类——欣赏、记录、理想，仍主要以老杜与义山为例。

一 欣赏

如果一个诗人完全抛弃了欣赏的态度和心情，则大可怀疑其是否能成为一个诗人，虽然只欣赏是不能够成为一个好诗人的。不管

① 阿左林(1875？—1966)：今译为阿索林，西班牙散文家、文学评论家，西班牙九八运动代表人物，开西班牙现代文学的先河。

是“杨柳依依”“雨雪霏霏”(《诗经·小雅·采薇》),亦或是“嫋嫋兮秋风,洞庭波兮木叶下”(屈原《九歌·湘夫人》),中国的文艺对于大自然的欣赏皆是很重要的部分。

一个诗人如果专欣赏他自己的生活,便难以打出自我的范围,总在自己的小天地中,并且自满于自己的小天地,即老夫子所说“今女画”(《论语·雍也》)[①]。这样的诗人可以成一“唯美派”的诗人,可以写出很精致的诗来。如李义山的《锦瑟》,其技法真是前无古人后无来者,吾人严格地说,不满意于他者即是他太满足于他的小天地,无论其小天地为悲哀、为困苦、为烦恼,他都能欣赏,他都能因以得到满足。即如《二月二日》一首,何尝是快乐,那是思乡、是悲哀、是痛苦,所以末二句是“新滩莫悟游人意,更作风檐夜雨声”。(“万里忆归元亮井,三年从事亚夫营”,这五六两句不是写实。)由末两句,可见出其在何种心情下写的诗。滩水,流得急,不平和,此“游人”自道。观此,心情之悲苦可知。“风檐夜雨声”,似是“警告”,“莫悟”之故也。心境不平和,在此心情下能写出“二月二日江上行,东风日暖闻吹笙。花须柳眼各无赖,紫蝶黄蜂俱有情”这般美丽的诗来,真是观照、欣赏得到的“情操”的功夫。于诗人有此般修养功夫,实当予以重视,表示敬意,诚非常人所能及者;唯病在“今女画”,不能向前,不能向上,即写人生只限于他自己,推不开,故可说是没有发展——亦即俗所说“没出息”。

---

① 《论语·雍也》:“冉求曰:‘非不说子之道,力不足也。’子曰:‘力不足者,中道而废。今女画。’”

二 记录

“记录”二字太机械，但一时寻不到合适字眼。

诗人所写的人生不是其小天地中的个人生活，而应是社会上形形色色的人生，范围是扩大的。如老杜诗中所写上而至于帝王将相，下而至于田父村夫，范围相当广大，虽曰“记录”，却并非是机械的记录，而是诗人抱了“同情”的记录。更弯曲点说，是诗人重新感觉了别人生活的感觉，重新度过了别人度过的生活。例如老杜的五古《无家别》，此诗真悲惨！老杜此诗主人公是一老翁，写前是“观察”，写时是“描写”，但其观察、其描写不是客观的、冷静的、照相似的，乃是将自己的灵魂钻入主人公的躯壳中去，亲切地体味他的人生，所以是热烈的、同情的、诗的观与写。

老杜《无家别》写实，与世所谓写实派不同。世所谓写实派，用科学的方法、冷静的头脑去写；但老杜之写诗非如此也，也可以说是《无家别》的主人公的灵魂钻入老杜的躯壳，自己写自己的痛苦，所以感受亲切，能感动人，因为写的是切肤之痛。故余深恨黄山谷“看人秧稻午风凉”（《新喻道中寄元明》）之毫无心肝，这也是写实，也是描写自己以外的人生。老杜不然，所以伟大、有力量，虽然有时失于粗糙（粗）。西洋写实之客观态度描写人生，犹摄影技师；而老杜是演员，唱谁就是谁，所以读之感到切肤之痛。如若责备贤者，则是缺少理想。

三 理想

理想即合理之想，非梦想、幻想。梦想、幻想也许是美的、新鲜的，但最终是空虚；理想在今日纵非现实的，但合理之想将来总能成为人们的实际生活。

"记录"诗人是伟大的人生记录者，已算是尽了其最大责任，惜乎缺乏理想。人能够即止于此吗？没有好一点的将来吗？西谚谓："诗人是最好的预言家。"若然，当然应该有理想。

"欣赏"者说到自己的生活为止，"记录"者虽范围扩大，说到形形色色的生活为止，但仍然不能向前、向上。中国向来偏于此，故易保守。屈原有理想，但不清楚他究竟追求的是什么。老杜诗中有理想者，虽少，尚有：

两个黄鹂鸣翠柳，一行白鹭上青天。

窗含西岭千秋雪，门泊东吴万里船。

诗人能静、能动："两个黄鹂"是静，"一行白鹭"是动；"窗含西岭""门泊东吴"是静，而"千秋"之雪、"万里"之船就是动了。前二句静是点，动是线；后二句静是一片，动是无限。前有言，老杜此诗是表现了他的理想。若不知此，未免辜负老杜诗心。孤零零二十八个字，他并非在说梦话。

讲到这里，想到《人间世》有一篇文章《人物与批评》(1933 年出版)，作者为英国散文家列顿・斯特雷奇(Lytton Strachey)[①]。其中有一段对于中国诗的批评，亦多谈及老杜与义山，索性于此述说一番。

西洋人对东方并不甚了解，总以为东方神秘，尤其以为中国思想及中国语言文字神秘。而 S 氏虽并不曾将中国诗与希腊诗置于同等地位，而确曾以所见之中国诗与希腊诗相比较(其实 S 氏所见

① 列顿・斯特雷奇(1880—1932)：英国传记作家、文学评论家。

亦不过仅为翟理斯(Herbert A. Giles)[1]所译之一部分),可见其对中国诗之重视,且其见解甚好,值得参考。

S氏先说希腊抒情诗都是些警句。他所言之警句,非好句之意,乃是说出后读者须想想,不可滑口读过。鲁迅先生有一时期颇喜翻匈牙利爱国诗人裴多菲(Petofi Sandor)[2]之诗,中有句曰:“希望如同娼妓,在毁灭了你的青春之后,就弃你而去。”人在青年时多有美的希望,而老年时所得多是幻灭,如此之句即是警句。警句中有作者的智慧、哲学,虽亦有感情、感觉,而皆经理智之洗礼,然后写出。希腊诗中多有此种需要读后好好想一想的警句,如“你生存时,且去思量那死”,这样的句子,读了真如兜头一瓢凉水。人不可没有希望,希望是黑夜中一点光明,生于暗夜,若无此光明,人将失去前行的勇气。鲁迅先生所译裴多菲的诗真是“凉水”,而如雪莱(Shelley)[3]之《西风颂》是给人以希望。他说“冬天来了,春天还会远吗”,这两句真好。(依雪莱诗句,余曾谱成两句词:“耐它风雪耐它寒,纵寒已是春寒了。”至今未足成阕。)裴多菲与雪莱,一个消极,一个积极;一个诅咒希望,一个赞美希望,而皆是用警句的写法。

说此一大段,尚非今日堂上本题。

S氏批评中国诗,说中国诗是与警句相反的,他以为中国诗乃在于引起印象。S氏此言是对的。

前所举老杜咏武侯祠之“干戈满地客愁破,云日如火炎天凉”,

---

① 翟理斯(1845—1935):英国汉学家,剑桥大学中文教授。1884年出版《古文珍选》(*Gems of Chinese Literature*),1898年出版《古今诗选》(*Chinese Poetry in English Verse*),1901年出版《中国文学史》(*History of Chinese Literature*)。

② 裴多菲(1823—1849):匈牙利诗人,匈牙利民族文学奠基者。

③ 雪莱(1792—1822):英国诗人,代表作品有《致云雀》《西风颂》《解放了的普罗米修斯》等。“If Winter Comes,Can Spring be far behind.”就是他的长诗《西风颂》中的结束句。

似警句而非警句，即S氏所言只给人一种印象。老杜诗有的病在和盘托出，令人发生“够”的感觉。老杜是打破中国诗之传统者，老杜诗尚非中国传统诗。最好还是举义山，看其咏蝉诗：

五更疏欲断，一树碧无情。

（《蝉》）

蝉日中叫，夜中亦叫，尤其月明时，而至五更其音为露所湿，则声不响矣。“五更”一句是蝉，“一树”一句似不是蝉而是蝉，且是“禅”。“一树碧无情”，无蝉实有蝉，尤其“碧”，必是无情的碧（“寒山一带伤心碧”，出自于相传为李白所作《菩萨蛮》），才是蝉的热烈且欲断的叫声。再看义山之：

荷叶生时春恨生，荷叶枯时秋恨成。

（《暮秋独游曲江》）

并未言“恨”如何“生”，如何“成”，“叶生”“叶枯”与“恨”何干？而吾人自可由诗句得一印象。荷叶生时尚有生气，枯时真是憔悴可怜，中主词“菡萏香销翠叶残，西风愁起绿波间”（《山花子》），可为“秋恨成”之注解。（相信余之所说，不是信余之话语，而是信义山的诗、中主的词。）再如“采菊东篱下，悠然见南山”，无意义，而能给人一种印象。若读了之后找不到印象，便是不懂中国诗。

中国诗尚非止得一印象便完了，还要进一步。这即是S氏又言及者：“此印象又非和盘托出，而只做一开端，引起读者情思。”

这说法真好。

平常说诗，皆举渔洋之“神韵”、沧浪之“兴趣”、静安之“境界”，余之说诗又好用“禅”，这都太靠不住。虽然对，可是太玄，太神秘。

人若能了解，则不用说；若不了解，则说也不懂。所以S氏的话说得好，只需记住中国诗是“引起印象”，“又非和盘托出，而只做一开端”。如义山曰“春恨生”“秋恨成”，不言如何生、如何成，只是开端，虽神秘而非谜语。后之诗人浅薄者浅薄，艰深晦涩者即成谜语，都不是诗。又如义山《锦瑟》之“蓝田日暖玉生烟”，亦是“引起印象”。若人们奉为名句的“身无彩凤双飞翼，心有灵犀一点通”（《无题》），此二句即所谓“和盘托出”，实在不好，实即《诗经》“爱而不见”（《邶风·静女》）四字而已。参义山诗，若参“身无彩凤”两句，参到驴年、猫年也不“会”。还是“一树碧无情”，真好，这可是一触即来的。钱起“曲终人不见，江上数峰青”（《湘灵鼓瑟》）比白居易“大珠小珠落玉盘”（《琵琶行》）如何？《琵琶行》虽好，而有点像外国的。（翻译《琵琶行》较“一树碧无情”好译。“一树碧无情”，你怎么译？）

中国诗是简单而又神秘。如“一”字，“一”之后数目无限，而“一”字甚简单。S氏只读过少数中国诗，而有此批评（见解），其感觉真锐敏，岂外人理智之发达？

《人间世》又有一段“补白”举杨万里[①]诗：

> 小寺深门一径斜，绕身萦面总烟霞。
> 低低檐入低低树，小小盆盛小小花。
> 经藏中间看佛画，竹林外面是人家。
> 山僧笑道知侬渴，其实客来例瀹茶。
>
> （《题水月寺寒秀轩》）

---

① 杨万里（1127—1206）：宋朝诗人，字廷秀，号诚斋，吉州吉水（今江西吉水）人。与尤袤、范成大、陆游合称南宋“中兴四大家”。

>> > 钱起“曲终人不见，江上数峰青”比白居易“大珠小珠落玉盘”如何？《琵琶行》虽好，而有点像外国的。图为明朝仇英《浔阳送别图》(局部)。

补白者举此诗，盖以为非常活泼，其所谓活泼，盖指“低低檐入低低树，小小盆盛小小花”二句。补白者又谓末二句“山僧笑道知侬渴，其实客来例瀹茶”尤好，实则与前二句皆为和盘托出，多么浅薄，给我们留得什么印象？唐人写庙者有曰“古木无人径，深山何处钟”（王维《过香积寺》）、有曰“竹径通幽处，禅房花木深”（常建《题破山寺后禅院》），则是给我们以印象。

刚才说，参李义山“身无彩凤”二句，越参越钝，参到驴年、猫年也不“会”，结果“木”而已；然若参诚斋“低低”二句，不但不能成佛，简直入魔，比“木”还不如。诚斋此诗，绝不可参。若要“参”，还得是“一树碧无情”。

上次说到中国诗不是给予我们一个印象，而是引起一个印象，它只是个开端。上次特别说到义山之“五更疏欲断，一树碧无情”（《蝉》）。中国诗都是这样。

引起与给予不同。“杨柳依依”“雨雪霏霏”（《诗经·小雅·采薇》）、“桃之夭夭，灼灼其华”（《诗经·周南·桃夭》），“依依”，杨柳之貌；“霏霏”，雨雪之貌；“夭夭”，少好之貌；“灼灼”，盛貌，皆是引起印象。“昔我往矣，杨柳依依。今我来思，雨雪霏霏”，即清人诗所谓“马后桃花马前雪，出关争得不回头”（徐兰《出居庸关》）。不但抒情如此，写景亦然。曹子建“明月照高楼”（《七哀》）、大谢[1]“池塘生春草”（《登池上楼》），好。怎么好？传统的写法，引起印象。江淹《别赋》写道：“春草碧色，春水渌波，送君南浦，伤如之何？”六朝以后文人写送别每用“春草”“南浦”，可见其影响之大。其实，“春草”“春

---

① 谢灵运（385—433），南北朝诗人，祖籍陈郡阳夏（今河南太康），生于会稽始宁（今浙江上虞）。与谢朓合称“大小谢”“二谢”。

水”，与“送”何干？又“伤”什么？无理由。然“春草碧色，春水渌波”下面一定是“送君南浦，伤如之何”。若是想，是哲学的事；文学是用感觉，感——生。读了他十六字，自然生出送别；觉得感伤，盖是引起来的事。

中国诗不是和盘托出，而要你从感觉中生出东西来。

这里再说说“缩”字诀。“缩”字诀是书法上的事，古人说，写字用笔要“无垂不缩”。垂者向外，缩者向内；垂者表现，缩者含蓄。太白的诗，读了痛快，但嫌其大嚼无余味，便是少“缩”字诀。

中国艺术得“缩”字诀，是含蓄，非发泄。一日余独登北海白塔，眺见东西两侧故宫与西什库教堂，二建筑截然不同：故宫平和充实，教堂西洋建筑新俏好玩。王维[①]有诗写帝城：“云里帝城双凤阙，雨中春树万人家。”（《奉和圣制从蓬莱向兴庆阁道中留春雨中春望之作应制》）中国建筑都是平平的，当然亦是静穆的、伟大的，但更好的是蕴藉——观之不尽，玩之无穷。（好像有好多东西要告诉你，但又不说出来，即蕴藉。王维此句亦蕴藉。）

由初唐、盛唐到晚唐都是走的“缩”，李杜“垂而不缩”，太白飞扬跋扈，老杜痛快淋漓，都有点发泄过甚。看杨诚斋那首七律，没有一句是“缩”，读了只觉破烂零碎，不能成为完美作品，只是残缺，是杂拌。韩偓“菊露凄罗幕，梨霜恻锦衾。此生终独宿，到死誓相寻”二十字真完整，又义山《锦瑟》诗多完全。任何一个名词可冠以一个形容词，但要知道只有这一个形容词最合适，别个不是。近代文人动辄一串形容词那是浪费是不调和，自以为完成其实是破坏。能说

① 王维（701—761）：唐朝诗人，字摩诘，祖籍太原祁（今山西祁县），后徙居蒲州（今山西永济）。官至尚书右丞，世称“王右丞”。

“沧海月明珠有泪”不是许多形容词吗？但是义山成。学要学他的“一树碧无情”，且义山这句只是说得一个月。何以义山七字有四字形容词便成，诚斋便不成？“绕身萦面总烟霞”是“绕身”，是“萦面”，不调和，岂不是破烂零碎？学人切勿以辞害意，说老杜“垂而不缩”，是比较说法，他也有“缩”在。如其“荡胸生层云”（《望岳》），他没说什么，但能引起我们一个印象。一“荡”一“生”两个动词，活泼泼地出来，写出了他的灏气。诚斋“绕身”“萦面”，死在那儿了。正如糖好吃，不只为它甜，还有别的味。糖止于甜、盐止于咸，我们不能满足，虽然我们并不反对，而要求甜、咸之外的味。诚斋“小小盆盛小小花”，花“盛”在盆里，花与盆是两回事；说“栽”还好点，一“栽”，花与盆便合而为一。补白者认为诚斋诗中“尤好”的末两句“山僧笑道知侬渴，其实客来例瀹茶”，这只是机智。机智可能有点趣，但不可入文学。机智无有“缩”只有“垂”。

下面说说，余之近作一首《雨晴出游口占长句四韵》[①]：

> 夜来一雨净朝晖，此际先生忍掩扉。
>
> 临水绿杨还濯濯，掠风紫燕正飞飞。
>
> 满川芳草交加绿，几处夭桃取次稀。
>
> 一任余寒砭肌骨，缊袍准拟换春衣。

这诗“此际”一句，写得不好，“忍”“掩”两上声。作诗最好用音色表现出来，不看字义已先得之。如“临水”二句，读之便有新鲜活泼意，音色好。“濯濯”，非《孟子》“牛山濯濯”之“濯濯”，乃用《世说新语》“濯濯如春月柳”之“濯濯”，新鲜之意。“紫燕正飞飞”，燕来不

---

① 《雨晴出游口占长句四韵》(1944)：原作见《顾随全集》卷一，石家庄：河北教育出版社 2013 年，第 456 页。

过三月三,燕去不过九月九。"紫燕"比"双燕"好。"临水绿杨还濯濯,掠风紫燕正飞飞",鲜明活泼。唯"绿杨"与"交加绿"重"绿"字,"绿"字不好改,"垂杨""嫩杨"俱不好。

这一首并非成功作品,尤其末一句使不上劲。余学作诗到三十几岁,只是"作"而已;到四十,有点长进;自四十到现在,用点功又有点长进。不敢作五绝,七律最怕首尾四句。此首末四句原作:

> 甲兵未洗天汉在,兕虎真嗟吾道非。
>
> 对此茫茫成苦住,杜鹃莫道不如归。

"甲兵"句平仄:|—||—||,第六字"汉"字拗。"甲兵""兕虎",皆用典,杜诗对《史记》。"苦住",即住山苦修。禅师参禅学道:行脚——→住山苦修——→结死关(所谓结死关,生死关头,生活程度最低),得道后开堂说法,通曰出世。"对此茫茫"句之"茫茫"二字无着落,虽则较后改者好。"茫茫""杜鹃",皆是古人的字句,"茫茫",用《世说新语》及元遗山"市声浩浩如欲沸,世路茫茫殊未涯"(《出东平》)。归结是再现。这还好,尚有用典用成猜谜的诗。

余又有《共仰》[①]一首:

> 莫信蛟寒已可詈,飞飞斥鷃笑鲲鹏。
>
> 花开燕市仍三月,人在蓬山第几层。
>
> 共仰挥戈回落日,愁闻放胆履春冰。
>
> 龙沙百战勋名烈,醉尉凭教喝灞陵。

结构似较上一首整齐。此首诗以黄山谷法"参"义山。

---

① 《共仰》(1944):原作见《顾随全集》卷一,石家庄:河北教育出版社 2013 年,第 454 页。

第十八讲

怪杰李贺

中唐有两“怪杰”，要算退之与长吉。

李贺，字长吉，有《李贺歌诗集》，又曰《昌谷诗集》（因其久居昌谷）。李贺与退之同时。退之有《讳辩》，即为长吉而作，以其父讳“晋”字不能举进士而为之辩。

李贺，诗中之既怪且杰者。退之比起李贺来似杰而不怪，其诗字法、句法还有承受，学老杜。卢仝[①]好作怪诗，怪而不杰；皇甫湜（持正）[②]好作怪文。是否中唐好怪？或是天性如此，或时有此风气。时势如此，个性亦有关。

杜牧之为《李贺歌诗集》作序，末尾有两句：

---

① 卢仝（795？—835）：唐朝诗人，号玉川子，范阳（今河北涿州）人。风格险怪。

② 皇甫湜（777—835）：唐朝散文家，字持正，睦州新安（今浙江淳安）人。师从韩愈，得其奇崛。

盖《骚》之苗裔，理虽不及，辞或过之。《骚》有感怨刺怼，言及君臣理乱，时有以激发人意，乃贺所为，无得有是？……使贺且未死，少加以理，奴仆命《骚》可也。

小杜之序，文法特别。从所引数句，可知杜牧之真懂诗。“理虽不及”之“理”，总言其内容：感情、思想、智慧（智慧与思想异）……；“辞或过之”，乃言《离骚》有幻想，故怪奇，然亦有“理”。李贺之“理”不及《骚》，而幻想、怪奇方面表现于文字者过之。言《骚》“有以激发人意”，激发人意非刺激，乃引起人印象。《离骚》是引起人一种印象，李贺是给予刺激。举其《神弦曲》为例：

西山日没东山昏，旋风吹马马踏云。

画弦素管声浅繁，花裙綷縩步秋尘。

桂叶刷风桂坠子，青狸哭血寒狐死。

古壁彩虬金帖尾，雨工骑入秋潭水。

百年老鸮成木魅，笑声碧火巢中起。

中国字单音、单体，故易凝重而难跳脱。诗既怪奇，便当能跳脱、生动，故李贺诗五言又不及七言。（老杜写激昂慷慨时多用七言，“字向纸上皆轩昂”——韩愈《卢郎中云夫寄示送盘谷子诗两章，歌以和之》。）

《神弦曲》乃祭神之诗，与屈子《九歌》同。然《九歌》所给予人的是美的印象，而李贺祭神诗给人的印象只是怪——字法、句法、章法皆怪，连音声都怪；且其一句多可分为二短句，显得特别结实、紧。怪，给人刺激，刺激结果是紧张，章法无结尾。（鬼怪故事没结果，好。）《九歌》“嫋嫋兮秋风，洞庭波兮木叶下”（《湘夫人》），此二句有高远之致，所写者大也；而若“秋兰兮青青，绿叶兮紫茎”（《九歌·少司命》），所写虽小，而亦高远。李贺《神弦曲》即无此高远之致，只是一种刺激而已。神奇、刺激、惊吓之感情最不易持久，长吉写神成鬼了，便固无高远之致。《神弦曲》写音乐，说“画弦素管”，不说“朱弦玉管”，便怪；乐声之“浅繁”者，音不高而紧张。“花裙”句，盖说舞女，非说神。舞女者，盖以形乐神。写环境，景，“桂叶”二句，不是凄凉，也是刺激，有点恐怖。“古壁”二句，说画壁，也是刺激；“雨工”，即鬼工。此种诗虽名祭神，而只是给人一种刺激，无意义。《九歌》有始有终，《神弦曲》章法则不完满。

一人若思想疯狂、病态心理，则其人精神不健全。李长吉所走之路为别人所不走，故尚值得一研究。

诗人写诗的条件有三：一知（智慧），二觉（感觉），三情。三者中：知，冷静；觉，纤细；情，或温馨或热烈。

知，不能独立成诗，必须有觉的帮助。如义山“历览前贤国与家，成由勤俭败由奢”（《咏史》），只是知，不是好诗；而如东坡“风里杨花虽未定，雨中荷叶终不湿”（《别子由兼别迟》），虽不好，还是发自理智，但有点感，像诗了。再看其另一首诗：

> 荷尽已无擎雨盖，菊残犹有傲霜枝。
> 一年好景君须记，最是橙黄橘绿时。
>
> （《赠刘景文》）

东坡此诗比义山的高，他有感觉。四句中末二句较前二句更好，前二句有知、有觉，后二句只有觉没了知，反而更好。此首与“风里杨花虽未定，雨中荷叶终不湿”二句都是诗，虽处落漠，但不为外物所摇。（要参他的“雨中荷叶终不湿”。）至于韩偓《幽窗》二句“手香江橘嫩,齿软越梅酸”,没有知,纯是感,却是道地的好诗。

古人作诗有感情、有思想,要紧的还是感觉。(眼耳鼻舌身——色声香味触。)有感觉,自然生感情,自然带出了思想来,假使你的感觉是真实的话。春风吹面觉得很好,这即是你的感情、思想。若无感觉,虽写感情与思想,不能成为很好的诗。借了感情把这思想表现出来,非要锐敏的感觉不成。“春草碧色,春水渌波,送君南浦,伤如之何?”(江淹《别赋》)何以那么感人?感觉锐敏而真美。

知固不易,行亦真难。古人作诗当然是真实的感觉,那感觉是要从脑子里泛出来的,犹水边小立忽见鱼儿自水草中一闪,写诗也当如此。要抓住那个,不要去找。幸而我们是读书人,所以能写诗;吃亏也在于我们是读书人,所以写不好诗,一写时,字来了,古人的诗、古人的思想都来了。江文通写“别”,“春草碧色,春水渌波,送君南浦,伤如之何”,是他的感觉,是从他心里泛出来的;我们心里泛出的则是江文通的《别赋》,并非我们的感觉。如果说江文通是表现(expression),我们便是再现(re-appearance)。弄好了是仿造假冒,把古人的字句重列(re-arrange)一下;弄坏了是生吞活剥,不成东西,不像古人是本号自造,货真价实。所以宋而后的诗奄奄无生气也即此故。诗到宋,只有诗学而无诗。“天似穹庐,笼盖四野。天苍苍,野茫茫,风吹草低见牛羊”(北朝乐府《敕勒歌》),“浮云连阵没,秋草遍山长”(杜甫《秦州杂诗二十首》其五),有感觉,真好。

觉的结果常易流于欣赏。“置身物外”,才能欣赏;而还要“与物为缘”,始能把矛盾变成调和即是诗。老杜诗中写马而与马为缘,非马而为马;若完全置身物外,便落入浮而不实,出而不入,即鲁迅所谓“飘飘然”[1]。摩诘的诗有时很清高，能置身事外，能欣赏，但总嫌不亲切，即因缺少“与物为缘”。而若老杜“重露成涓滴，稀星乍有无。暗飞萤自照，水宿鸟相呼”(《倦夜》)则不然。老杜异于人者是他的情热烈。“闻说真龙种，仍残老骕骦。哀鸣思战斗，迥立向苍苍”，其情如江河之澎湃、烈火之燃烧、火山之爆发。后人无能及者，是否没有老杜的热情而理智又太发达了呢？“回肠荡气”，前人讲成了豪气。老杜的四句才真是回肠荡气，不是豪气，是真情。这首诗不能说无“知”，因这是他的人生观——人只要有口气在，便该努力活着，有一分力使一分力，有一分聪明使一分聪明。老杜人生态度严肃，不能骄纵自己，此其人生哲学、人生观。此种思想态度在哲学家中也不多得，能说不是“知”吗？长吉“洞庭明月一千里，凉风雁啼天在水”(《帝子歌》)，只有觉无有情；“露压烟啼千万枝”(《昌谷北园新笋四首》其二)，只有知、觉，有姿态，但无有情。

说情，莫如自己亲切，而一大诗人最能说别人的情，故伟大。如老杜“哀鸣思战斗，迥立向苍苍”，写出马的情；而如东坡“惆怅东风一株雪，人生看得几清明”(《东栏梨花》)这种诗太多了，有人说这是东坡好诗，较“风里杨花虽不定”成熟，但这样成熟便不如生硬的。

长吉有诗才，虽死得早，但以其无情，能否作好诗很难说，一怪便不近人情。一诗人不但要写小我的情，还要写他人的情、事物的情，于是乃有同情。此乃后之诗人缺乏的。诗人要天才，也要同情。我们虽不敢轻视长吉诗才(他走的路别人不大走)，但决不敢恭维其

---

① 鲁迅《且介亭杂文二集·题未定草六》：“除了论客所佩服的‘悠然见南山’之外，也还有‘精卫衔微木，将以填沧海。刑天舞干戚，猛志固常在’之类的金刚怒目式，在证明着他并非整天整夜的飘飘然。”

诗情。义山较之诗情浓。

南泉说[①],道“不属知,不属不知”(《景德传灯录》卷十)。此七字可用在诗上。小孩子是诗,花是诗,但不能写诗,因他是“不知”。诗人的写诗是另一回事:写诗之条件——知、觉、情,诗成之内容——觉、情、思。

或曰:披阅文章应注意言中之物与物外之言。这话是对的。然而言中之物,人多不能得其真;物外之言,又正如禅宗大师所说,十个之中倒有五双不知。[②] 若此,中国诗如何会有进步?

所谓言中之物,质言之,即作品的内容:一觉、二情、三思,非是非善恶之谓。既“言”,当然就有“物”,浅,可以;无聊,可以;无,不可以。物外之言,文也。诗、散文,胡说(nonsense)、没意义不成,但还要有“文”。言中之物,鱼;物外之言,熊掌,要取熊掌。

举一例:“锦瑟无端五十弦,一弦一柱思华年。”(李商隐《锦瑟》)锦瑟,中国琴。中国琴与西洋琴(piano),piano 全仗变化;中国七弦、五弦,有弦外之音,但变化少。“锦瑟无端五十弦”,有弦外之音;“思华年”三字响,“一弦一柱思华年”无所谓是非善恶。仅此一句,觉、情、思都有了;而要求那物外之言,于此亦尽之矣。真好!要“参”。

---

① 南泉(748—843):唐朝禅师,法号普愿,与百丈怀海、西堂智藏并称为马祖门下“三大士”。因卓锡池州南泉山,故称南泉普愿或南泉禅师。《景德传灯录》卷十:“(赵州从谂)异日问南泉:‘如何是道?’南泉曰:‘平常心是道。’师曰:‘还可趣向否?’南泉曰:‘拟向即乖。’师曰:‘不拟时如何知是道?’南泉曰:‘道不属知不知。知是妄觉,不知是无记。若是真达不疑之道,犹如太虚廓然虚豁,岂可强是非耶?’”

② 《大慧语录》卷一六:“禅和子寻常于经论上收拾得底,问着无有不知者。士大夫向九经十七史上学得底,问着亦无有不知者。却离文字组却思维,问他自家屋里事,十个有五双不知,他人家事却知得如此分晓。如是则空来世上打一遭,将来随业受报,毕竟不知自家本命元辰落着处,可不悲哉!”

“一弦一柱思华年”一唱三叹,简言之是韵。孟子曰:“勿忘,勿助长。”(《孟子·公孙丑上》)不求,不得;求之,不见得必得。黄山谷一辈子没找到一句一唱三叹的句子,后山、诚斋也不成,苏东坡有时倒碰上。有些人只重字面的美(以为此即物外之言),没注意诗的音乐美——此实乃物外之言的大障。老杜的好诗便是他抓住了诗的音乐美,如其《哀江头》。诗开篇曰“少陵野老吞声哭”,“吞声哭”,下泪,诗味,一哭便完了。“哭”,既难看又难听,虽然还不像 cry 那样刺耳。次句“春日潜行曲江曲”,散文而已,也不高。接下来“江头宫殿锁千门”,渐起,虽有气象,诗味还不够。至第四句“细柳新蒲为谁绿”,真好,伤感,言中之物、物外之言,都有了。老杜费了半天事挤出这么一句来。可是有时他也挤不出,后面又不成了。直至“清渭东流剑阁深,去住彼此无消息。人生有情泪霑臆,江水江花岂终极”,真有力。“清渭东流剑阁深”,言杨妃死马嵬,明皇西去。“江水江花岂终极”,挤出来的这句真好,“江水”日夜长流,“江花”年年常开,而人死不复生。义山温柔,老杜这真当不起,他是沉重。“一弦一柱思华年”与“江水江花岂终极”,言中之物——觉、情、思,物外之言——一唱三叹,兼备之矣。

长吉当然是天才,可惜没有物外之言。如其“洞庭明月一千里,凉风雁啼天在水”(《帝子歌》),老杜给我们的是“空白支票”,要多少是多少,而长吉这样句子是开着数目的,止此而已。细细推敲,“洞庭”怎么接“明月”不说“湖水”,为什么说“凉风”不说“风凉”(二者一峭一寒)。再如其“露压烟啼千万枝”(《昌谷北园新笋四首》其二)说竹子,不说物外之言,文法逻辑就讲不通。“烟啼”是什么,多生硬;改成“烟压露啼”,看多好。老鸦落在电线上是该打,燕子落在电线上是应该。“露压烟啼”，念起来就不好；“烟压露啼”，还是这四个字，听起来就美。总之，长吉诗内容还可以，若说物外之言则不成。

李长吉“觉”有点迟钝，“情”有点晦涩，“思”只是幻想。

长吉年龄有限，经验功夫不到。牧之以为若年寿能长，或当更有好诗。然而读其诗尚不白费，即以其尚有幻想。幻想之路自《庄子》、楚辞后几茅塞，至唐而有长吉。其怪僻可不论，然不能出人情之外。故事中凡有人情味者，淡而弥永；鬼怪故事，刺激，毛骨悚然(the hairs stand on the head)，鬼怪故事不如人情故事之淡而弥永，刺激性最不可靠。

新鲜亦是一种刺激。余有近作“杂诗”数首，读二首：

> 榆荚自飘还自落，杨花飞去又飞回。
> 三千里外音书断，细雨江南正熟梅。
> （《春夏之交得长句数章统名杂诗云尔》其九）[①]
>
> 春去谁言岁已除，墙头屋角绿扶疏。
> 楸花经雨凋零尽，梨树飘香是夏初。
> （《春夏之交得长句数章统名杂诗云尔》其十）[②]

余作此二诗时颇费一点心思，但是并不能算好。余弟六吉说余诗“肥不了”，余以为此二首是如此，诗不大。老杜水浑真有大鱼。水清无大鱼，小虾米折腾也热闹，然总是不大。一切的事都当高处着眼，低处着手。看前一首，“榆荚自飘还自落，杨花飞去又飞回”，

---

① 《春夏之交得长句数章统名杂诗云尔》其九(1944)：原作见《顾随全集》卷一，石家庄：河北教育出版社 2013 年，第 455 页。

② 《春夏之交得长句数章统名杂诗云尔》其十(1944)：原作见《顾随全集》卷一，石家庄：河北教育出版社 2013 年，第 455 页。

榆荚落是直的，杨花飞是横的，贺铸有“一川烟草，满城风絮，梅子黄时雨”（《青玉案》）。后一首，“春去谁言岁已除”，小杜有“春半年已除，其余强为有”（《惜春》）。“梨树飘香是夏初”，盖前四五年就有此句。榆荚、梨树、洋槐，平常之物，但用得新鲜。然有时材料不在新鲜，“梨树飘香是夏初”，新鲜却不耐咀嚼，不如“明月照高楼”（曹植《七哀》）、“池塘生春草”（谢灵运《登池上楼》）虽常用，不新鲜，但仍觉得好，耐咀嚼，味永。安特列夫（Andreev）写《红笑》是刺激，契柯夫（Chekhov）有俄国莫泊桑（Maupassant）[①]之称，写日常生活比莫泊桑还好，而有人说安特列夫让人怕而不怕，契柯夫不让人怕真可怕。李长吉的诗就是让人怕而不怕了，老杜才真让人怕。

长吉有幻想，而他的幻想与人生不能一致，不能成一个。若能一致，则真了不起。老杜是抓住人生而无空际幻想，长吉是有幻想而无实际人生。幻想中若无实际人生，则没意义，不必要，故鬼怪故事在故事中价值最低。《聊斋》之所以好，因其有人情味，如《小谢》《恒娘》《长亭》《吕无病》，那些鬼狐皆人化了。《聊斋》文章不高，思想也不深，而其有人情味可取，此即《聊斋》之不可泯灭处。

幻想是向上的观照，人生是向下的观照。既曰观照，则不可只在表面上滑来滑去。而向下发展，亦需以幻想为背景；向上发展，亦需以观照为后盾。观照是实际人生，实者虚之，虚者实之，如用兵然。幻想——说严肃一点儿——便是理想。人生总是有缺陷的，而理想是完美的。诗人不满于现实，故要求理想之完美。青年最富此幻想精神，尤其爱好文学者，然其幻想若不与实际人生打成一片，则

---

① 莫泊桑（1850—1893）：法国批判现实主义作家，被誉为“短篇小说之王”，其师福楼拜。代表作品有《漂亮朋友》《羊脂球》等。

是空的，我们决不能感觉亲切、有味。

幻想要与经验（或智慧）成为一个。（较之于经验，智慧更好。）人说老杜入蜀以后的诗好，余以为不然：在字句上或可，而意境不成，虽有丰富经验，却不成智慧。如：

我已无家寻弟妹，君今何处访庭闱。

（《送韩十四江东觐省》）

言中之物不得不谓之沉痛，但不能算好诗，即因此二句虽有经验但无智慧，是“珷玞”[1]。（微之[2]谓老杜排律最好。元好问《论诗三十首》其十则评之：“少陵自有连城璧，争奈微之识珷玞。”）而如《秦州杂诗二十首》其五：

南使宜天马，由来万匹强。
浮云连阵没，秋草遍山长。
闻说真龙种，仍残老骕骦。
哀鸣思战斗，迥立向苍苍。

（《秦州杂诗二十首》其五）

真好！“浮云连阵没，秋草遍山长”，这是老杜拿手的物外之言。但只从此面看老杜也不成，这也是老杜的“珷玞”。如沈归愚、王渔洋皆只看到此处。下四句才是真好，是真老杜，其诗中无论写艰苦、写悲哀，总跌不倒，有声有色，虽非真的智慧，却也不只经验，他的人生观是如此，也可说这就是他的智慧。

---

① 珷玞：似玉的石头，以此喻指杜甫诗歌中不能称之为好的诗作。

② 元稹（779—831）：唐朝诗人，字微之，洛阳（今属河南）人。与白居易并称“元白”，同为新乐府运动倡导者。

渊明诗虽不及老杜丰富，但耐看。渊明炉火纯青，经验炼成了智慧，看似无力而攻打不入、颠扑不破。陶诗百分之七八十皆如此，如其《饮酒二十首》：

衰荣无定在，彼此更共之。
邵生瓜田中，宁似东陵时。

（其一）

陶诗不像老杜那般用力，嗡嗡地响。（陶诗落韵落得真稳。）英诗人沃尔特·佩特（W. Pater）说喜欢碧玉般燃烧着的火焰①。火虽是热的，碧玉燃烧是清静的，不似大块煤炭。碧玉的火焰是智慧，老杜真是煤炭燃烧。W. Pater 有点作态、拿捏。老杜不是这，渊明也不是这，像一点，但毫不作态。渊明很严肃、很深刻，但很自在。

长吉除思想不成熟外，技术亦不成熟。如前所讲"露压烟啼千万枝"（《昌谷北园新笋四首》其二）中"露压烟啼"，或曰是互文也，但实在不合逻辑，不合修辞，一如江淹《恨赋》中"孤臣危涕，孽子坠心"（或曰危、坠互文也）；而如老杜"香稻啄余鹦鹉粒，碧梧栖老凤凰枝"（《秋兴八首》其一）二句，亦动名词倒装，可并非不可解，且更有力，是说此粒只鹦鹉吃，此枝仅凤凰栖，故曰"鹦鹉粒""凤凰枝"。在技术上，义山最成功，能取各家之长，绝不只学杜。如《韩碑》之学退之，然中尚有个性，虽硬亦与韩不同。学问有时可遮盖天性，而有时

---

① 沃尔特·佩特（1839—1894）：英国唯美主义代表作家，倡导"为艺术而艺术"，著有哲理小说《享乐主义者马利乌斯》、文艺批评论文集《文艺复兴：艺术与诗的研究》。在作为唯美主义宣言的《文艺复兴：艺术与诗的研究》结论部分，佩特写道："我们生命中真实的东西，经过精炼，成为闪闪发光的磷火……这种强烈的、宝石般的火焰一直燃烧着，能保持这种心醉神迷的状态，这是人生的成功。"

不能遮盖。义山七古亦曾受长吉影响,而比长吉高,即因其思想高,幻想有实际人生做后盾。至其技术,写诗最富音乐性,完全胜过长吉。如其“月浪冲天天宇湿,凉蟾落尽疏星入”(《燕台诗四首·秋》),似长吉而比长吉好,长吉之“博罗老仙持出洞,千岁石床啼鬼工”(《罗浮山人与葛篇》)太生硬。义山称“月”曰“浪”、曰“天宇湿”,确有此感。

长吉只是功夫未到,却是一条路子,而后没人走此路了。

余近作《夜禅曲》[①],即效李长吉体:

> 银河西转逗疏星,壁月东升带露萤。
> 如来妙相三十二,琉璃绀碧佛火青。
> 潭深毒龙时出水,夜静老猿来听经。
> 衲子掩关四禅定,挂壁剩有钵与瓶。

前次讲一首[②]有文字障。宋人诗文字障重,如包子小馅厚皮。

无论思想、感觉、情感,必从实在事物上得来才是真的,才是你的,才真能受用。不然,从书本上得来,则是纸上谈兵。余之《夜禅曲》(八句换韵,三十二韵)只是一点幻想,没有实际经验,学宋诗,只用书本上的字眼,此已落第二着。余昨日得二句:“病来七载身好在,贫到今年锥也无。”(《夜坐偶成长句四韵》)此言精神无着落,有实际经验。

人不能只有躯壳肢干,要有神气——风。没有神气,便没有灵魂。灵是看不见的,神是表现于外的。

---

① 《夜禅曲》(1944):原作见《顾随全集》卷一,石家庄:河北教育出版社 2013 年,第 455 页。

② 指李贺《神弦曲》。

一人诗必有一人作风，而有时打破了平常作风，写出一特别境界来，对此当注意之。如工部赠太白诗便飘逸，太白赠工部诗则沉着，皆与平常作风不同。江西派陈简斋[1]五言诗有好的，如“疏疏一帘雨，淡淡满枝花”（《试院书怀》），颇可代表简斋作风，近于晚唐。李贺诗有的不怪，有意思，而且好，如其《塞下曲》末二句“帐北天应尽，河声出塞流”，真有盛唐味，不怪而好。此种现象当注意。而如“博罗老仙持出洞，千岁石床啼鬼工”（《罗浮山人与葛篇》），怪而不好。李贺诗有时怪，读时可不必管。

《人间词话》引昭明太子称陶诗语“抑扬爽朗，莫之与京”，引王无功[2]称薛收[3]《白牛溪赋》语“嵯峨萧瑟，真不可言”。文学要有此两种气象。老杜有时是嵯峨萧瑟，李白是抑扬爽朗；白乐天若是抑扬爽朗，韩退之就是嵯峨萧瑟；苏东坡若是抑扬爽朗，黄山谷就是嵯峨萧瑟。他们不过有时如此，真够得上抑扬爽朗的只有陶渊明。“抑扬爽朗”这四个字，要自己去感觉。

若以所举“抑扬爽朗”“嵯峨萧瑟”二语评李贺，当然他并非抑扬爽朗，嵯峨萧瑟近之矣。

---

① 陈与义(1090—1138)，宋朝诗人，字去非，号简斋，洛阳(今属河南)人，著有《简斋诗集》。

② 王绩(585—644)：唐朝诗人，字无功，号东皋子，绛州龙门(今山西河津)人。性简傲，嗜酒，能饮五斗，自作《五斗先生传》，撰《酒经》《酒谱》。

③ 薛收(591—624)：唐朝文人，字伯褒，薛道衡之子，河东汾阴(今山西万荣)人。

第十九讲

小杜与义山

晚唐两诗人:杜牧之、李义山。杜牧,字牧之,有《樊川诗集》;李商隐,字义山,有《玉谿生诗集》。

余谓义山优于牧之,余重义山而轻牧之。原因乃在于:玉谿生之五七言、古近体皆有好诗;杜樊川则不成,只有七律、七绝最高,五律极不成,此其不及义山处,故生轻重之别了。义山可谓"全才",小杜可谓"半边俏"。(小杜虽不能谓为大诗人,但确为一诗人。)

盛唐有"李杜",晚唐又有小李、小杜,此乃巧合。大小李杜之间又有相似与有趣之处:小李近于工部,小杜近于太白。义山情深,牧之才高;工部、太白情形同此,工部情深,太白才高:有趣情形一也。工部、太白为逆友,小李、小杜亦契友,彼此各有诗相赠。工部赠太白诗多于太白赠工部诗,可见工部之情深;小李小杜彼此亦有诗往还,情形与太白、老杜相同:有趣情形二也。李义山有二诗赠牧之,推崇之极;而杜牧之集中不见赠义山者,亦见义山情深,似觉牧之寡情。不过,诗人之情，绝非如世俗礼尚往来，半斤八两，故其厚谊固不限于此也。

义山对七言绝句真下功夫。好！

看义山赠牧之之二诗，其一云：

> 高楼风雨感斯文，短翼差池不及群。
>
> 刻意伤春复伤别，人间唯有杜司勋。
>
> （《杜司勋》）

“高楼风雨感斯文”，在文学表现技术上，足以敌得过老杜“花近高楼伤客心，万方多难此登临”（《登楼》）。所谓“敌得过”，乃指技术而言，非就意义而言。此七字，足敌老杜十四字，学得老杜之力、之厚。此句谓象征，可；谓写实，亦可：写实乃指晚唐文坛凋零，登高楼而感慨斯文之堕落。此一句，象征、写实两方面俱为好的表现，非描写。“短翼差池不及群”一句，不可解。余谓变《诗经》“燕燕于飞，颉之颃之”（《邶风·燕燕》）而来。因感凋零，故想起牧之与自己，欲振兴诗坛，在我二人。“短翼”，喻指自己，乃是客气，谓己之力短不及牧之也。“刻意伤春复伤别”，小杜确乎如此，观《樊川集》可知。末句“人间唯有杜司勋”，推崇小杜至极矣。此诗颇似老杜赠太白“自是君身有仙骨，世人那得知其故”（《送孔巢父谢病归游江东兼呈李白》）。义山第二首赠牧之诗，句云：

> 杜牧司勋字牧之，清秋一首杜秋诗。
>
> 前身应是梁江总，名总还曾字总持。
>
> 心铁已从干镆利，鬓丝休叹雪霜垂。
>
> 汉江远吊西江水，羊祜韦丹尽有碑。
>
> （《赠司勋杜十三员外郎》）

“心铁已从干镆利，鬓丝休叹雪霜垂。”“心”，谓诗心、文心；“从”，同也。此心如铁，而非凡铁，乃钢铁，如同宝剑之干将镆铘切金断玉之锋利。“鬓丝休叹雪霜垂”，大约小杜常自叹老衰，故义山作此语劝之。此二句，谓牧之之诗心已锻炼成，诗已成功，则衰老无关也。

义山七绝学老杜，真学到了家，力厚、严密。（学诗当由七言绝句作起。七绝，非五绝，五绝装不进东西去。）

小杜七绝，普通多选《遣怀》“十年一觉扬州梦，赢得青楼薄幸名”，不好！此诗过于豪华，变成轻薄，情形近太白，不好；又《赠别二首》“娉娉袅袅十三余，豆蔻梢头二月初”（其一）、“蜡烛有心还惜别，替人垂泪到天明”（其二），小巧；又《泊秦淮》“商女不知亡国恨，隔江犹唱后庭花”，他人皆以为沉痛，余仍谓为轻薄。以后所讲，不选小杜此种诗。

今讲杜牧诗，先讲《登乐游原》：

> 长空澹澹孤鸟没，万古销沉向此中。
> 看取汉家何事业，五陵无树起秋风。

首二句乃前所述之“引起印象”，给你起个头。如引不起印象，不怨大诗人，唯怨你自己无感。小杜感觉特别锐敏而又丰富，故看见孤鸟没于澹澹长空之中，而不禁想起人又何尝不是如此？一种彻深之悲哀生矣！“万古销沉向此中”，“此中”即“澹澹长空”也，万古人事销沉亦如此。登乐游原本玩乐事，然诗人忽感到人生、人类共有之悲哀，而为全人类说话。第三句“看取汉家何事业”，好，好在太富诗味！别人亦能写，但无小杜此深远之诗味。第四句感慨：多少事业，多少皇家贵胄，到如今坟上连树亦无，只有空荡荡之秋风回旋不已，“五陵无树起秋风”，内中悲情油然生矣。此即人生。

>>> 杜牧他是写自己，但是他写了全人类，虽然连自己也在内。图为唐朝杜牧书法《张好好诗》(局部)。

上为杜牧《登乐游原》。义山有一首《夕阳楼》，与牧之《登乐游原》相似：

> 花明柳暗绕天愁，上尽重城更上楼。
>
> 欲问孤鸿向何处，不知身世自悠悠。

“欲问孤鸿向何处”与“长空澹澹孤鸟没”，“不知身世自悠悠”与“万古销沉向此中”，相似。

以此二首绝句论，小杜居上。

“长空澹澹孤鸟没，万古销沉向此中”二句之平仄：— —｜｜—｜｜，｜｜— —｜｜—。第一句第六字平拗仄。（余有一首七律，中有：“不到城西已三月，城中草树又春风。祭鹑谁信彼苍醉，叹凤岂真吾道穷。”[①]）小杜“万古销沉向此中”，予人无穷之意；义山“不知身世自悠悠”，说尽了。小杜此二句虽非严肃的人生哲学，但却是为了解决人生问题的。义山诗前二句好，“花明柳暗绕天愁，上尽重城更上楼”，好！此情此景上到此处，心境不佳，岂非是“绕天愁”？就空间、时间而言：“绕天愁”，无处而非愁，小杜的“长空澹澹”也顶不住；但莫只看“绕天”与“澹澹”，一个“愁”字反而小了，“澹澹”铺得大，此空间也。“万古”，时间，是无限的；义山“欲问孤鸿”，又想我凭何问孤鸿，我自己一生也是如此，一生几十年而已，“不知身世自悠悠”（“悠悠”，无关紧要也），此时间也。由此而言，“长空澹澹孤鸟没”，是宇宙，空间也；“万古销沉向此中”，是无限，时间也。此二句真是上天下地，往古来今，是普遍的、共同的。小杜他是写自己，但

① 《中夜梦醒不复成眠，枕上口占》（1942）：原作见《顾随全集》卷一，石家庄：河北教育出版社2013年，第403页。

是他写了全人类，虽然连自己也在内；义山则是自我的、小我的，虽然写自己也是全人类。然以表现的而论，则不能不说小杜是比义山更富普遍性、共同性，义山那是特殊的、个别的，还是自我、小我。以此论，义山诚不及小杜。

杜牧更有一首《汴河阻冻》，可说是自道其人生哲学、人生观、人生态度之诗。其诗云：

> 千里长河初冻时，玉珂环佩响参差。
>
> 浮生恰似冰底水，日夜东流人不知。

小杜此诗，较前一首尤不见赏于人。选者多不选此种诗。余初读《樊川集》，即觉此诗有分量——沉重。看诗："玉珂环佩"，古人身戴佩饰也。"千里长河初冻时，玉珂环佩响参差"，《老残游记》细写黄河打冻情形[①]，可以之证此句。但此非记录、写实，乃是出之以诗之情趣。三四句"浮生恰似冰底水，日夜东流人不知"，道出人之内在细微变化外表不显，恰如冰底水，人不知者，我独知也。西洋写作品乃有意识的，想好步骤再写。中国诗乃无意识，不是意识了的，不是自觉的，乃行乎其所不得不行，止乎其所不得不止，瓜熟蒂落，水到渠成，自然而然地写出。小杜此诗即如此。小杜诗非尽如此之写人生哲学，不过一二首而已。

---

① 刘鹗《老残游记》第十二回："若以此刻河水而论，也不过百把丈宽的光景，只是面前的冰，插的重重叠叠的，高出水面有七八寸厚。再望上游走了一二百步，只见那上流的冰，还一块一块的漫漫价来，到此地，被前头的拦住，走不动就站住了。那后来的冰赶上他，只挤得'嗤嗤'价响。后冰被这溜水逼的紧了，就窜到前冰上头去；前冰被压，就渐渐低下去了。看那河身不过百十丈宽，当中大溜约莫不过二三十丈，两边俱是平水。这平水之上早已有冰结满，冰面却是平的，被吹来的尘土盖住，却像沙滩一般。中间的一道大溜，却仍然奔腾澎湃，有声有势，将那走不过去的冰挤的两边乱窜。""问了堤旁的人，知道昨儿打了半夜，往前打去，后面冻上；往后打去，前面冻上。"

此等诗他人不选，真乃不了解小杜。

小杜只七言近体最高，而义山五七律绝都成。以大体论，义山高于小杜。故小李杜二人，人多重义山，少注意小杜。

余谓义山是唯美派的诗人，今天也把小杜列于唯美派一族。

中国的唯美派，就是要写出美的作品来（完美作品），特别是音节，力求和谐——形、音、义的和谐。

诗以形、音、义的和谐而论，老杜便不见得更好于小李、小杜，然如此并非说义山、牧之比老杜更伟大或老杜不及他们。老杜之"莫自使眼枯，收汝泪纵横。眼枯即见骨，天地终无情"（《新安吏》），厉害、有劲，中国诗中很难找出这种作品来（无论感情、思想），其形、音、义，真是嵚崎磊落。小李、小杜即使激昂、沉痛，却仍谐和。如义山之《锦瑟》，不能说不沉痛，但是真美，看他的文字得到了和谐。形、音、义的和谐，在西洋字形中不易表现。如 verdant，春日里草初生之青色，其完美非在字形，是音好，鲜亮；gloomy，阴沉的，字太不美，音亦可憎。形、音、义的和谐只在中国文字中。某友人是诗人，说中国字中"秋"字最好看。余虽不完全赞成，也有同感。左思[①]《咏史》云："郁郁涧底松，离离山上苗。以彼径寸茎，荫此百尺条。"愤慨、牢骚，不愧为山东儿。左太冲此诗，先不说其义，且看其音、其形："郁郁"，有力且大；"离离"，则弱而小，只看其形，便可代表出"松"与"苗"。此种诗不能说不好，但非唯美派。小杜之"长空澹澹孤鸟没，万古销沉向此中""浮生恰似冰底水，日夜东流人不知"，真悲哀，然写来多谐和，是柔美的。左思的诗是苍茫的，但非杈枒。

---

① 左思（约 252—?）：西晋文学家，字太冲，临淄（今属山东）人。《三都赋》《咏史》为其代表作。

义山、牧之虽皆是唯美一派，但细分二人仍有不同。

小杜写景、写大自然的诗(七绝)特佳。此盖与其个人私生活有关系，非纯粹写大自然。此关系大自然与私生活，二者非常之调和、谐和。如其《江南春》：

千里莺啼绿映红，水村山郭酒旗风。

南朝四百八十寺，多少楼台烟雨中。

真是豪华，此抑许系江南佳胜之环境所造成。然若吾人写，总不免贫气。

义山也往往写大自然。如其：

虹收青嶂雨，鸟没夕阳天。

(《河清与赵氏昆季宴集得拟杜工部》)

客去波平槛，蝉休露满枝。

(《凉思》)

前两句真是大红大绿。花明柳暗的春天，都是大红大绿，明此才能色彩鲜明。然诗人必须有把握支配大红大绿的本领，若不然，用上去定是糟——俗。(所以，冬日不写花卉果木。)吴昌硕[①]画花卉果木好，大红大绿，细看他表现生之力真是火炽，生命力充足，活泼泼的。(只是有点儿海派。)国人皆服膺之。他真是天才，绝非俗，就因为他能把握、能支配、能安排。义山“虹收青嶂雨，鸟没夕阳天”，大红大绿，弄成了极美、极调和的。义山虽会此法，但不常写，因他太注重了情——非止儿女之情，乃一切的人间感情。像西洋那

① 吴昌硕(1844—1927)：近代书画家，初名俊，又名俊卿，字昌硕，浙江安吉人。与虚谷、蒲华、任伯年并称“海派四杰”。

样的客观写法，义山之诗极少见，即若“客去波平槛，蝉休露满枝”“高阁客竟去，小园花乱飞”（《落花》），皆是有情的。

最不艺术的莫过于人生。张嘴吃饭，脱衣睡觉，还俗得过这个吗？然而再没有人生这么有意义的。抛弃了世俗的眼光，扩大了狭隘的心胸，看乞丐路边卧眠，人生再艺术没有！再没有人生那么神秘了，便是人生不及大自然的美，至少是像大自然一样的神秘。然写诗时，往往因了人生的色彩破坏了大自然之美。义山“虹收青嶂雨，鸟没夕阳天”，没有人生，所以真美。孟浩然“微云淡河汉，疏雨滴梧桐”，亦然。

义山极能调和人生的色彩与大自然的美，但仍时时让人生的色彩把大自然的美破坏了。如其《落花》：

> 高阁客竟去，小园花乱飞。
> 参差连曲陌，迢递送斜晖。
> 肠断未忍扫，眼穿仍欲稀。
> 芳心向春尽，所得是沾衣。

头两句“高阁客竟去，小园花乱飞”，好，调和了人生与自然，是真美。后来便不成了，自然之美少了，而人情反愈加浓厚。到“芳心向春尽，所得是沾衣”，坏了，人生色彩浓厚，简直不是好诗。真是一句糟似一句，无弦外之音，言外之意。

义山极富感情，写情小杜不如义山，此处义山高。如小杜非寡情，则至少是轻薄。但不可以此抹杀小杜。小杜写自然，有时比义山还要美，即以其感情较薄，反而占便宜。如其《江南春》“南朝四百八十寺，多少楼台烟雨中”，朦胧中有调和。此方面牧之特别成功。

义山写大自然之诗中亦皆有抒情之成分。此“情”字乃广义的，非专指男女也。常人多以义山诗为艳体诗(love poetry)。艳体诗若是爱情诗,倒不必反对;而后来学之者多趋于下流,故余反对后学所谓之艳体。今所谓抒情乃是广大的,即佛所说“一切有情”,凡天地间有生之物皆有情。“花须柳眼各无赖,紫蝶黄蜂俱有情”(义山《二月二日》),“无赖”亦是有情。花,开花结子,有生命,有生命便有力,生与力合而有情。如此看,则能真了解义山,而不单赏其艳体也。“身无彩凤双飞翼,心有灵犀一点通”(《无题二首》其一),沉痛有力,尽管有意思说不出来,绝不会说话没意思。诗是好诗,而后人学坏了。若有“心”亦有“翼”,好;今一“有”一“无”相对,悲哀,有力量。后人学之,失于浮浅。

小杜与义山不同。小杜轻薄,此方面不及义山深刻、广大。即以写私生活而论,抒情的诗人多写私生活、个人生活,因抒情诗人所写是自我、主观、小我,而义山写来有的广大,有普遍性。小杜所写则只是他自己,唯完成得美。但“长空澹澹”一首确是小杜大,又如“浮生恰似冰底水”,此在小杜诗中毕竟是例外,是少数。《江南春》“千里莺啼”一首,写大自然多,写自己少,纯客观。然此类诗在小杜诗中亦不多。他有时既不能写出超自我之纯客观诗,又不能写出像义山那样深刻的诗。其《登乐游原》及《江南春》乃是例外。

小杜诗之好处只是完成美,得到和谐,无论形式、音节及内外表现皆和谐。此点或妨害其成为伟大的诗人,而不害其成为真诗人。

再看小杜《念昔游》二首:

> 十载飘然绳检外,樽前自献自为酬。
>
> 秋山春雨闲吟处,倚遍江南寺寺楼。
>
> (其一)

李白题诗水西寺，古木回岩楼阁风。

半醒半醉游三日，红白花开山雨中。

（其三）

两首诗五十六个字，所写是私生活、小我，绝不伟大，但真美、真和谐。有人讥此种诗为有闲阶级之语，若饿八天不但连这样诗写不出，什么诗也写不出。虽在此大时代中，而此等诗亦有存在价值。若诡辩言之，则不但承认此种诗，且劝同学读此种诗，欣赏此种诗，了解此种诗。

"十载飘然绳检外"一首，较"十年一觉扬州梦"好。"绳检"，传统道德束缚、规矩。"飘然绳检外"，如此不易得到同志，故"自献自为酬"。然只此二句尚不成诗，后面二句好。"秋山春雨闲吟处"，即"江南寺寺楼"也。尽管讥其小资产阶级、有闲，而不得不承认其为诗。

涅克拉索夫（Nekrasov）[①]有言："Muse of vengeance and hatred."（"报复与憎恨的诗人。"）N氏诗即富于报复精神及憎恨心情，而他又说生活之扎挣使我不能成为一诗人，又时刻使我不能成为一战士。此盖其由衷之言，是很大的悲哀。写此种诗，虽非小资产阶级，然亦须有闲。讲到这里，不由想到老杜。老杜诗中有许多不能成诗，或即因生活扎挣使其不能成为诗人。而陶渊明真是了不得，他亦有生活扎挣，而是诗人，且美而和谐，其诗的修养比老杜高，真是有功夫。陶的确也是战士，一切有情、有生、有力，无一时不在扎

---

① 涅克拉索夫（1821—1877）：俄国革命民主主义诗人，"公民诗歌"代表诗人。代表作有长诗《谁在俄罗斯能过好日子》《货郎》等。

挣奋斗，如其长诗《咏荆轲》。渊明之生丰富，力坚强，而仍是诗，真可誉之为“诗中之圣”。

小杜此两首七绝真是沉静。沉静是好，而只是基础，不可以此自足。若无此功夫，如沙上建筑，是失败的；纵使成功，亦暂时的，其倒必速，而且一败涂地。

小杜此等诗可使人得到诗的修养。余作诗在字句锤炼上受江西派的影响，在心情修养上受晚唐影响，尤其是义山、牧之。同学亦可以此试验之，大概不会完全失败。工部、太白没法学，一天生神力，一天生天才，非人力可致。然吾人尚可学诗，即走晚唐一条路，以涵养诗心——或者浅、不伟大，而是真的诗心。写有闲之生活，可抱此心情写；即写奋斗扎挣之生活，亦可仍抱此心情写（陶之诗即如此）。诗中任何心情皆可写，而诗心不可破坏。写热烈时亦必须冷静，只热烈是诗情不是诗心，能使人写诗而不见得写出好诗。

古来的诗人究竟能读多少书很成问题。如屈原，他当然认识字，但他读了多少书？一者他那时没那么多书可读，再者他的诗不需要模袭。后来书多了，人才注意多读。老杜说：“读书破万卷。”（《奉赠韦左丞丈二十二韵》）又说：“熟精文选理。”（《宗武生日》）我们生在千百年后，不是生来的天才，当然要用功——像山谷、后山等人机械的、死板的修辞的功夫；我们也要用一点性灵的功夫（袁才子说的“性灵”有点讨厌），不是技术的、机械的，而是性灵的修养。所以从义山与小杜开端，不只是字句间的技术，而是培养你的诗情。

我们作诗不但是不要像木匠似的用规矩做器具，反要像花匠培养花木一样。当然，大自然的野生植物是更好的，虽然枒枒杈杈不整齐，而生命力更为饱满、丰富。若自己培养的，虽不及自然生得丰富、饱满、伟大，而非不美、非无生机，也是活泼泼的。如此，我们虽不能成伟大的诗人，而不害其为真的诗人。

怎样培养诗情、充满生机？所以要讲小杜的诗，读小杜的诗。

前所讲小杜《念昔游》二诗，其三较其一更好（虽第二句“古木回岩楼阁风”不大好）。义山诗真是忠厚，无怪其深情，诗中“狂”字甚少。太白有时狂；老杜亦有时狂，如其“自比稷与契”（《自京赴奉先县咏怀五百字》）。狂，义山没有；小杜有，李白题诗，今我亦题诗，不含糊，对得起。“半醒半醉游三日，红白花开山雨中”，这是自我的欣赏。欣赏的心情是诗人所不可缺少的，无论是古典派、传奇派、神秘派、未来派。最早诗人们欣赏的都是自身以外的——物、人、事，到唐之初盛中晚，特别到了晚唐，诗人所欣赏的不是自己以外的，而是他自己。“秋山春雨闲吟处，倚遍江南寺寺楼”，谁“吟”、谁“倚”？便是“红白花开山雨中”，仍是说的“半醒半醉游三日”，“花”与“雨”毫不抵触，非常自然，非常调和。说的是“红白花开”“游三日”，不是写实，是象征，虽写物，仍是自我欣赏。

这种“自我欣赏”与自我意识有关否？自我意识，即处处意识到有我，与“自觉”有关。曾子“吾日三省吾身”（《论语·学而》），这是自觉。有人根本无自觉，不知自己吃几碗干饭；曾子是自觉而非欣赏的。小杜之“自我欣赏”与曾子之“自省”，前者如说是感情的，后者可说是理智的；前者如说是总合的，后者可说是分析的。自我欣赏很像自觉、自我意识，然而不是。

狄卡尔（Descartes）[1]说：“I think therefore I am.”没有思想，生

---

① 狄卡尔（1596—1650）：今译为笛卡尔，法国哲学家，欧洲近代资产阶级哲学奠基人之一，黑格尔誉之为“现代哲学之父”。

活是空空洞洞的,可以说没有存在。小杜的自我欣赏与 Descartes 的思想很相似,都不过是“充实”,不空洞。人为什么要有知识、要有感情、要有思想?就是求生活之充实。什么是无聊?无聊就是空虚。人就怕空空虚虚、摇摇摆摆,那是一个零。充实是好的,空虚是可怕的,故无聊时候要消遣。有人反对消遣,但抓住一件事,当时可得到充实;便有坏的,如打牌,还是比没有好。小杜“半醒半醉游三日,红白花开山雨中”“秋山春雨闲吟处,倚遍江南寺寺楼”,是充实、是饱满,无缺陷。(我们在慈母怀中或与好友谈心,最惬意了,因为在此时最充实。)小杜写诗以前、写诗之时、写诗以后,都觉得最充实。高兴、欢喜是肤浅的,要说充实。如 D 氏,我生活了,思想了,不是一张白纸,不是空洞。像我们什么都没有,真可怜!Descartes 是哲人,所以要思想;小杜是诗人,只要作诗,完成他的诗情即得,其为充实也一。D 氏是思想,小杜是一派诗情。

小杜是自我欣赏,不限于欣赏身外的事物。“半醒半醉游三日,红白花开山雨中”,自己“参”去,得些活法,受用不尽。

我们没有天才的人,对于诗情的培养、性灵的修养要用功,使有生机,要活泼泼的。当然,此说不能不说不是有闲,而且是精神的有闲。然而,写奔波劳碌、扎挣奋斗也要是无事做的有闲阶级吗?当然,小杜是有闲的,虽然他不满他的生活,然而看他“闲吟”“倚遍”“游三日”,他当然有闲,这里老杜便似乎不及小杜之有福。我们今天既不能似他那样有闲,则我们凭什么看花饮酒、闲吟闲游,那还不及吃饭要紧。然而,余是说的精神的有闲,可以写奋斗、写激昂、写压迫,但是要有小杜这样的精神。不然,只是压迫下的呼号。不是在精神的有闲状态,写出来是不能成为好诗的。如老杜之“朱门酒肉臭，路有冻死骨”(《北征》)，酒怎么“臭”？骨怎么“死”？这是他写时精神太痛苦、太紧张，精神非有闲的状态，这是压迫下的呼号。当然，这并非不真实，也并非不能写成诗。再如韦庄的《秦妇吟》写“黄巢之乱”，家庭崩溃，杀人放火，悲惨的事，而始终保有有闲的心情。即使非最好的诗，也是好的诗，总比老杜两句好。诗人应有此态度，危难困苦、扎挣愤慨，不妨“忘我”。颜回在陋巷[①]是忘我。有人垂死，瞥见人举白灵床过高，脚挂门框，彼曰：“支士盖将马挂角，降，只有支士一□□□[②]。”此时尚有诗情，真算能“忘我”。如绘画之画战争，亦然。若无诗情，便将艺术品毁了。人无论在任何环境中，皆可保有自我的欣赏，几乎不是自觉而是“忘我”。

精神的有闲、欣赏，是人格的修养。江西派作诗只是工具上、文字上的功夫，只注重“诗笔”，不注重“诗情”。无论激昂、慷慨、愤怒，然要保持精神的有闲、欣赏的态度方能成诗。莱蒙托夫(Lermontov)[③]有一首长诗《童僧》：

> Only a snake
>
> …………
>
> Was rustling，for the grass was dry
>
> And in the loose sand cautiously
>
> It slid out，and then began to spring
>
> And rolled himself into a ring

---

① 《论语·雍也》：“子曰：‘一箪食，一瓢饮，在陋巷，人不堪其忧，回也不改其乐。’”

② 按：原抄稿“一”字下缺三字。

③ 莱蒙托夫(1814—1841)：俄国诗人、小说家。代表作有诗歌《帆》《浮云》《祖国》《恶魔》，以及小说《当代英雄》等。

Then as though struck by sudden fear

Made haste to keep dark and disapper

此首长诗写一小孩子到山中寻找自由，傍晚时饥饿疲乏，仰卧于地，听泉看山，忽见一蛇。对蛇(snake)有什么欣赏？当此境地，尚能写此诗，所以能成诗人。(外国文学之好即在其音乐性，念起来，真好。此段可译为散文，但无法译为诗。)

破坏了诗心的调和，便不能写好诗。最怕急躁，一急躁便不能欣赏。一个诗人、文人什么都能写，只是要保持欣赏的态度、有闲的精神。

小杜两首《念昔游》(其一、其三)，观之似是心境很调和，其实不然。此一点从《念昔游》(其二)即看得出：

云门寺外逢猛雨，林黑山高雨脚长。

曾奉郊宫为近侍，分明摐摐羽林枪。

首二句像老杜。("猛"，拗第六字，摐[sǒng]，枪挑起貌。)《念昔游》(其一、其三)"和谐婉妙"，那是他的修养。不要以为他的动机也是和谐婉妙，他的诗情也许是和谐婉妙，但其动机绝不然，小杜是"热中"的人(做官心切)。小杜为人不但热中，而且眼热。彼有堂弟杜悰，才能、见识、学问俱不及小杜，而出将入相多年，小杜甚为不平，愤慨、抵触、矛盾，他的心情并不和谐婉妙。"谁知我亦轻生者，不得君王丈二殳"(《闻庆州赵纵使君与党项战中箭身死辄书长句》)，此其一例。("殳"，《诗》"伯也执殳"[《卫风·伯兮》]，《毛传》："殳，兵器，丈二长。")诗乃追悼战死者，实叹自身功业无成。看了杜悰出将入相，甚为眼热。小杜此种诗甚多。小杜饮酒看花，过颓废的生活，是不得志的牢骚。“半醒半醉游三日,红白花开山雨中”“秋山春雨闲吟处,倚遍江南寺寺楼”,其实小杜并不甘心闲游、倚楼。

小杜又有《齐安郡中偶题二首》。其一曰:“两竿落日溪桥上,半缕轻烟柳影中。多少绿荷相倚恨,一时回首背西风”(其一),象征一年过去得无聊,神情妙。其二云:

> 秋声无不搅离心,梦泽蒹葭楚雨深。
>
> 自滴阶前大梧叶,干君何事动哀吟。

作此诗时,小杜为齐安太守,月二千石,仍甚不满,彼不愿在外省而愿去京师(所谓外官富而不贵,京官贵而不富)。登乐游原时写出“欲把一麾江海去,乐游原上望昭陵”(《将赴吴兴登乐游原一绝》),亦是此意。“一麾”,太守的仪仗;“昭陵”,唐太宗的陵墓。唐太宗是雄才大略、知人善任的明主。或曰:此是小杜忧国。非也。小杜是说若是太宗在的话,我必能出将入相也。小杜虽做外官,但仍舍不得京师。因其要做官不是为金钱、势力,是为了事业功名的建树成就,而要事业功名,就得做大官、做京官。虽是如此心情,而小杜写出诗来仍是和谐婉妙。以上“齐安郡中”二首,虽非极好,亦是好诗。“自滴阶前大梧叶”,“滴”“大”,有音乐美。此句或非小杜本意而真好,“大”,粗枝大叶,风流可喜,是自赏。

余不是强调夺理,把来两首抒情诗,硬说人家热中要做官。且再举两首来看,诗云:

> 萧萧山路穷秋雨,淅淅溪风一岸蒲。
>
> 为问寒沙新到雁,来时还下杜陵无?
>
> (《秋浦途中》)

镜中丝发悲来惯，衣上尘痕拂渐难。

惆怅江湖钓竿手，却遮西日向长安。

（《途中一绝》）

小杜想做官，这是诗吗？怎么写法？但牧之有此能力，想做官而写得不显。“山路”“秋雨”，夹着一肚子心事；“来时还下杜陵无”（杜陵在长安），“下”字好，雁还能到京城看看，我不能到，可怜。“寒沙雁”，好，字句上很有功夫。字句的修养不能不讲究，否则也写不出好诗。“却遮西日向长安”，真好，到京城去罢，去也没官做！潦倒江湖，进京干嘛？感慨牢骚，然而永远是和谐婉妙地表现出来。

小杜热心事业功名，不甘只做个诗人、文人。其七律《长安杂题长句六首》其二末联有两句“自笑苦无楼护智，可怜铅椠竟何功”，“楼护”，奔走于公侯之门，颇得人欢迎，小杜自笑不如，由此可证小杜之热中。此诗其三有句曰“江碧柳深人尽醉，一瓢颜巷日空高”，这两句表现热中的心情而又最有诗味，实则此种功利心很难说得有诗味。又“谁人得似张公子，千首诗轻万户侯。”（《登池州九峰楼寄张祜》），此似小杜供状，是说我虽有诗千首，仍不能像您“轻万户侯”。（张祜，《何满子》之作者。）小杜写诗后来总流露此情，如其《奉陵宫人》：

相如死后无词客，延寿亡来绝画工。

玉颜不是黄金少，泪滴秋山入寿宫。

“奉陵宫人”，“奉”，供奉。《资治通鉴·唐纪》注云：唐制，帝崩葬后，宫女得幸而无子者，“悉遣诣山陵，供奉朝夕，具盥栉，治衾枕，事死如事生。”奉陵还不如殉葬。元曲《李逵负荆》中李逵说：“打一下是一下疼,那杀的只是一刀,倒不疼哩。”砍头干嘛,打板子好了,死不了活受,残忍!此诗用典。古人作诗用典有含义,而对于后人读时有点隔膜、有点障碍。小杜此诗,以司马相如作《长门赋》与毛延寿为宫人画像呈元帝之典,说自己虽有“玉颜”(才貌),而无相如、延寿之属告诸帝王,只能“泪滴秋山入寿宫”,淹没以亡,“虽生之日,犹死之年”(鲁迅《朝花夕拾》小引)。小杜虽为奉陵宫人作而自我意识在活动,是自怜,不是同情,以奉陵宫人自比己之遭际。

此首《奉陵宫人》亏小杜写,老杜一定能写得更沉痛。如果小杜的自我意识不强,至少是潜意识在作祟,故其诗并非完全出于同情而有自怜之意思,故沉痛较差。小杜另有《出宫人》绝句二首,其诗云:“闲吹玉殿昭华管,醉折梨园缥蒂花。十年一梦归人世,绛缕犹封系臂纱。”“平阳拊背穿驰道,铜雀分香下璧门。几向缀珠深殿里,妒抛羞态卧黄昏。”宫人虽被出,尚能自谋新出路。写得不及上一首沉痛,亦因“出宫”较之“奉陵”原不那么沉痛。

小杜虽是热中,但且莫要看轻他。一个人对什么都没趣味,便表示对于任何事物都感到失去了意义,便没有力量,真的淡泊,像无血肉的幽灵。我们要做一个有血有肉的活人,是要热中的。人总要抓住一些东西,才能活下去。孟浩然“微云淡河汉,疏雨滴梧桐”,虽好,但不希望同学从此入手,也不能从此入手。

小杜诗一是写人生,如“长空澹澹孤鸟没”与“浮生恰似冰底水”,二首最伟大、最普通;继之以和谐婉妙之诗;再者是热中的诗。不止七绝,小杜任何一诗皆可归入此三类。如都不是,即是无聊的,不必看。

小杜还有咏史诗,义山亦有咏史诗,接下来略说几句。

义山所长原不在此，故其叙事、议论虽有可取，亦不甚高，如写《咏史》：“历览前贤国与家，成由勤俭败由奢。”真不像诗，无怪人骂他！（其有名的七古《韩碑》也没什么，唯锤炼功力耳，即修辞。）小杜咏史，在见解上并不甚高，在同情上亦不甚厚，而顶讨厌的还是轻薄、不厚重。孔子云：“如有周公之才之美，使骄且吝，其余不足观也已。”（《论语·泰伯》）于小杜而言，虽有周公之才之美，使轻且薄，其余不足观也已。小杜犯此病，即义山亦有此病。诗人感受甚锐敏，能够和谐婉妙，但有时说起话来刻薄，何故？或是人当乱世，人情便薄。

义山咏东晋元帝诗曰：

> 休夸此地分天下，只得徐妃半面妆。
>
> （《南朝》）

“徐妃”，晋元帝妃。元帝一目，故云只得半面妆。说得太刻薄，看了难受。鲁迅先生讽刺的是人性普遍的弱点，并非对一人而发，故不觉其刻薄。义山、小杜不然。小杜咏杨贵妃之诗，亦然：

> 霓裳一曲千峰上，舞破中原始下来。
>
> （《过华清宫》三绝句其二）

一切乐曲皆是先缓、简，后紧张、繁复，到“入破”便紧张了。小杜“破”字下得狠，刻薄。虽比不了义山，也够刻薄。

第二十讲

宋诗简说

宋初有“西昆体”，因《西昆酬唱集》而得名。晏殊[①]、杨亿[②]、钱惟演[③]、宋祁[④]、宋庠[⑤]，皆宋初诗坛著名人物。

彼等所继承晚唐的是什么？

晚唐诗人特点是感官发达，感觉锐敏，易生疲倦的情调。就生理说易感受刺激，结果是疲倦；就社会背景说，国家衰乱，生活困难，前途无望，亦使人疲倦。

---

① 晏殊(991—1055)：宋朝文学家，字同叔，抚州临川(今属江西)人，尤长于词，被誉为“北宋倚声家初祖”，有《珠玉词》。

② 杨亿(974—1020)：宋朝诗人，字大年，建宁浦城(今福建浦城)人。

③ 钱惟演(977—1034)：宋朝诗人，字希圣，钱塘(今浙江杭州)人。

④ 宋祁(998—1061)：宋朝诗人，字子京，宋庠之弟，安州安陆(今属湖北)人，后徙居开封雍丘(今河南杞县)，人称“小宋”。

⑤ 宋庠(996—1066)：宋朝诗人，字公序，宋祁之兄，安州安陆(今属湖北)人，后徙居开封雍丘(今河南杞县)，人称“大宋”。

晚唐诗带了疲倦的情调，可以说是唯美派，近似西洋的颓废派(decadent)。诗有“觉”“情”“思”，晚唐“觉”特别发达。“觉”应是个人的，同时又得是共同的，不能太特别，又不能太通俗。西昆体，他们的感觉不像是他们自己的，而像是晚唐的，这就失掉了诗人创作的资格。一个作家要有他自己的“思”“觉”“情”，传统的势力极大，但大诗人能打破传统的束缚范围。唐之诗人一人有一人的面目，韩退之学老杜，而仍是退之不是老杜；义山学长吉，致尧学义山，亦然。

西昆体落在传统的范围里未能跳出，但却又作成一范围——即修辞上的功夫。北宋而后，几无人能跳出这一范围。西昆体的思想感情无非传统，而其未始不像诗。看看篇篇像诗，估一估笔法有诗，就在其修辞上的功夫。西昆文字修辞上最显著的是使事用典。晚唐虽用典，用的是譬喻，以故实作譬喻，而所写诗是他自己的感觉。西昆体则不然，他们用典只可说是一种巧合(勉强也可以说是譬喻，但绝非象征)，也可以说是玩字，没有意义。(现身说法，余自己作诗也不能不用典，仍跳不出传统的圈子，其故是才短、偷懒。)除了修辞功夫，西昆体并没有什么新建设，不读西昆诗无损。

宋诗建设，始自何时？

经太祖、太宗、真宗三朝，至仁宗初年，宋诗才萌芽。时有二作家：苏舜钦子美、梅尧臣圣俞。欧阳修甚推崇之，虽欧与二人识也不只因感情，彼盖感觉到西昆体的腐烂，苏、梅等至少不欲再作西昆那样的诗，而作出“生”的诗——惜非生气(朝气)，而是生硬。生硬究竟也是病，如同西昆之使事成了风气，生硬也成了宋诗的特色，没人能跳出去，这恐怕还是矫枉过正之故。苏、梅二人确是宋诗开路的先驱，在文学史上不可忽视(然其作品亦可不读)。此北宋诗萌芽时期。

其后宋诗发育期,有欧阳修——宋文学史上之重镇。欧阳修是古文家(复古的革新)。宋初文还是承晚唐之风,好四六骈文,欧氏要改骈为散。其写文学退之,但绝非退之,桐城派[①]说退之是阳刚,永叔是阴柔[②],是也。他是成功的,其古文以及《五代史》甚而至于《归田录》等小笔记也有其作风。欧氏影响后世较退之在唐朝更大,盖其政治地位高也。

永叔写文学退之,不像但成功了;写诗倒有些像,但没写出他自己来,失败了,坏在“以文为诗”。(宋人的律诗、绝句还有好的,古诗没有好的。)西洋有散文诗,中国乃有韵的散文,而这也成为了风气。欧氏曾作《庐山高》,且说自己之《庐山高》非太白不能为也,这样自负。自负也好,自负才能有生活的勇气,但也要有自己的反省。欧阳修的诗虽不好,但其词则真高。

此后是王安石。苏东坡看了他的词,说其为“野狐精”。[③] 余以为王荆公无论政治、哲学、文学……无一非此,皆写出他自己了,但缺乏共同性。

---

① 桐城派:清朝散文流派,其主要代表人物方苞、刘大櫆、姚鼐均为安徽桐城人,故名。桐城派讲究义法,提倡义理,要求语言雅洁,反对俚俗。

② 姚鼐《复鲁絜非书》:“文者,天地之精英,而阴阳刚柔之发也。”“宋朝欧阳、曾公之文,其才皆偏于柔之美者也。”曾国藩《圣哲画像记》:“西汉文章,如子云、相如之雄伟,此天地遒劲之气,得于阳与刚之美者也,此天地之义气也。刘向、匡衡之渊懿,此天地温厚之气,得于阴与柔之美者也,此天地之仁气也。东汉以还,淹雅无惭于古,而风骨少矣。韩柳有作,尽取扬马之雄奇万变,而内之于薄物小篇之中,岂不诡哉。欧阳氏、曾氏皆法韩公,而体质于匡刘为近。文章之变,莫可穷诘,要之不出此二途,虽百世可知也。”

③ 《历代诗余》引《古今词话》语:“金陵怀古,诸公寄调于《桂枝香》者,凡三十余家,惟介甫为绝唱。东坡见之,叹曰:‘此老乃野狐精也!’”所谓“野狐精”,盖指其人之言行做派虽非正宗,但十分精灵。

元遗山论诗绝句云：

> 奇外无奇更出奇，一波才动万波随。
> 只知诗到苏黄尽，沧海横流却是谁。
> （《论诗三十首》其廿二）

若说唐诗到晚唐是成熟，宋诗到苏、黄则只是完成了，并未成熟。

在文学史上看来，凡革新创始者，是功之首亦罪之魁。人总是人，难免有缺陷，他自己尽有长处、优点可遮盖其短处。苏、黄想在唐诗之外辟一通路，而后生弊。后来人只学了他的短处，长处是学不来的。古语云："法久弊生。"故"沧海横流"，苏、黄可不负责。

东坡书画，人评之："每事俱不十分用力。"（周济《介存斋论词杂著》）东坡亦有云："问君无乃求之欤，答我不然聊尔耳。"（《送颜复兼寄王巩》）人的发展没有止境，但人之才力终有限制，文学的创作最是如此。想东坡未必不用功，只是才力止于此，终不能过。

东坡有《郭祥正家醉画竹石壁上，郭作诗为谢且遗古铜剑》：

> 空肠得酒芒角出，肝肺槎牙生竹石。
> 森然欲作不可回，吐向君家雪色壁。
> 平生好诗仍好画，书墙涴壁长遭骂。
> 不嗔不骂喜有余，世间谁复如君者。
> 一双铜剑秋水光，两首新诗争剑铓。
> 剑在床头诗在手，不知谁作蛟龙吼。

东坡诗里所表现之思想，绝非判断是非、善恶之语。东坡虽是才人，但其思想并未能触到人生的核心。他只是机趣，碰巧劲。宋诗好新务奇，此其特点亦其所短。东坡此诗亦如此。陶渊明写饮酒是“悠悠迷所留，酒中有深味”（《饮酒二十首》其十六），十个字非常调和，音节好；看其感觉，酒与其肠胃并无抵触，与其精神融合为一。苏诗饮酒“空肠得酒”，不舒服，“芒角出”，抵触，作怪。（记起一首打油诗：“年时爱吃烧羊肉，□□□□[①]半生熟。新来病胃患不消，饱后肠满胃反复。”）东坡前四句不调和，次四句感情、思想俱浮浅，只是奇；而奇不可靠，此类奇尤无味。但东坡还可以承认其为诗人者，乃因彼在宋人中其诗还算最有感觉的。

东坡诗有觉而无情，何故？欧阳修词极好，有觉有情，但诗则不成；大晏写西昆体的诗也不成。苏、欧、晏之词，如诗之于盛唐，而诗何以不成？

苏东坡有《别子由三首兼别迟》，其一云：

> 知君念我欲别难，我今此别非他日。
> 风里杨花虽未定，雨中荷叶终不湿。
> 三年磨我费百书，一见何止得双璧。
> 愿君亦莫叹留滞，六十小劫风雨疾。

“子由”，东坡弟辙；“迟”，子由之子。“风里杨花虽未定，雨中荷叶终不湿”，老杜即对兄弟骨肉之外的人感情也极深切，而东坡兄弟之别竟如此淡然、寡情。其第二首云：

> 先君昔爱洛城居，我今亦过嵩山麓。
> 水南卜筑吾岂敢，试向伊川买修竹。
> 又闻缑山好泉眼，傍市穿林泻冰玉。
> 遥想茅轩照水开，两翁相对情如鹄。

---

① 按：原笔记“半”字上缺四字。

>>> 苏东坡看了王安石的诗，说其为“野狐精”。图为明仇英《东坡寒夜赋诗图》(局部)。

没感觉，没味。其第三首云：

> 两翁归隐非难事，惟要传家好儿子。
> 忆昔汝翁如汝长，笔头一落三千字。
> 世人闻此皆大笑，慎勿生儿两翁似。
> 不知樗栎荐明堂，何以盐车压千里。

这是批评的、教训的、说明的、传统的说理，不深不厚，浅薄。这在诗里是破坏。单学他这，以为便是“沧海横流”，就坏了。这正是东坡失败处。

诗不妨说理，要看怎么说法。

理，哲学（人生），基本于经验、感觉，这种理可以说。若是传统的、教训的、批评的，便损害了诗的美；要紧的还要是表现，不要是说明。如老杜诗：

> 浮云连阵没，秋草遍山长。
> 闻说真龙种，仍残老骕骦。
> 哀鸣思战斗，迥立向苍苍。
>
> （《秦州杂诗二十首》其五）

“浮云连阵没，秋草遍山长”，此是景；而老杜不为说这些，说的是“哀鸣思战斗”，此是情。此乃其人生态度、人生哲学，但却非说明、教训、批评，乃是表现，借景表现情。

唐诗说理与宋人不同，宋人说理太重批评、说明，而且有时不深、不真，只是传统的。

北宋诗人多是木的头脑，南宋简斋、放翁成就不大，但还有其感情、感觉。

后 记

有了这一册《中国经典原境界》，我们整理的“顾随讲坛实录”就全部递送到了读者手中。对于七十多年前讲坛上一位虔诚的传法者，或可弥补一些当年没有录音、录像设备的遗憾。

“顾随讲坛实录”的上、中两册，拙笔已絮絮地写有两篇后记，这部下册，与上、中两册同是上世纪 40 年代讲课的实录，同是讲授中国古典诗文的，本不该再絮聒，然这一册又有些新情况，需要表而述之，这篇后记就算做前两篇的一段“附记”吧。

当读者拿到这一册新书时，首先看到的笔记者是一个生疏的名字——刘在昭。她与叶嘉莹先生是同窗好友、知己之交，叶嘉莹在 2012 年的一篇短文中称：“六十多年前与在昭学姐一同听（顾随）老师讲课”，“在昭学姐才华过人”，“中英文俱佳，而且工于小楷”。当年，刘在昭用她那秀美而流利的钢笔字记下了顾随老师所讲的课程。毕业之后，她在中学任课之余，继续回校听老师授课。这些笔记，她从二十刚过的华年，一直保存到生命的终结。在昭先生一生尽瘁于中学教育，2008年在久病之后告别人寰。此后两年，她的爱女吴晓枫在整理母亲的遗物时，发现了这批珍存了半个多世纪的"宝藏"，将其送到了我的手边。当时嘉莹先生的听课笔记已经整理竣事，又获这批至宝，真是几同天赐，是连想都不曾想过的大幸事！更令人大喜过望的是：我们逐字逐句细读了在昭先生听《诗经》与《文选》的两种笔记，与嘉莹先生的听课笔记相比照，竟然是所选的篇目不同，所传授的内容不同，即使同一篇目，讲授的侧重之处也有所不同，可以说是两种完全不同的讲授版本！

两种讲授版本的同时并在，其实没什么可诧异的，它有着客观的必然性：一是听晓枫说，她的母亲读大学时曾因病休学，复学后要到其他班次补修缺漏的课程，所听所记与好友嘉莹自然有所不同；二是一对好友毕业后在不同的中学教书，没课时返回母校听顾师讲授，更不可能同时走进同一间课堂。若从执教者的主观意图来看，恰恰显现出一位育人者在学术造诣上、在讲授艺术上作为大师的骄人风范：不同的班次，同一门课程，不重复的讲授稿本，同样的精彩纷呈。但做到这样的境界，不仅基于讲授者渊宏的学识、广博的视野、求新的个性；更缘于讲授者是一个真正的诗人，他以诗人从事创作的激情来进行课堂讲授，而绝不允许自己如"磨道驴儿来往绕"[①]；也缘于他是以精进不息的人生态度，承担着传承祖国传统文化的责任。至于"唐宋诗"一课，一对好友升入大学二年级，同时走进顾师

---

① 父亲1928年《青玉案》词中自喻、自嘲之语。

的讲堂，因而在昭先生留下的笔记与嘉莹先生的笔记有些近同。当堂手写的笔记毕竟不会等同于一台记录仪，在昭先生的笔记自成体系、自有特点，因而两种不尽相同的版本共存并在，正可互为比照，相映生辉。于是，就有了今天呈奉给读者的这套"实录"的下册《中国经典原境界》。

父亲生前与女棣在昭过从不疏。刘在昭与叶嘉莹同是辅大国文系1941级的高才生，父亲给在昭首次的律诗习作以肯定的评语："工稳熨帖，居然成章，不易不易。"这可能是弟子给老师的第一印象，也是此后师生交流的起点。在昭棣勤奋用功，加上她一手漂亮的小字，常常为老师抄写文稿，因而她往往成为老师作品的第一读者，这也使她有可能为老师保存下一些作品的抄稿甚至手稿。毕业之后，她有时自己、有时与嘉莹一起去看望老师。老师在自己的书房里为她们讲诗，讲鲁迅，讲在课堂上怎样讲课，谈怎样与同事相处；当老师知道在昭棣对所任职务没兴趣时，也曾用禅学进行开解（这些刘在昭留有访师日记数篇）。1953年父亲出京赴津任教前，特地写信邀弟子来寓晤谈，这可能是师生最后一次相聚。

整理在昭先生的听课笔记，是很愉快的工作，我们既感受着传承中华传统文化的责任，又享受着工作过程带来的愉悦，也得到了获取真知的满足。

愿父亲与弟子在昭九泉有知，为《中国经典原境界》一书在北京大学出版社出版而感到欣慰。

顾之京
2016年元日谨记